谢延红 李丽 主编

郭长友 王付山 戎丽霞 副主编

C语言实用程序设计基础教程

清华大学出版社

北京

内 容 简 介

本书是山东省精品课程《信息技术基础实践》的研究成果。主要内容包括概述、数据类型和表达式、顺序结构与常用函数、选择结构、循环结构、数组、函数与变量、指针、结构体与共同体、编译预处理、位运算及文件等。全书体系完整，重点突出，并通过一个综合案例将全书内容有机地贯穿起来，真正做到了理论和实践的密切结合。全书内容循序渐进，讲解深入浅出、通俗易懂，图文并茂，案例丰富新颖。

本书适合作为大学本科和专科院校的C语言程序设计课程教学用书，也可作为程序设计人员的参考用书以及全国计算机等级考试（二级C语言考试科目）的培训教材。

图书在版编目（CIP）数据

C语言实用程序设计基础教程/谢延红，李丽主编. —北京：清华大学出版社，2015（2022.7重印）
ISBN 978-7-302-39034-3

Ⅰ. ①C… Ⅱ. ①谢… ②李… Ⅲ. ①C语言－程序设计－教材 Ⅳ. ①TP312

中国版本图书馆CIP数据核字（2015）第017150号

责任编辑：冯 昕 赵从棉
封面设计：常雪影
责任校对：刘玉霞
责任印制：丛怀宇

出版发行：清华大学出版社
网 址：http://www.tup.com.cn，http://www.wqbook.com
地 址：北京清华大学学研大厦A座 **邮 编：**100084
社 总 机：010-83470000 **邮 购：**010-62786544
投稿与读者服务：010-62776969，c-service@tup.tsinghua.edu.cn
质量反馈：010-62772015，zhiliang@tup.tsinghua.edu.cn
印 装 者：三河市龙大印装有限公司
经 销：全国新华书店
开 本：185mm×260mm **印 张：**19.25 **字 数：**467千字
版 次：2015年5月第1版 **印 次：**2022年7月第11次印刷
定 价：55.00元

产品编号：062579-03

主　编　谢延红　李　丽
副主编　郭长友　王付山　戎丽霞
编　委　鲁　燕　李天志　赵丽敏　王文博
宋秀芹　张建臣　杨光军　曹金凤

前言

C语言是国内外各高校理工科专业的一门重要基础课程，是一些计算机相关专业的研究生入学考试科目之一，地位至关重要。

本书是山东省精品课程《信息技术基础实践》的研究成果，是在长期从事程序设计类课程教学、教研经验丰富的一线教师教学手稿的基础上修改、整理而成。在本系列教材的规划、编写、整理过程中，不仅对现有较经典的教材进行了充分调研，并多次邀请专家和程序设计类课程的一线教师参会论证，力求博采众长、定位准确、突出特色。

本书具有如下特点：

(1) 全书体系完整，重点突出，深入浅出，循序渐进，图文并茂，讲解透彻，剖析深入，案例丰富新颖。

(2) 关注例题之间的阶梯性和连贯性，所有例题均有程序设计思路分析，这不仅有效降低了学习难度，而且突出了算法思想设计，注重学生编程思维和编程能力的培养。

(3) 注重理论，突出实践。每章后面均有典型例题及程序分析，以实践的形式强化理论，突出易错点，为学生提供解题思路，并通过程序调试方法的详细讲解为实践提供有力保障。

(4) 以一个小型系统为案例，随着课程学习的不断深入逐步完善，最后形成一个功能完整的小型系统。本案例着力突出培养学生利用C语言分析问题、解决问题的能力。

(5) 全方位服务。为方便教师和读者使用，提供了配套的电子课件、例题源程序、习题答案、教学大纲、参考书目等。

全书内容共分为12章，主要内容包括概述、数据类型和表达式、顺序结构和常用函数、选择结构、循环结构、数组、函数和变量、指针、结构体与共同体、编译预处理、位运算及文件等。每章的开篇文字，说明本章的主要内容；每章后面有典型例题分析，帮助读者强化理论内容；全书设有一个综合案例将全书内容有机贯穿起来，使读者随着课程学习的不断深入，能走出局部，以全局的角度综合运用C语言知识点解决实际问题。

本书的编写得益于编写小组的鼎力合作，其中王文博、郭长友负责编写第1、2章，谢延红、宋秀芹负责编写第3～5章，鲁燕负责编写第6章，李天志、张建臣负责编写第7章，赵丽敏负责编写第8章，戎丽霞、杨光军负责编写第9、10章，王付山负责编写第11、12章和附录A、B，曹金凤、戎丽霞负责编写综合案例和附录C。全书由谢延红、李丽统稿并任主编。所有教师均参与了书稿的校稿和程序调试工作。本教材在编写过程中得到了德州学院信息管理学院的鼎力支持，参考了大量书籍、报刊和互联网等参考文献，一些教师和学生也提出了宝贵的意见和建议，在此一并表示衷心的感谢。

由于编者水平有限，书中疏漏和不足在所难免，诚挚地希望专家和广大读者不吝赐教，提出宝贵意见和建议，我们会认真对待，以期不断改善教材质量。邮件请发至dzxyjsjxc@163.com。

编　者

2015年1月

目　录

第 1 章　概述 …… 1

1.1　计算机程序设计语言的发展 …… 1

1.2　算法 …… 2

1.2.1　算法的主要特征 …… 2

1.2.2　算法的描述方法 …… 2

1.3　C 语言简介 …… 3

1.3.1　C 语言发展历程 …… 3

1.3.2　C 语言的特点 …… 4

1.3.3　C 语言程序示例 …… 4

1.3.4　C 语言程序书写约定 …… 5

1.4　C 语言程序开发步骤 …… 6

1.4.1　C 语言程序开发过程 …… 6

1.4.2　VC++6.0 环境中 C 语言程序运行步骤 …… 6

1.4.3　VC++6.0 环境中其他关键功能 …… 10

1.5　C 语言程序的错误类型及调试方法 …… 11

1.5.1　编译错误及调试方法 …… 11

1.5.2　链接错误及调试方法 …… 12

1.5.3　运行错误及调试方法 …… 14

1.5.4　逻辑错误及调试方法 …… 14

1.6　综合案例 …… 16

习题 …… 18

第 2 章　数据类型和表达式 …… 20

2.1　C 语言字符集与词法规则 …… 20

2.1.1　C 语言字符集 …… 20

2.1.2　C 语言词汇及其组成规则 …… 21

2.2　数据类型 …… 22

2.2.1　基本类型 …… 22

2.2.2　其他数据类型 …… 23

2.3 常量…… 23
2.3.1 整型常量 …… 24
2.3.2 实型常量 …… 24
2.3.3 字符型常量 …… 25
2.3.4 字符串常量 …… 26
2.3.5 符号常量 …… 26
2.4 变量…… 26
2.4.1 变量的定义 …… 27
2.4.2 变量赋初值 …… 27
2.4.3 常变量 …… 27
2.5 运算符和表达式…… 27
2.5.1 运算符的优先级与结合性 …… 28
2.5.2 算术运算符和算术表达式 …… 29
2.5.3 赋值运算符与赋值表达式 …… 31
2.5.4 关系运算符和关系表达式 …… 31
2.5.5 逻辑运算符和逻辑表达式 …… 31
2.5.6 其他运算符与表达式 …… 32
2.5.7 数据的类型转换 …… 33
2.6 典型例题…… 35
2.7 综合案例…… 35
习题 …… 36

第3章 顺序结构程序设计及常用函数 …… 38

3.1 C语句分类…… 38
3.2 常用数据输出函数…… 39
3.2.1 单字符输出函数 putchar …… 40
3.2.2 格式输出函数 printf …… 40
3.3 常用数据输入函数…… 44
3.3.1 单字符输入函数 getchar …… 44
3.3.2 格式输入函数 scanf …… 44
3.4 其他常用函数…… 49
3.4.1 常用数学函数 …… 49
3.4.2 常用字符函数 …… 49
3.4.3 其他常用工具函数 …… 49
3.5 典型例题…… 51
3.6 综合案例…… 52
习题 …… 53

第 4 章　选择结构程序设计 …… 55
4.1　if 条件语句 …… 55
4.2　条件表达式 …… 61
4.3　switch 语句 …… 63
4.4　典型例题 …… 66
4.5　综合案例 …… 70
习题 …… 72
第 5 章　循环结构程序设计 …… 75
5.1　while 语句 …… 75
5.2　do-while 语句 …… 78
5.3　for 语句 …… 79
5.4　循环语句的嵌套 …… 82
5.5　break 语句和 continue 语句 …… 84
5.5.1　break 语句 …… 84
5.5.2　continue 语句 …… 85
5.6　典型例题 …… 86
5.7　综合案例 …… 88
习题 …… 90
第 6 章　数组 …… 94
6.1　一维数组 …… 95
6.1.1　一维数组的定义 …… 95
6.1.2　一维数组的使用 …… 97
6.1.3　一维数组的初始化 …… 98
6.2　二维数组 …… 100
6.2.1　二维数组的定义 …… 101
6.2.2　二维数组的使用 …… 104
6.2.3　二维数组的初始化 …… 105
6.3　字符串 …… 107
6.3.1　字符串常量 …… 107
6.3.2　字符串与字符数组 …… 108
6.3.3　字符串的输入输出 …… 111
6.3.4　字符串处理函数 …… 113
6.4　典型例题 …… 117
6.5　综合案例 …… 120
习题 …… 121

第7章 函数与变量…… 126

7.1 函数定义 …… 126
7.2 函数的调用 …… 128
7.2.1 函数的调用形式…… 128
7.2.2 函数的调用过程…… 128
7.2.3 函数的嵌套调用…… 130
7.3 函数原型声明 …… 131
7.4 函数的参数传递 …… 132
7.4.1 传值方式…… 132
7.4.2 传址方式…… 133
7.5 递归函数 …… 138
7.6 变量的作用域 …… 140
7.6.1 局部变量…… 141
7.6.2 全局变量…… 142
7.7 变量的存储类型 …… 142
7.7.1 自动变量…… 143
7.7.2 静态变量…… 144
7.7.3 寄存器变量…… 144
7.7.4 外部变量…… 145
7.7.5 变量汇总…… 146
7.8 典型例题 …… 146
7.9 综合案例 …… 149
习题…… 151

第8章 指针…… 157

8.1 指针与指针变量 …… 157
8.1.1 指针变量的基本概念…… 157
8.1.2 指针变量的定义与初始化…… 159
8.1.3 指针变量的使用…… 160
8.1.4 二级指针…… 162
8.2 指针与数组 …… 163
8.2.1 一维数组和指针…… 164
8.2.2 二维数组和指针…… 167
8.2.3 指向字符串的指针…… 172
8.3 指针与函数 …… 174
8.3.1 指针变量作为函数参数…… 174
8.3.2 指向函数的指针…… 178
8.3.3 返回值为指针的函数…… 180

8.3.4 main 函数的参数 …… 181
8.4 典型例题 …… 182
8.5 综合案例 …… 188
习题 …… 189

第9章 结构体与共用体 …… 195

9.1 结构体类型 …… 195
9.1.1 定义结构体类型 …… 195
9.1.2 结构体变量的定义 …… 196
9.1.3 结构体变量的使用 …… 198
9.1.4 结构体变量的初始化 …… 199
9.1.5 结构体变量的赋值 …… 200
9.2 结构体数组 …… 201
9.2.1 结构体数组的定义 …… 201
9.2.2 结构体数组的初始化 …… 201
9.2.3 结构体数组的使用 …… 202
9.3 结构体类型指针 …… 203
9.3.1 指向结构体变量的指针 …… 203
9.3.2 指向结构体数组的指针 …… 205
9.4 结构体与函数 …… 206
9.4.1 结构体变量作函数参数 …… 206
9.4.2 指向结构体变量(或数组)的指针作函数参数 …… 207
9.4.3 函数的返回值为结构体类型 …… 208
9.5 链表 …… 209
9.5.1 链表概述 …… 209
9.5.2 动态存储分配函数 …… 210
9.5.3 链表的基本操作 …… 210
9.6 共用体 …… 216
9.6.1 共用体类型的定义 …… 216
9.6.2 共用体类型变量的定义 …… 217
9.6.3 共用体变量的使用 …… 217
9.7 枚举类型 …… 218
9.8 typedef 类型定义 …… 220
9.9 典型例题 …… 222
9.10 综合案例 …… 224
习题 …… 225

第10章 编译预处理 …… 233

10.1 宏定义 …… 233

10.1.1 不带参数的宏定义 …… 233
10.1.2 带参数的宏定义 …… 235
10.2 文件包含 …… 236
10.3 条件编译 …… 236
10.4 典型例题 …… 238
10.5 综合案例 …… 239
习题 …… 239

第11章 位运算 …… 242

11.1 位运算符 …… 242
11.2 位运算的应用 …… 243
11.3 位段及其应用 …… 249
11.4 典型例题 …… 251
习题 …… 252

第12章 文件 …… 255

12.1 文件概述 …… 255
12.2 文件指针 …… 257
12.3 文件的打开与关闭 …… 258
12.4 文件的定位与检测 …… 261
12.5 文件的读写操作 …… 263
12.5.1 按字符方式文件读写函数 fgetc 和 fputc …… 263
12.5.2 按字符串方式文件读写函数 fgets 和 fputs …… 265
12.5.3 按格式化方式文件读写函数 fscanf 和 fprintf …… 266
12.5.4 按数据块方式文件读写函数 fread 和 fwrite …… 268
12.5.5 文件的随机读写 …… 270
12.6 典型例题 …… 271
12.7 综合案例 …… 273
习题 …… 273

附录A C语言常用库函数 …… 278

附录B 常用字符与ASCII代码对照表 …… 284

附录C 综合案例参考源代码 …… 285

参考文献 …… 295

第1章 概　述

自从20世纪40年代电子计算机诞生以来，无论是计算机的硬件方面还是软件方面，都得到了迅猛发展，计算机及其应用也渗透到社会的各个领域。程序设计语言是人与计算机之间交流的重要工具，在众多程序设计语言中，C程序设计语言(简称C语言)有其独特之处，是高级程序设计语言的典型代表，也是国内外广泛使用的一种编程语言。

本章首先简要介绍了计算机程序设计语言的发展、算法的特征和表示方式，然后介绍了C语言的发展历程，并以实例方式介绍C语言的构成特点，最后介绍C语言程序的开发步骤和错误分类及调试方法。

1.1 计算机程序设计语言的发展

语言可分为自然语言与人工语言两大类。自然语言是人类在自身发展过程中形成的语言。人工语言是指为某种目的而设计的语言，计算机语言就是人工语言的一种。

自从世界上第一台电子计算机ENIAC于1946年问世以来，随着计算机硬件的不断更新换代，计算机程序设计语言也有了很大的发展。在过去的几十年间，大量程序设计语言被发明、取代、修改或组合在一起。计算机语言的发展经历了机器语言、汇编语言和高级语言三个阶段。

1. 机器语言

机器语言是第一代计算机语言，是用二进制代码表示的、计算机能直接识别和执行的一种机器指令的集合。它是计算机的设计者通过计算机的硬件结构赋予计算机的操作功能。机器语言具有灵活、直接执行和执行效率高等特点。用机器语言编写程序，编程人员要熟记所用计算机的全部指令代码和代码的含义，但这是一件十分烦琐的工作。编写程序花费的时间往往是实际运行时间的几十倍或几百倍，并且，程序全是数字0和1组成的二进制指令代码，直观性差，容易出错。

2. 汇编语言

20世纪50年代中期，为了减轻人们使用机器语言的负担，开始采用一些助记符号来表示机器语言中的二进制指令，比如，用“ADD”代表加法，

“MOV”代表数据传递等。这样，人们很容易读懂并理解程序功能，纠错及维护都变得方便了，这种程序设计语言称为汇编语言。然而，计算机不能直接执行用汇编语言编写的程序，需要一种专门的程序负责将这些符号翻译成二进制表示的机器语言，这种翻译程序称为汇编程序。汇编语言依赖于机器硬件，移植性不好，但效率较高。

3. 高级语言

由于汇编语言依赖于硬件体系，且助记符量大难记，于是人们又发明了更加易用的高级语言。这种语言的语法和结构近似于人类自然语言中的英语，且由于远离对硬件的直接操作，使初学者更加易学易用。1954 年，第一个完全脱离机器硬件的高级语言——FORTRAN 问世，40 多年来，共有几百种高级语言出现，其中具有重要意义的有几十种，C 语言就是典型的代表之一。

1.2 算法

算法(algorithm)是对一个问题求解方法和步骤的一种描述。针对一个需要求解的问题，除了确定适合的数据结构外，关键是确定有效的算法，然后才能用具体的程序设计语言编写实现程序。对于一个问题，可实现的算法并不唯一，在保证算法正确的前提下，一般用算法的时间复杂度(算法执行所用时间)和空间复杂度(算法执行所需存储空间)区分各种算法的优劣。

1.2.1 算法的主要特征

所谓算法具有以下主要特征：

(1) 有穷性。一个算法应能够在执行有限步后结束，并且每一步能够在有限的时间内完成。

(2) 确定性。算法中的每一步都有确切的含义，不具有二义性。

(3) 可行性。算法中的操作能够用已经实现的基本运算执行有限次来实现。

(4) 零个或多个输入。零个输入就是算法已经确定了初始条件，不需要再输入数据。

(5) 一个或多个输出。算法设计的目的是要获得问题的结果，因此需要将结果以输出的方式反馈给用户。

1.2.2 算法的描述方法

算法的描述方法有自然语言、伪代码、N-S 图、流程图等。在此，仅简要介绍本书采用的算法描述方法——流程图。流程图是一种传统的算法描述方法，主要由图 1.1 中所示的几种图形组成。

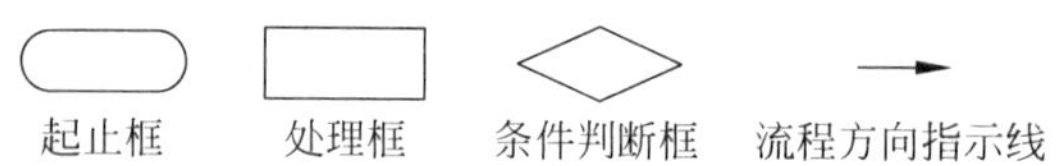

图 1.1 流程图基本组成图形

起止框：在框内标注“开始”表示程序开始，在框内标注“结束”表示程序结束，一个完整的流程图始末必须是起止框。

处理框：是用来表示执行赋值、计算、传送运算结果等的图形符号，算法中处理数据需要用到的算式、公式等根据执行顺序分别写在不同的处理框中。

条件判断框：一般有一个入口和两个出口，在条件成立的出口处需注明“是”或“Y”，在条件不成立的出口处需注明“否”或“N”。如果是多分支判断，则可有两个以上出口。

流程方向指示线：带箭头的流程线表示执行的先后顺序。

【例 1.1】 输入两个数，找出其中较大的数。

此算法的流程图如图 1.2 所示，具体执行过程为：

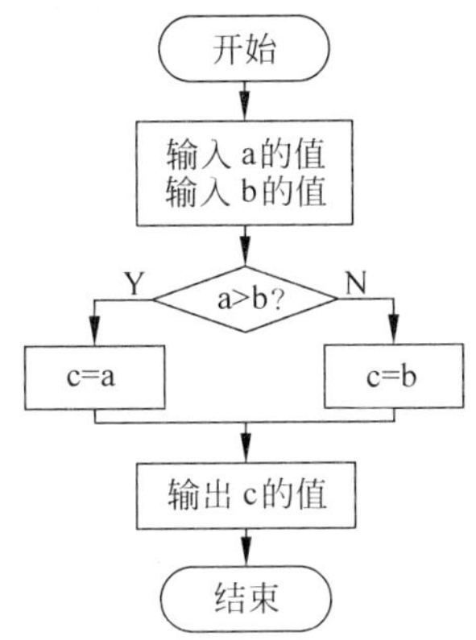

图 1.2 例 1.1 算法流程图

(1) 算法开始。

(2) 输入两个数，分别存放到变量 a、b 中。

(3) 如果 a 大于 b，则将 a 赋给变量 c；否则将 b 赋给变量 c。

(4) 输出变量 c 中的值，即较大数。

(5) 算法结束。

可以看出，用流程图表示算法，形象直观，逻辑清晰，交流方便。当算法不太复杂时，采用流程图进行描述不失为一种较好的方法。

1.3 C语言简介

1.3.1 C语言发展历程

C语言是当今世界最流行的程序设计语言之一，它比较接近硬件，有着和汇编语言比较相近的高效率，但又比汇编语言直观易懂。用C语言既可以编写系统软件如 UNIX、Linux，也可以编写应用软件 MATLAB，还可以进行嵌入式系统开发。C语言虽然不适合开发 Windows 应用程序，但也是 Windows 应用程序开发语言（如 C++、C#）的基础。

1960 年出现的 ALGOL 60 是一种面向问题的高级语言，但它不接近于硬件，不适宜系统程序的编写。1963 年英国剑桥大学推出了 CPL(Combined Programming Language)语言。CPL 语言虽然比 ALGOL 60 接近硬件一些，但规模较大。1967 年剑桥大学的 Matin Richards 对 CPL 语言进行了简化，推出了 BCPL(Basic Combined Programming Language)

语言。1970年美国贝尔实验室的Ken Thompson又将BCPL语言进一步简化而设计出B语言(取BCPL的首字母),并用B语言开发了UNIX操作系统。1972—1973年,贝尔实验室的D. M. Ritchie又设计出了C语言(取BCPL的第二个字母)。C语言既保持了B语言精简、接近硬件的优点,又克服了其无数据类型等缺点。

此后,C语言又改写了多次,直到1978年,贝尔实验室才正式发表了C语言。同时由B. W. Kernighan和D. M. Ritchie合著了著名的*The C Programming Language*一书,本书中的C语言被称为标准C。后来由美国国家标准学会在此基础上制定了一个C语言标准,于1983年发表,通常称之为ANSI C;1987年再次颁布新标准,称之为87 ANSI C。1990年,国际标准化组织ISO将87 ANSI C作为ISO C的标准。目前所使用的C编译系统均以ISO C作为基础,但不同版本如Microsoft C、Turbo C和Quick C等稍有不同。本书的内容基本上是以87 ANSI C为基础。

1.3.2 C语言的特点

C语言之所以经久不衰,是因为其本身具备不同于其他语言的突出特点。

(1) C语言生成的目标代码质量高。它可以直接对硬件进行操作,可以直接访问地址,能进行位(bit)运算,因此,C语言源程序生成的目标代码质量很高。实验表明,C语言代码效率只比汇编语言代码效率低10%~20%。

(2) C语言简练、紧凑,使用方便、灵活。C语言严格区分大小写,一共有32个全是小写字母的关键字和9种流程控制语句。相对其他计算机语言,较容易学习和记忆,源程序较短,编写程序时工作量较少,容易编写和调试。

(3) C语言功能全面。C语言有结构化的流程控制语句,有实现程序模块化的函数;数据类型丰富,能实现各种复杂的数据结构的运算,指针类型的引入使程序的效率更高;运算符众多,从而实现了运算类型、表达式类型的多样化;C语言系统提供的函数库进一步增强了C语言功能。

(4) C语言程序的可移植性好。C语言程序本身不依赖于机器硬件系统,基本上不用修改就可以应用于硬件结构不同的计算机和各种操作系统。

(5) C语言程序设计自由度大,语法限制不太严格。C语言书写格式自由,语法检查宽松,给编程人员较大的自由空间。这对于熟练的程序员是有益的,但也加大了初学者的学习难度。C语言对数组的下标是否越界、指针变量是否已赋初值等不做检查,导致程序容易出现运行错误或逻辑错误。因此初学者一定要严格检查、验证程序,不要认为只要程序编译、链接成功就编写成功了。

C语言还有一些其他优点,读者需要在学习和实践中慢慢体会。虽然C语言也有一些缺点,如类型转换较随意、运算优先级太多难以记忆等,但因其上述突出的优点,仍然是非常优秀的程序设计语言之一。

1.3.3 C语言程序示例

在学习C语言的具体语法之前,先通过一个简单的C语言程序示例,初步了解C语言程序的基本结构。

【例1.2】 已知两数a和b,按公式s=a+a*b计算,并输出结果。

```
预处理命令→#include <stdio.h>                   //编译预处理命令
main函数→void main()                            //主函数
        {
         ┌ int a,b,s;                           //定义变量a,b和s
         │ a = 3;                               //给变量a赋值
  函数体 ┤ b = 5;                               //给变量b赋值
         │ s = a + a * b;                       //按公式计算
         └ printf("a + a * b = %d\n",s);        //输出变量s的值
        }
```

由例1.2可以看出C语言程序的构成特点如下：

(1) C程序由若干函数组成，其中一个特殊的函数是主函数main。一个C程序必须有且只能有一个main函数，它是程序执行的入口。

(2) 一对花括号括起来的是main函数的函数体。函数体由若干以分号为结束符的语句组成。C语言中语句的书写非常自由，如“a=3;b=5; s=a+a*b;”这三条语句既可以写在一行，也可以每条语句单独占一行，既可以左端对齐，也可以不对齐。但为了提高程序的可读性，建议一条语句占一行，相同级别的语句要左对齐。

(3) 以“//”开头的是C程序的注释。注释是为程序语句添加的功能说明信息，目的是增加程序的可读性，程序在进行编译和链接时会把注释忽略掉。“//”为单行注释，只能将其后当前行的信息作为注释处理，如果要将连续的多行信息作为注释处理，可以采用在需要注释信息的第一行行首加“/*”，在最后一行行尾加“*/”。

(4) “#include <stdio.h>”是一条编译预处理命令，需要放在程序的最前面，应注意的是该命令行最后没有分号。程序中用到的printf是包含在stdio.h中的函数。C语言编译系统为用户提供了很多库函数，根据功能分别包含在不同的头文件中。如math.h中包含了一些和数学有关的库函数，如求平方根、正弦、余弦等；string.h中包含了和字符串处理相关的函数。如果用这些库函数，就需要用#include命令将相应的头文件包含进来。

1.3.4 C语言程序书写约定

虽然C语言程序对书写格式要求很低，但为了提高程序的可读性、可调试性和可维护性，养成良好的程序设计风格，建议读者书写程序时遵守如下约定：

(1) 一条语句或命令或左、右花括号均单独占一行。

(2) 用分层缩进的写法显示嵌套结构层次。同一个层次相应的左花括号和右花括号对齐，层次中的语句缩进一个Tab键的位置。在VC++6.0中，只要书写满足第一条约定，程序会自动调整对齐，非常方便。

(3) 标识符尽量做到“顾名思义”，可采用和其实际含义有关联的单词或单词组合，如用标识符length表示长度。

(4) 适当地加入注释信息，不同的功能块之间用一个空行隔开。

1.4 C语言程序开发步骤

1.4.1 C语言程序开发过程

C语言程序的开发，一般要经过编辑、编译、链接和运行4个步骤，如图1.3所示。

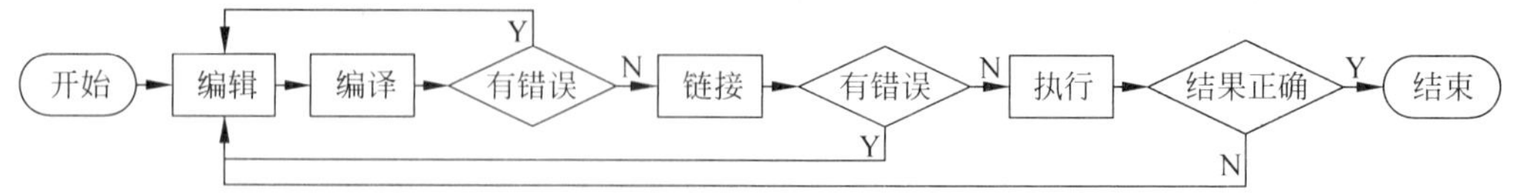

图1.3 C语言程序开发过程示意图

1. C语言程序的编辑

针对一个实际问题，首先要根据题意设计问题求解算法，可以先用流程图等把算法表示出来，然后转换为C语言程序，也可以直接把算法用C语言程序的形式表示出来。编辑就是将写在纸上或记在头脑中的C语言程序输入到计算机中，以文件的形式存放在磁盘上。这种在编辑方式下建立起来的程序称为源程序，C语言的源程序扩展名为.c。

2. C语言程序的编译

源程序是用C语言写的，而计算机能直接识别的只有由二进制指令组成的机器语言，因此，需要一个称为编译器的程序把源程序翻译成机器语言，这个过程称为编译。编译器创建的机器语言指令称为目标代码，包含目标代码的文件称为目标文件，一般目标文件的文件名与相应的源程序文件名相同，但扩展名为.obj。

3. C语言程序的链接

目标程序还不能直接在机器上运行，需要一个称为链接程序的程序把程序中用到的库函数和多个目标文件链接为一个扩展名为.exe的可执行文件。

4. C语言程序的运行

运行可执行文件，就可以得到程序运行结果。

无论是在编译、链接还是运行阶段，如果发现错误，都必须返回到编辑阶段对源程序进行修改，然后重新编译、链接、运行，直到成功为止。

1.4.2 VC++6.0环境中C语言程序运行步骤

Visual C++6.0(简称VC++6.0)是微软公司为C++语言设计开发的集成编译环境，同时兼容C语言。因此，C语言和C++语言程序的编辑、编译、链接、运行以及调试全过程均可在此环境中完成。在此，以例1.2为例简要介绍C语言程序在VC++6.0中的运行方法和步骤。

1. 启动 VC++6.0

VC++6.0 安装之后，其启动方式最常用的有以下两种：

(1) 在桌面上找到 VC++6.0 的快捷方式图标，双击启动。

(2) 依次选择“开始”→“程序”→Microsoft Visual Studio 6.0→Microsoft Visual C++6.0 命令，即可启动。

启动后，VC++6.0 的窗口布局如图 1.4 所示。

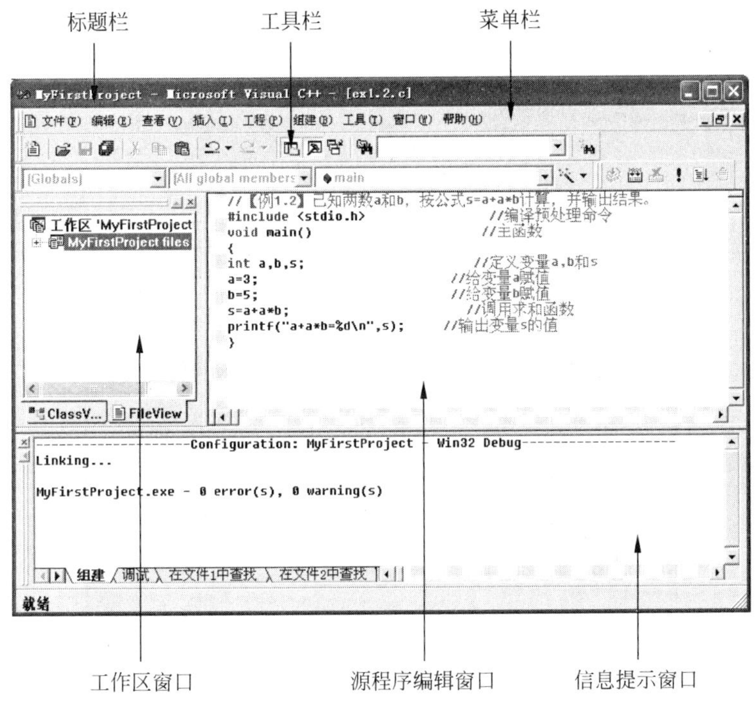

图 1.4 VC++6.0 窗口布局

2. 建立工程

VC++6.0 编写程序的基本单位是工程，一个工程中可以包含多个头文件(.h 文件)和源程序文件(.c 文件)。在 VC++6.0 中，编译操作是将本工程中打开的当前源程序文件编译成相应的目标文件(.obj 文件)，链接操作是指将本工程中所有的目标文件链接成一个可执行文件(.exe 文件)。因此，在建立 C 语言源程序文件之前，最好先建立一个工程，其操作过程为：

(1) 在菜单栏中选择“文件”→“新建”命令，出现如图 1.5 所示的“新建”对话框。

(2) 选中“工程”选项卡中的 Win32 Console Application 选项，输入工程名称“MyFirst-Project”，确定工程的位置，单击“确定”按钮。

(3) 在弹出的“步骤 1”窗口中，选择控制台程序类型为“一个空工程”，如图 1.6 所示，单击“完成”按钮。

(4) 在新弹出的窗口中单击“确定”按钮，如图 1.7 所示，即成功创建了一个工程。

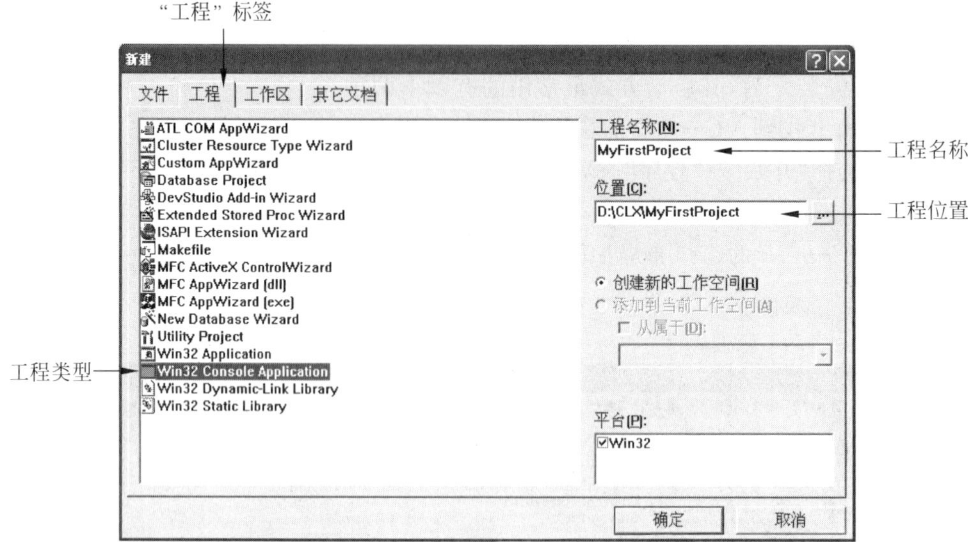

图 1.5 "新建"对话框

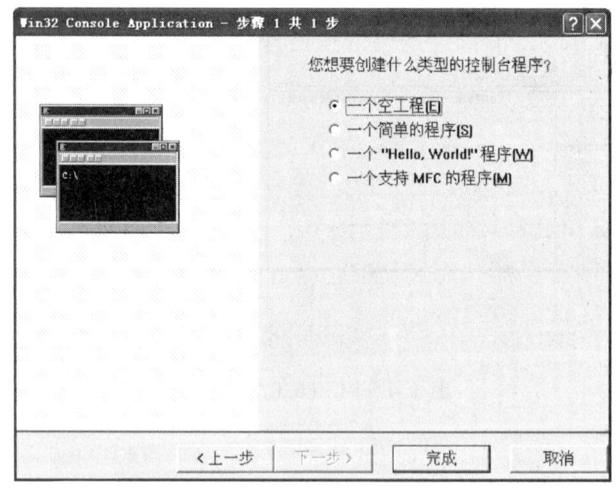

图 1.6 新建工程向导

3. 建立源程序文件

在菜单栏中选择"文件"→"新建"命令,在出现的"新建"对话框中切换到"文件"选项卡,如图 1.8 所示。选择文件的类型为 C++Source Flie,输入文件的名字,确定文件位置后单击"确定"按钮即将一个新的空白文件添加到了刚刚建立的工程中,并已在编辑窗中打开,输入源程序即可。

此处需要特别说明两点:

(1) VC++6.0 是为 C++设计开发的,对 C 语言只是兼容,因此源程序的默认扩展名为 C++语言源程序的扩展名.cpp,因此要建立 C 语言源程序文件需要指定扩展名.c。

(2) 可以不建立工程,直接建立.c 源程序,这样在对源程序进行编译时系统会提示用户

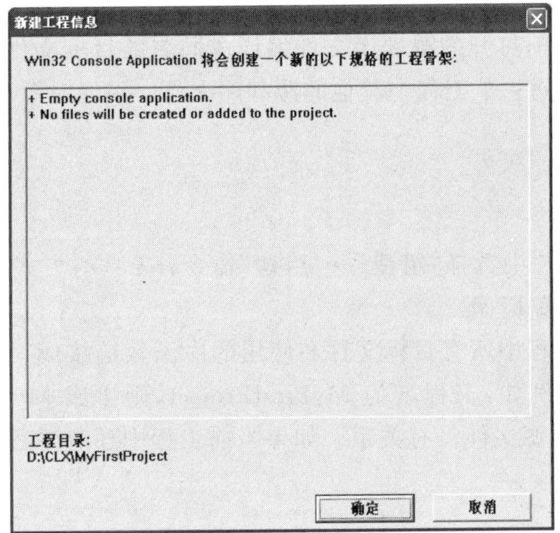

图 1.7 新建工程完成

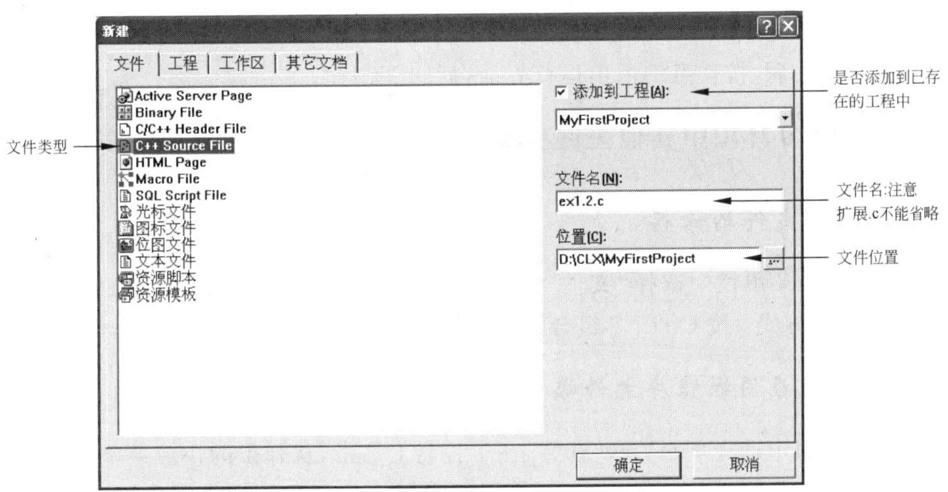

图 1.8 "新建"对话框中的"文件"选项卡

"This build command requires an active project workspace. Would you like to create a default project workspace?"(编译命令需要一个活动空间。你是否要建立一个默认的工程空间),选择"是",则会创建一个与源程序文件同名(不包括扩展名)的工程,并将此源程序文件加入工程中。选择"否"则停止编译,建议初学者使用这种简单方式。

4. 编译源程序

VC++6.0 为源程序的编译、链接和执行操作提供了菜单、工具栏、快捷键等多种操作方式,根据不同操作方式的方便程度,建议使用工具栏方式。菜单方式:在菜单栏中选择"组建"→"编译"命令;工具栏方式:单击图 1.9 中的第 1 个图标;快捷键方式:按 Ctrl+F7 组

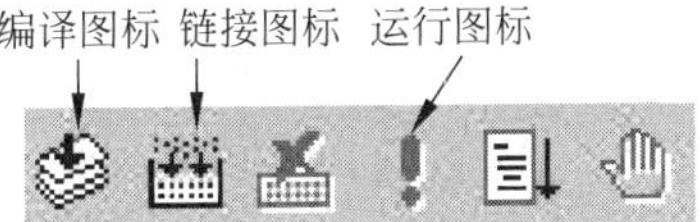

图 1.9 常用的工具栏

合键。

“编译”操作是将当前打开的源程序文件编译成同名的目标文件，例如 ex1.1.c 编译成 ex1.1.obj，而并不涉及同一个工程中其他的源程序文件。编译时源程序文件如果已经修改则会自动保存。

5. 链接源程序

菜单方式：在菜单栏中选择“组建”→“组建”命令；工具栏方式：单击图 1.9 中的第 2 个图标；快捷键方式：按 F7 键。

“链接”操作是将工程中所有目标文件和使用的库函数链接成一个和工程同名、扩展名为.exe 的可执行文件，例如，工程名为 MyFirstProject，则生成 MyFirstProject.exe 文件。注意可执行文件名与.c 源文件没有关系。如果当前工程中还有源程序没有进行编译，则先进行编译，然后再链接。

6. 执行程序

菜单方式：在菜单栏中选择“组建”→“执行”命令；工具栏方式：单击图 1.9 中的第 4 个图标；快捷键方式：按 Ctrl+F5 组合键。

程序运行结束后，按任意键退出运行界面，返回 VC++6.0。

1.4.3 VC++6.0 环境中其他关键功能

1. C 语言源文件的保存

菜单方式：在菜单栏中选择“文件”→“保存”命令；工具栏方式：单击工具栏中的“保存”按钮；快捷键方式：按 Ctrl+S 组合键。另外，源文件编译时会自动保存。

2. 把已经存在的源程序文件添加到当前工程中

在工作区窗口中选择 FileView 标签，在工程名上右击，从弹出的快捷菜单中选择“添加文件到工程”命令，如图 1.10 所示。在新打开的窗口中找到要加入的源程序文件即可加入到当前工程中。

3. 将工程中的源程序文件删除

一个工程中可以有多个.c 文件，但只能有一个 main 函数。如果工程中有多于一个的.c 文件有 main 函数，则必须删除某些文件。具体操作步骤为：在选中 FileView 标签的工作区窗口中选中要删除的文件，按 Delete 键即可。

此时的删除只是将该源程序文件从当前的工程中移除，并没有将其从磁盘上真正删除。如果想把删除的源程序文件再添加到工程中，则按照“把已经存在的源程序文件添加到当前工程中”的步骤操作即可。

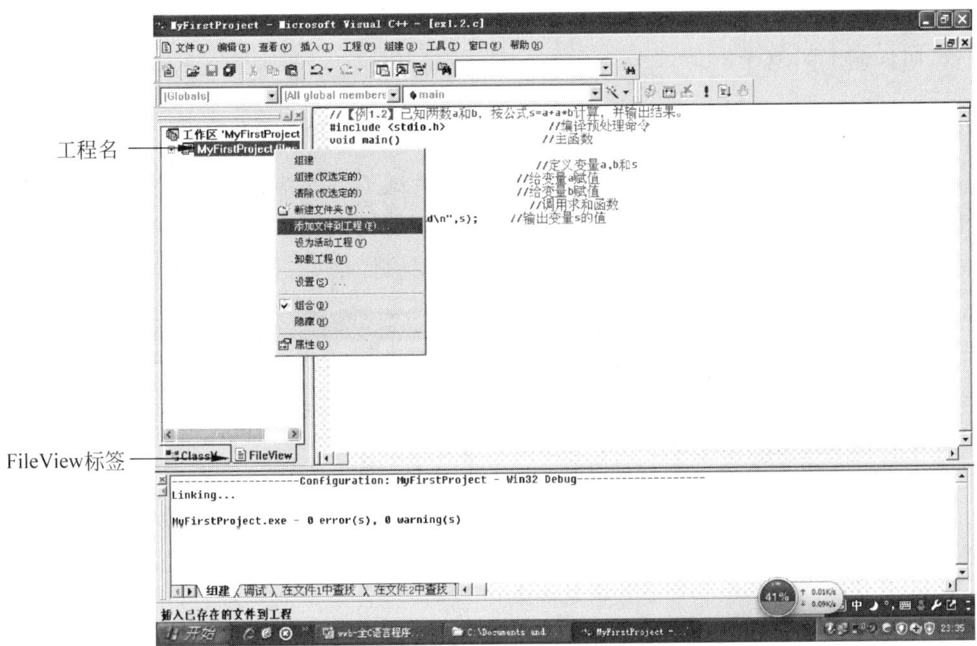

图 1.10 添加已存在的源程序文件

1.5 C语言程序的错误类型及调试方法

程序编写完毕后,难免会出现一些错误,重要的是学会错误定位、错误分析、错误排除的方法。因此,程序调试是程序设计课程的一个重要环节,是程序设计成功的一个关键过程。本节中涉及的内容有些已经超出本章内容,读者只需了解基本概念,随着课程的深入,逐步在实践中应用本节内容解决程序错误。

C语言程序中的错误按程序生成阶段可以分为编译错误、链接错误、运行错误和逻辑错误。下面以VC++6.0为例,着重介绍C语言程序中各种类型错误的具体含义以及相应的程序调试方法。

1.5.1 编译错误及调试方法

编译错误也称语法错误,其产生的主要原因是源程序中有不符合C语言语法规则的语句。编译错误在编译阶段即可发现,分为错误和警告两种。错误必须改正才能编译成功,而警告并不影响程序的编译,只是友好地提示用户程序存在的潜在问题。排除这类错误,可以使用静态调试和动态调试两种方法。

1. 编译错误的静态调试

静态调试是在程序编写完成以后,人工对源程序进行仔细检查,主要检查程序中的语法规则和逻辑结构,例如,变量是否定义,变量的书写是否前后一致,左右花括号是否匹配,语句尾部是否少了分号,if与else是否配对,if语句中的判断条件是否用小括号括起来等。实践证明，通过静态调试可以发现大部分语法错误，初学者应该养成上机前认真检查程序的好习惯，从而提高上机效率。

2. 编译错误的动态调试

动态调试就是指将源程序输入到计算机中，在调试工具的帮助下，排除错误的过程。编译错误的动态调试可利用 VC++6.0 中“输出”窗口中的错误提示信息及相关功能。

程序编译后，在窗口下方的“输出”窗口中会出现编译信息，如图 1.11 所示。

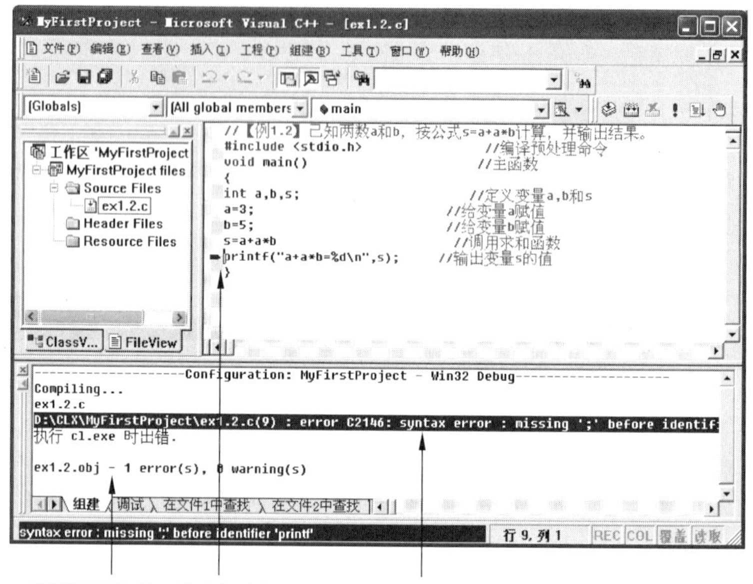

图 1.11 编译错误调试方法示意图

如果出现错误，“输出”窗口中会有错误提示信息。双击一个错误提示信息，“编辑”窗口的左侧会出现一个蓝色箭头。这说明该错误就出现在箭头所指的行或上一行的尾部。根据“输出”窗口中错误提示信息的内容，仔细查看箭头所指行以及上一行尾部，很容易发现语法错误。

排除编译错误时需注意两点：

（1）每次排除编译错误时最好从第一个错误开始排除，因为其他错误有可能是因为第一个错误级联产生的。排除第一个错误之后重新编译，如果仍然有错，再从第一个错误开始排除。

（2）编译系统给出的某些错误提示信息有时和实际出错原因并不相符，但提示的错误位置不会出错。因此需要多多积累调试经验，以提高调试技能。

1.5.2 链接错误及调试方法

编译通过之后，程序进行链接时也有可能出现错误，这类错误一般是指外部调用、不同文件之间函数的联系等方面的错误。出现链接错误时编译系统也会在“输出”窗口中给出错误提示信息，但这些提示信息不如编译错误的提示信息直接、具体，并且没有错误定位，出错原因较为隐秘，因此，链接错误比较难找，需要用户认真仔细地判断，找出出错原因并进行改正。较常见的链接错误有以下几种。

(1) 找不到某个函数。例如,编辑程序时将 main()函数误写成 mai()或 mian,链接时会出现错误,提示信息为:"unresolved external symbol _main",如图 1.12 所示,则说明在当前工程的所有文件中都没有找到名为 main 的函数,这时需检查函数名是否写错。如果提示的函数是自定义函数,则需要检查是否真的没有函数的实现还是函数定义时的名字和使用时的名字不一致。如果提示的函数是库函数,则需要检查库函数名字是否写错或源文件的首部是否用 #include 命令将函数所在的头文件包含进来。

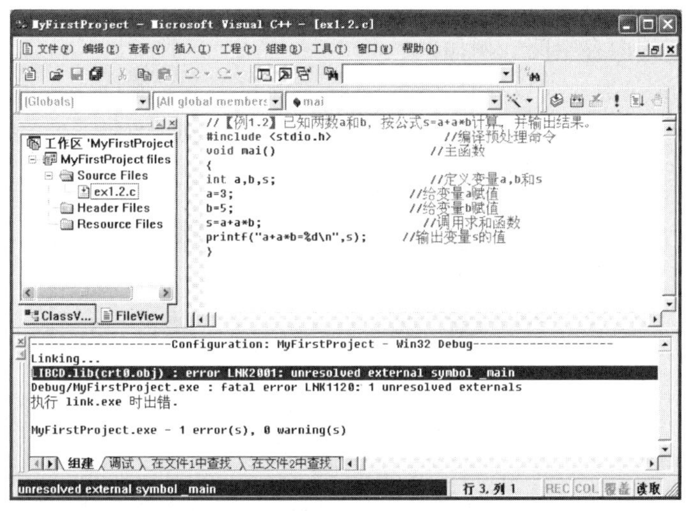

图 1.12　无 main()函数链接错误

(2) 如果一个工程中有多个有 main 函数的文件,这时会产生一个链接错误。例如,ex1.1.c 和 ex1.2.c 中均有 main()函数,链接时会出现错误,提示信息为:"_main already defined in ex1.2.obj",如图 1.13 所示。这时需要在"工作区"窗口的 FileView 标签中找到 ext1.1.obj 对应的源程序文件 ex1.1.c,选中后按 Delete 键将其删除即可。

图 1.13　多个 main()函数链接错误

(3) 未关闭执行文件。假设提示信息为："cannot open Debug for writing"，则说明当前工程所生成的可执行文件已经处于运行状态，不能重复链接。这时只需把正在运行的程序窗口关闭，重新链接即可。

1.5.3 运行错误及调试方法

运行错误是指程序在实际执行过程中产生的错误，通常会出现一个对话框提示程序出现错误，但并不一定有错误提示信息。这类错误产生的最常见的原因是程序运行时使用了没有分配给该程序的内存空间。例如：

(1) 利用 scanf 函数输入数据时，错将"scanf("%d",&a)"写为"scanf("%d",a);"。假设此时 a 中的值为 1000，则程序执行时会把输入的数据放到地址为 1000 的内存空间中，而不是放到变量 a 所占的内存空间中，从而造成运行错误，如图 1.14 所示。

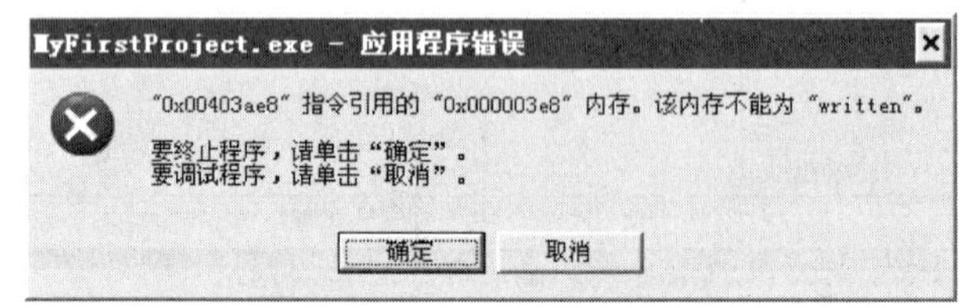

图 1.14 运行错误

(2) 数值下标越界，如在使用数组元素 a[i]时，变量 i 没有赋初值，或 i 的值已经超过数组 a 的下标范围。这时程序仍会按照公式"a+i×sizeof(a 的数据类型)"计算需访问内存空间的地址，从而造成运行错误。

(3) 指针变量 p 没有赋初值而直接使用 * p。指针变量没有赋初值，则其值是一个随机数，而使用 * p 时则是访问以这个随机数为地址的内存空间，从而造成运行错误。

1.5.4 逻辑错误及调试方法

上述三种错误都会导致程序无法正常执行，而逻辑错误是指程序可以顺利编译、链接、执行，但就是执行结果不对。这类错误最难排除，因为编译系统不会给出任何的错误提示，全凭借读者个人能力，运用有效的调试方法认真检查予以排除。逻辑错误最常用的调试方法有静态调试、跟踪打印和跟踪调试三种。

1. 静态调试

利用静态调试排除逻辑错误是指人工模拟程序的执行过程，从而修正错误。逻辑错误的静态调试可以从以下几个方面进行检查。

(1) 循环变量是否赋了初值以及赋初值语句的位置是否正确。在一些涉及累加和、累乘积的算法中，循环的次数直接影响程序的执行结果，因此循环变量是否赋了初值、赋的什么值以及赋初值语句的位置至关重要。

(2) 条件表达式是否正确。选择和循环中都涉及条件表达式，表达式不同，程序的执行路径也就不同，因此书写条件表达式时一定要认真。在 C 语言中，一定要注意表达式"(a==0)"和"(a=0)"的区别，前者是判断 a 和 0 是否相等，如果相等则表达式为真；后者是将 0 赋给变量 a，然后判断 a 的值是否为真，而这时 a 的值已经为 0，所以表达式“(a=0)”永远为假，和 a 中的原值没有关系。另外，在使用“大于”、“小于”构成的逻辑表达式时要注意是否应该包括“等于”。

(3) 变量的数据类型是否正确。不同数据类型的变量占用的内存空间不同，存储数据的类型不同，参与运算的结果也不同，因此要注意使用合理数据类型的变量。例如，整型变量所能存储的值为[-2147483648,2147483647]，如果数据超出这个范围，则会造成溢出问题。再如，变量 a 赋值为 5，如果 a 为整型变量，则表达式 a/2 的值为 2；如果 a 为浮点型，则表达式 a/2 的值为 2.5。

2. 跟踪打印

一般来讲，程序打印输出的是一些提示信息和最终处理结果。但当程序最终结果出现错误时，可以适当添加一些打印语句，将某些中间处理结果也在屏幕上打印出来，以便查看程序到底是在哪个处理环节上出了问题。确定大约出错位置后，仔细查看源程序，确定出错原因。例如，在输入语句后添加打印语句，以查看输入的数据是否正确地接收，程序错误排除后，将这些多余的打印语句删除掉即可。

3. 跟踪调试

C 语言的集成开发环境中一般会提供一些调试工具。在 VC++6.0 中，系统提供的主要调试工具可分为断点、进程控制、Variables 窗口和 Watch 窗口三大类。

(1) 断点。断点是调试器设置的一个源程序的代码位置，当程序运行到断点时，程序会中断执行，回到调试器。回到调试器并不是终止或结束程序的执行，而是等待程序继续执行。

设置断点：将光标移动到需要设置断点的代码行上，按 F9 快捷键或单击工具栏中的“手形”图标。代码行左侧显示一红色圆点，即表明此行已经被设置为断点。

移除断点：将光标移动到某断点所在行，再次按 F9 快捷键或单击工具栏中的“手形”图标即可移除断点。

(2) 进程控制。VC++6.0 为方便用户调试，提供了几种不同的进程控制方式，一般用快捷键进行操纵，也可以用 Debug 工具栏中相应的图标按钮操纵。如果窗口中没有 Debug 工具栏，可以在工具栏上右击，在弹出的快捷菜单中选择 Debug 命令。几种常用的进程控制方式及对应的快捷键如下：

F10 指单步执行，如果执行到被调函数，不进入到函数内部。

F11 指单步执行，如果执行到被调函数，进入函数内部。

F5 指程序继续执行，到下一个断点处中断执行。

Ctrl+F10 指运行到光标处中断。

Shift+F5 指停止调试。

(3) Variables 窗口和 Watch 窗口。VC++6.0 允许查看程序执行到某语句时某变量或表达式的值。Variables 窗口用于显示当前执行上下文中可见的变量以及变量值；Watch 窗口用于显示用户感兴趣的变量或表达式的值，例如，用户想查看程序执行到某处时变量 a 中的值，则可在 Watch 窗口的“名称”列中输入变量名 a，相应“值”列就可显示其值。

调试程序时，往往是把断点、进程控制、Variables 窗口和 Watch 窗口等调试工具结合起来使用。具体调试步骤如下：

(1) 按 F10 键单步执行程序。如果能确定错误的大体位置，则可在错误前的某个语句处设置一个断点，然后按 F5 键到断点处停下，再按 F10 键单步执行。

(2) 如图 1.15 所示，编辑窗口左侧，黄色箭头所指行即是目前程序执行到的代码行(此行还没有执行)；左下的 Variables 窗口显示程序执行到此处时可见变量及变量值；右下的 Watch 窗口显示程序执行到此处时用户添加的变量及表达式和它们的值。特别是已执行的最后一个语句所涉及的变量的值，用红色显示，起到警示作用。

图 1.15 单步调试界面

(3) 边按 F10 键单步执行程序(如果想进入函数内部则按 F11 键，但进入到函数内部后最好再换为 F10 键)，边观察 Variables 和 Watch 窗口中的数据变化。一旦出现变量值或语句的执行顺序和预想的不一致的情况，则可锁定出错位置，认真分析、判断出错原因。

(4) 若已找到出错原因，则可按 Shift+F5 组合键结束调试，或者单击调试工具栏中的"停止调试"按钮结束调试，进入编辑状态修改程序。若已经错过出错位置，也可按 Shift+F5 组合键结束调试，然后开始新一轮的调试。

应当指出的是，程序调试工具的有效使用能起到事半功倍的效果，但这些工具应如何搭配使用，还需要读者在实践中逐步积累经验。

1.6 综合案例

通过本章内容的学习，读者已经具备了程序设计的基本概念，了解了 C 语言程序的框架。为了提高读者的动手实践能力，增强读者利用 C 语言分析问题、解决问题的能力，本节提出了一个学生成绩管理系统的综合案例。这个案例贯穿于本书始终，以后每学习完一章，则综合运用本章知识点解决或改进本案例的某些功能，引导读者循序渐进，由简单到复杂逐步完成一个功能较完善的小系统，以借此抛砖引玉，为读者利用 C 语言开发系统奠定坚实的基础，并提供借鉴和帮助。

学生成绩管理系统是对学生基本信息及成绩的管理，主要实现对学生的学号、姓名、性别等基本信息以及各科目成绩进行插入、删除、修改、查询及保存到文件等操作。系统需提供给用户一个简单的菜单选项，用户能根据系统提示选择操作。系统主要功能需求如图 1.16 所示，核心功能的需求描述如下：

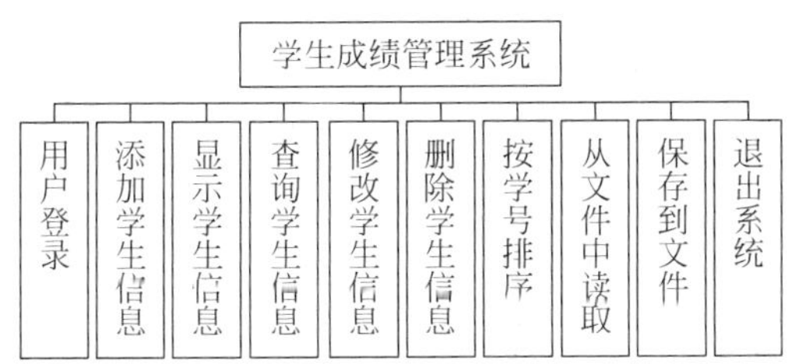

图 1.16　学生成绩管理系统功能图

(1) 用户登录：提示用户输入用户名和密码，如果输入三次均不正确则退出系统，如果登录成功则显示系统主控菜单选项。

(2) 系统主控菜单选项：允许用户根据菜单选项提示选择要进行的操作，包括添加学生信息、显示学生信息、查询学生信息、修改学生信息、删除学生信息、对学生信息排序、保存学生信息等。根据菜单选项提示，输入不同序号选择对应操作。

① 添加学生信息：用户根据提示输入学生的学号、姓名、性别及 4 门课的成绩，如高等数学、大学英语、计算机基础、程序设计等，自动计算每个学生的总分和平均分。输入完一条学生记录，可以根据提示继续输入下一条学生记录或者结束添加操作，返回主控菜单继续选择其他操作。

② 显示学生信息：显示所有学生基本信息，如果没有数据，则显示无记录的提示信息。

③ 查询学生信息：可以分别根据学号、姓名两个不同角度对学生信息进行查询，如果没有查询到满足条件的记录，则显示无记录的提示信息。

④ 修改学生信息：根据学生学号修改学生基本信息，如果没有符合条件的学生记录，则显示无此记录的提示信息，否则先显示出该学生记录的原始信息；然后根据提示输入修改后的学生基本信息。

⑤ 删除学生信息：根据学生学号删除学生记录，如果没有符合条件的学生信息，则显示无此记录的提示信息，否则先显示学生记录的原始信息，然后提示用户是否确定进行删除操作，如果选择是，则删除该学生记录，否则取消删除操作，以免误删。

⑥ 排序：可以根据学生的学号对学生信息进行从低到高排序。

⑦ 从文件中读取信息：从文件中将学生信息读取到内存中。

⑧ 将信息保存到文件：将内存中的学生基本信息保存到文件中。

⑨ 退出系统：结束系统运行，结束前要询问是否要将信息保存到文件中。

目前读者可能对这个综合案例感到无从着手，但随着课程的深入，本案例会引领读者循序渐进，由小到大，逐步形成一个完整的小型系统。如果读者能够扎实地走好每一步，相信在学习完本书后一定能够完成此案例，并能够对案例进行功能改进、扩充和代码优化，并能够以此为例编写其他实用系统。

习　　题

一、选择题

1. 为了避免流程图在描述程序逻辑时的灵活性，提出了用方框图来代替传统的程序流程图，通常也把这种图称为(　　)。

A. PAD图　　B. N-S图　　C. 结构图　　D. 数据流图

2. 算法的有穷性是指(　　)。

A. 算法程序的运行时间是有限的　　B. 算法程序所处理的数据量是有限的

C. 算法程序的长度是有限的　　D. 算法只能被有限的用户使用

3. 以下叙述中正确的是(　　)。

A. 用C程序实现的算法必须要有输入和输出操作

B. 用C程序实现的算法可以没有输出但必须要有输入

C. 用C程序实现的算法可以没有输入但必须要有输出

D. 用C程序实现的算法可以既没有输入也没有输出

4. 计算机高级语言程序的运行方法有编译执行和解释执行两种，以下叙述中正确的是(　　)。

A. C语言程序仅可以编译执行

B. C语言程序仅可以解释执行

C. C语言程序既可以编译执行又可以解释执行

D. 以上说法都不对

5. 以下叙述中错误的是(　　)。

A. C语言的可执行程序是由一系列机器指令构成的

B. 用C语言编写的源程序不能直接在计算机上运行

C. 通过编译得到的二进制目标程序需要链接才可以运行

D. 在没有安装C语言集成开发环境的机器上不能运行C源程序生成的.exe文件

6. 算法的空间复杂度是指(　　)。

A. 算法程序的长度　　B. 算法程序中的指令条数

C. 算法程序所占的存储空间　　D. 算法执行过程中所需要的存储空间

7. 在下列选项中，哪个不是一个算法一般应该具有的基本特征？(　　)

A. 确定性　　B. 可行性

C. 无穷性　　D. 拥有足够的情报

8. 在计算机中，算法是指(　　)。

A. 查询方法　　B. 加工方法

C. 解题方案的准确而完整的描述　　D. 排序方法

9. 下面叙述正确的是(　　)。

A. 算法的执行效率与数据的存储结构无关

B. 算法的空间复杂度是指算法程序中指令(或语句)的条数
C. 算法的有穷性是指算法必须能在执行有限个步骤之后终止
D. 以上三种描述都不对

10. 下列叙述中正确的是(　　)。
A. 程序设计就是编制程序
B. 程序的测试必须由程序员自己去完成
C. 程序经调试改错后还应进行再测试
D. 程序经调试改错后不必进行再测试

11. 下列选项中不符合良好程序设计风格的是(　　)。
A. 源程序要文档化　　B. 数据说明的次序要规范化
C. 避免滥用 goto 语句　　D. 模块设计要保证高耦合、高内聚

12. 对建立良好的程序设计风格,下面描述正确的是(　　)。
A. 程序应简单、清晰、可读性好　　B. 符号名的命名只要符合语法即可
C. 充分考虑程序的执行效率　　D. 程序的注释可有可无

13. 编制一个好的程序,首先要保证它的正确性和可靠性,还应强调良好的编程风格,在书写功能性注释时应考虑(　　)。
A. 仅为整个程序作注释　　B. 仅为每个模块作注释
C. 为程序段作注释　　D. 为每个语句作注释

14. 一个 C 程序总是从(　　)开始执行。
A. 程序的第一条执行语句　　B. 主函数
C. 子程序　　D. 主程序

15. 机器语言是用(　　)编写的。
A. 二进制码　　B. ASCII 码　　C. 十六进制码　　D. 国标码

二、填空题

1. C 语言程序的开发,一般要经过________、________、________和________4 个步骤。
2. C 语言程序中的错误按程序生成阶段可以分为________错误、________错误、________错误和________错误。
3. 逻辑错误最常用的调试方法有________、________和________三种。
4. 问题处理方案的正确而完整的描述称为________。
5. 算法复杂度主要包括时间复杂度和________复杂度。

第2章

数据类型和表达式

程序的执行过程其实就是对一系列数据进行处理的过程，因此，数据是程序中必不可少的基本元素，C语言中每个数据都属于某一特定数据类型，而数据类型决定数据能参与的运算、占据的存储空间和存储方式。本章主要介绍和数据有关的数据类型、常量、变量、运算符、表达式等内容，为后面的学习奠定良好的基础。

2.1 C语言字符集与词法规则

2.1.1 C语言字符集

任何一个计算机系统所能使用的字符都是固定的、有限的，C语言字符集是C语言程序里允许使用的字符集合，主要由字母、数字、空白符、标点和特殊符号组成。在字符常量、字符串常量和注释中还可以使用汉字或其他可表示的图形符号，具体归纳如下：

（1）字母：a～z，A～Z。

（2）数字：0～9。

（3）空白符：指在屏幕上不会显示出来的字符，如空格(Space)符（本书用□表示）、制表(Tab)符、换行(Enter)符（本书用<CR>表示）等。空白符只在字符常量和字符串常量中保持原含义，在其他地方出现时，只起分割词法符号的作用，程序编译时将会被忽略。因此，可以适当地使用空白符增加程序的可读性。

（4）标点和特殊符号：见表2.1。

表2.1 标点和特殊符号

字符	名称	字符	名称	字符	名称
,	逗号	{	左花括号	#	井号
.	点	}	右花括号	%	百分号
;	分号	<	小于号	&	和号
:	冒号	>	大于号	^	脱字符
'	单引号	!	叹号	*	星号
"	双引号	|	竖线	-	减号

续表

字　符	名　称	字　符	名　称	字　符	名　称
(	左圆括号	/	斜线	=	赋值号
)	右圆括号	\	反斜线	+	加号
[	左方括号	~	求反号		
]	右方括号	_	下画线		

2.1.2 C 语言词汇及其组成规则

在 C 语言中使用的词汇可分为六类：标识符、关键字、运算符、分隔符、常量和注释符。

1. 标识符

标识符用来表示函数、类型及变量的名称。C 语言中标识符必须符合以下构成规则：

(1) 由字母或下画线开头；

(2) 由字母、数字或下画线组成；

(3) 不能是 C 语言关键字。

例如，以下标识符是合法的：a，_22A，ABC1，sum5。

而以下标识符是非法的：3s(以数字开头)，A * T(出现非法字符 *)，int(C 语言关键字)。

注意：

(1) C 语言区分大小写字母，如 test 与 Test 代表不同的标识符，Int 可以是有效标识符。

(2) 原则上标识符只要满足构成规则即可，但最好做到“顾名思义”，提高程序的可读性。

2. 关键字

关键字是由 C 语言规定的具有特定意义的字符串，通常也称为保留字，关键字不能作为变量或函数名等标识符来使用。C 语言中的关键字一共有 32 个，分为以下几类。

(1) 标识数据类型的关键字：int，char，long，float，double，short，unsigned，struct，union，enum，void，signed。

(2) 标识控制流程的关键字：if，else，goto，switch，case，default，for，do，while，break，continue，return。

(3) 标识存储类型的关键字：auto，static，register，extern。

(4) 其他关键字：sizeof，const，typedef，volatile。

注意：C 语言区分大小写，关键字均为小写字母。在 VC++6.0 环境中，关键字显示为蓝色。

3. 运算符

C 语言中有相当丰富的运算符，其具体表示符号与功能见本书 2.5 节内容。

4. 分隔符

在C语言中的分隔符有逗号和空格两种。逗号主要是在类型说明和函数参数列表中，分隔各个变量。空格多用于语句各单词之间，作间隔符。例如“int a;”，关键字 int 和标识符 a 之间必须要有一个或多个间隔符，否则编译系统会将 inta 当成一个标识符处理，从而导致出现语法错误。

5. 常量

C语言中的常量将在2.3节中详细介绍。

6. 注释符

注释是对源程序代码功能和实现方法等的说明信息，程序在编译时会被忽略掉，在VC++6.0中注释内容显示为绿色。C语言中注释有两种实现方式：

(1) 单行注释，用“//”表示，注释内容从“//”开始，到该行结束处结束。

(2) 多行注释，用起始符号“/*”和终止符号“*/”表示。注释内容从“/*”开始，到“*/”处结束。多行注释起始符号和终止符号是配对使用的。

在源程序中添加一些注释有助于读者快速理解编程思路，是一个良好的编程习惯。同时也可以将程序中某些暂时不用执行的语句作为注释处理，用时再去掉注释符，能起到快速恢复的作用。

2.2 数据类型

数据类型决定了数据所占存储空间的大小、物理存储方式、逻辑表示方式、取值范围、所能参与的运算及运算结果。任何一种程序设计语言都会定义自己的数据类型。C语言具有丰富的数据类型，其分类如图2.1所示。

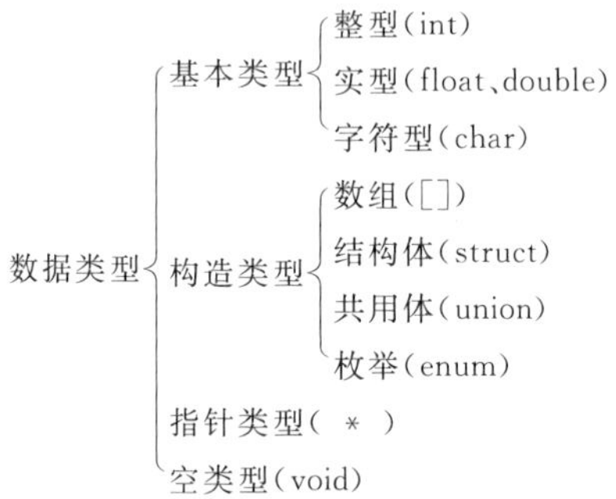

图2.1 C语言的数据类型分类

2.2.1 基本类型

C语言中将整型(int)、浮点型(float 单精度、double 双精度)和字符型(char)称为基本类型。为了满足更多需求，C语言允许在基本数据类型的前面加上一些修饰符，以扩充基本数据类型的含义。signed 表示有符号，unsigned 表示无符号，long 表示长型，short 表示短型。其中，signed 和 unsigned 仅用于修饰整型和字符型。short 可以修饰整型；long 可以修饰整型和浮点型。

内存空间的基本单位为字节，表 2.2 列出了常用的加修饰符的基本数据类型的数据在 VC++6.0 中所占内存空间字节数和表示范围。其中，「」中内容为可选项[①]。不同数据类型的数据所占内存的字节数和编译系统有关，不同的编译系统，具体情况与表 2.2 可能略有差别。例如，在 Turbo C/Turbo C++中为整型分配 2B，16b（B 指字节 Byte，b 指位 bit）。

表 2.2　基本数据类型表

类　型	说明	字节数	数据表示范围
「signed」char	字符型	1	$-128\sim127(-2^7\sim2^7-1)$
unsigned char	无符号字符型	1	$0\sim255(0\sim2^8-1)$
「signed」int	整型	4	$-2147483648\sim2147483647$
unsigned「int」	无符号整型	4	$0\sim4294967295$
「signed」short「int」	短整型	2	$-32768\sim32767(-2^{15}\sim2^{15}-1)$
「signed」long「int」	长整型	4	$-2147483648\sim2147483647(-2^{31}\sim2^{31}-1)$
unsigned short「int」	无符号短整型	2	$0\sim65535(0\sim2^{16}-1)$
unsigned long「int」	无符号长整型	4	$0\sim4294967295(0\sim2^{32}-1)$
float	单精度浮点型	4	$-3.4\times10^{38}\sim3.4\times10^{38}$（6～7 位有效数字）
double	双精度浮点型	8	$-1.7\times10^{308}\sim1.7\times10^{308}$（15～16 位有效数字）

2.2.2　其他数据类型

除基本数据类型外，C 语言还提供了构造数据类型、指针类型和空类型。

（1）通常将数组、结构体、共用体（又叫联合体）称为构造数据类型，又称自定义数据类型。它是在基本数据类型基础上，用户根据需要对类型相同或不同的若干个变量构造的类型，具体内容将在以后的章节中陆续介绍。

（2）指针类型。指针类型是 C 语言为实现间接访问而提供的一种数据类型，特殊而重要。具体内容将在第 8 章介绍。

（3）空类型。也称为 void 类型，它不能修饰变量，常用来修饰函数返回值类型，具体内容将在第 7 章介绍。

2.3　常　　量

常量是指在程序执行过程中，其数值不能被改变的量，如 789，3.14，'a'，"ABC"，均是常量，常量又可分为直接常量和符号常量。直接常量是指 C 语言的数值常量和字符类型常量。符号常量是指 C 语言用标识符定义的常量。其表示归纳如图 2.2 所示。

---

① 本书约定，「」中内容均为可选项。

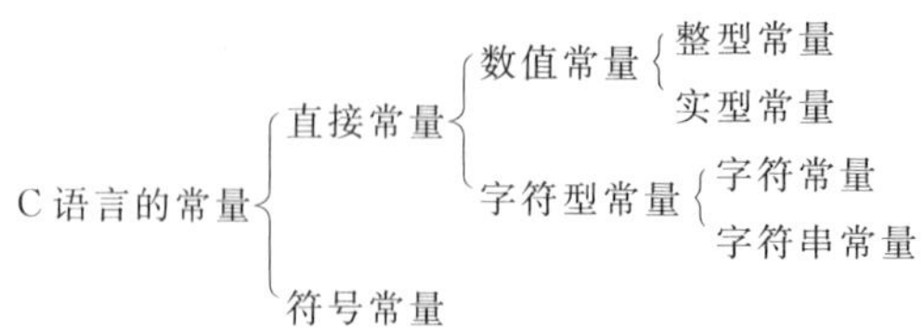

图 2.2 C语言的常量分类

2.3.1 整型常量

C 语言的整型常量有十进制、八进制和十六进制三种表示形式。

1. 十进制形式

十进制整型常量是可以带正负号的数学意义上的整数。如 678、+10、-1 都是合法的十进制整型常量。

2. 八进制形式

八进制整型常量是以 0 开头的带正负号的八进制整数。合法的八进制数如：015、+0101、-01777 等；不合法的八进制数如：256(无前缀 0)、0392(包含了非八进制数 9)。因此需要特别注意，在 C 语言中，012 代表八进制中的 12，换算为十进制为 10。

3. 十六进制形式

十六进制整型常量是以 0x 或 0X 开头的带正负号的十六进制整数。合法的十六进制整型常量如：0xa3f、-0X9A、0x345、+0X6ab。

这三种表示形式均表示此整型常量为 int 类型，如果要表示 long int 或 unsigned int 类型的常量，则需要在常量后面加后缀 l(或 L)或 u(或 U)，如 23L 表示长整型常量，23u 表示无符号常量。

2.3.2 实型常量

实型常量就是数学中的实数，有十进制形式和指数形式两种表示方法。

1. 十进制形式

例如 1.23456、-0.465、+789.123、.235、0.0、1.0 等都是合法的实型常量。注意，0.235 可以写作.235，1.0 可以写作 1.，但小数点不能省略，1 是整型常量，而 1.或 1.0 是实型常量。

2. 指数形式

指数形式是由十进制实数形式的尾数、阶码标志(e 或 E)和十进制整型形式的指数组成，三部分缺一不可。例如 0.123e+5、1e-4、-35.69E11 均为合法实数。

无论是十进制形式还是指数形式的实型常量默认都为 double 类型，若要表示 float 类型的实型常量则需要加后缀 f/F，例如 12.456f。

2.3.3　字符型常量

C 语言的字符常量是 ASCⅡ码字符集里的一个半角字符，包括字母（区别大、小写）、数字、标点符号以及特殊字符等，其表示方法有三种。

1. 单引号表示形式

把单个字符用一对西文半角单引号括起来表示字符常量，例如，'a'、'6'、'A'、'+'、':'。这是字符常量最常用的表示方式。' '表示空格字符，而''两单引号紧密相连是空字符常量，不表示空格字符，在 C 语言中是不合法的字符常量。

2. 数值表示形式

ASCII 码字符集里的每一个字符都有一个对应的 ASCII 码值，因此也可以用字符的 ASCII 码值表示该字符常量。例如，'A'的 ASCII 码为 65，'a'的 ASCII 码为 97，'0'的 ASCII 码为 48。

3. 转义字符表示形式

转义字符是一种以反斜线（\）开头的字符，通常用于表示在键盘上没有对应的按键或有按键却无法在屏幕上显示键面信息或本身有特殊含义的字符。此处的反斜线表示后面的字符不再表示本身的含义，而是变成了另外的含义。如'\n'表示换行，而不再代表字母 n。常用的转义字符及其含义如表 2.3 所示。

表 2.3　常见的转义字符常量

字符常量	含义	ASCII 值
'\0'	结束标志，为八进制表示方法	0
'\n'	输出到屏幕和文本文件为回车且换行，若输出到二进制文件仅为换行	10
'\r'	回车，不换行	13
'\t'	制表键，光标右移到下一输出区首，通常每个输出区占 8 个字符	9
'\f'	换页	12
'\b'	退格	8
'\\'	反斜线字符\	92
'\''	单引号字符'	39
'\"'	双引号字符"	34
'\ddd'	1 到 3 位八进制数组成 ASCII 码所对应字符	
'\xhh'	1 到 2 位十六进制数组成 ASCII 码所对应字符	

从表中可以看出，C 语言中除了一些特殊的转义字符外，还有八进制转义字符和十六进制转义字符，如'\101'、'\x41'均代表字母'A'，其中八进制的 101 和十六进制的 41 对应的十进制数都是 65。

另外需特别注意，转义字符表示方式中的八进制整数不需以 0 开头，十六进制整数需以 x 开头，与表示整型常量的八进制和十六进制表示方式有所不同。

2.3.4 字符串常量

由若干个字符组成的字符序列称为字符串，在C语言中，用西文半角双引号将字符序列括起来表示字符串常量，如"How are you!"、"123"、"a"、"abcde"都是合法的字符串常量。

字符串在进行存储时，除要存储字符序列外还要在末尾存放一个结束标志'\0'。'\0'是转义字符的八进制表示方式，代表ASCII码为0的字符，表示该字符串常量到此结束。例如，字符串常量"Hello"在内存中的存储方式如下：

H	e	l	l	o	\0

该字符串的长度为5，不包括'\0'，但存储时所占内存空间长度为6个字符。

注意'A'和"A"是不同的。前者表示字符常量，在内存中占用一个字节；后者表示字符串常量，有结束标志，在内存中占用2个字节。另外，字符常量不能为空字符''(两个单引号紧密相连)，而字符串常量可以为空字符串，例如""，该字符串的长度为0，占用内存的字节数为1。

2.3.5 符号常量

C语言中可以＃define定义一个标识符来代表一个常量数据，这个标识符称为符号常量，凡是在源程序中出现该标识符时，都用其后指定的常量数据替换，其定义格式为：

```
＃define 标识符常量数据
```

【例2.1】 输入圆的半径，输出圆的面积。

```
#include <stdio.h>
#define PI 3.14159                          //定义符号常量 PI
void main()
{
    float area,r;
    scanf("r = %f",&r);
    area = r * r * PI;                      //使用 PI
    printf("area = %f",area);
}
```

程序中定义符号常量PI代表常量3.14159，在编译时，凡是遇到PI，都将替换成3.14159。

C语言规定，每个符号常量的定义占据一行，且因为＃define为预处理命令，所以尾部没有分号。为了和变量相区别，建议使用全是大写字母的标识符来表示。使用符号常量的好处是“一处修改，处处修改”，而且含义明确。例如，如果要将PI的精度增加为3.1415926，只需将PI的定义修改为“＃define PI 3.1415926”，则程序中无论用PI多少次，都会被替换成3.1415926。

2.4 变　量

在程序的运行过程中可以改变的量称为变量。一个变量有三个要素，即变量名、变量所占存储空间和变量值。所有的变量必须先定义后使用。

2.4.1　变量的定义

变量定义语句的一般格式为：

「存储类型」 数据类型　变量名 1 「,变量名 2,…,变量名 n」;

其中,①「」中内容为可选项,存储类型具体内容将在第 7 章介绍；③数据类型可以是 char、int、float 等基本数据类型,也可以是数组、结构体等构造类型；③变量名遵循标识符的构成规则,如果一次定义多个变量,则变量名之间用“,”分隔；④最后的分号是 C 语言中语句的结束标志,不能省略。例如：

```
int a;                          //定义了 1 个占 4 个字节的整型变量 a
char ch1,ch2;                   //定义了 2 个占 1 个字节的字符变量 ch1,ch2
double d1,d2;                   //定义了 2 个占 8 个字节的双精度实型变量 d1,d2
```

2.4.2　变量赋初值

给变量赋初值的方法有以下两种。

(1) 定义的同时赋初值,也称变量的初始化。例如：

```
int a = 12;
char ch1 = 'a',ch2 = 98;        //以字符形式和 ASCII 值形式初始化
```

(2) 先定义后赋初值。例如：

```
int a,b;
a = 12;
b =- 24;
```

2.4.3　常变量

如果变量在定义时加上 const 关键字,则称该变量为常变量,例如：

```
const double pi = 3.14159;
```

常变量 pi 具有变量的三要素特征,即变量名、变量所占存储空间和变量值,但定义时必须赋初值,且其值在程序的运行过程中不允许被改变。

2.5　运算符和表达式

运算符是一种向编译程序说明一个特定的数学或逻辑运算的符号,它的主要作用是与操作数一起构成表达式,实现某种运算。按其操作数个数,运算符可划分为 3 类：单目运算符(一个操作数)、双目运算符(两个操作数)和三目运算符(三个操作数)；按其功能划分,可以分为算术、关系、逻辑等运算符,具体情况如表 2.4 所示。

表 2.4 运算符的分类

序　　号	名　　称	符　　号
1	算术运算符	+、-、*、/、%、++、--
2	关系运算符	>、<、==、>=、<=、!=
3	逻辑运算符	!、&&、||
4	位运算符	<<、>>、~、|&、^
5	赋值运算符	=、+=、-=、*=、/=、%=、>>=、<<=、&=、^=、|=
6	条件运算符	? :
7	逗号运算符	,
8	指针运算符	*、&
9	求字节数运算符	sizeof
10	强制类型转换运算符	(数据类型)
11	下标运算符	[]
12	分量运算符	.、->

2.5.1 运算符的优先级与结合性

C语言表达式中可以出现多个运算符和操作数，计算表达式时必须按照一定的先后次序，即运算符的优先级和结合性规定的运算次序进行计算。C运算符的优先级与结合性如表2.5所示。在表达式中加括号会改变运算符的优先级和结合性。

表 2.5 各类运算符的优先级与结合性

优先级	运　算　符	含　　义	运算符目数	结合方向
1	( ) [] .、->	圆括号运算符 下标运算符 成员运算符	双目运算符	自左至右
2	! ~ ++、-- +、- (数据类型) * & sizeof	逻辑非运算符 按位取反运算符 自增、自减运算符 正、负号运算符 类型转换运算符 指针运算符 取地址运算符 求类型长度运算符	单目运算符	自右至左
3	*、/、%	乘法、除法、求余运算符	双目运算符	自左至右
4	+、-	加减法运算符		
5	<<、>>	左移右移运算符		
6	<、<=、>、>=	关系运算符		
7	==、!=	关系运算符		
8	&	按位与运算符		
9	^	按位异或运算符		
10	|	按位或运算符		
11	&&	逻辑与运算符		
12	||	逻辑或运算符		

续表

<table>
<tr><th>优先级</th><th>运　算　符</th><th>含　　义</th><th>运算符目数</th><th>结合方向</th></tr>
<tr><td>13</td><td>?:</td><td>条件运算符</td><td>三目运算符</td><td rowspan="2">自右至左</td></tr>
<tr><td>14</td><td>=、+=、-=、*=、/=、%=、>>=、<<=、&=、^=、|=</td><td>赋值及复合赋值运算符</td><td>双目运算符</td></tr>
<tr><td>15</td><td>,</td><td>逗号运算符</td><td>双目运算符</td><td>自左至右</td></tr>
</table>

2.5.2　算术运算符和算术表达式

在C语言中,算术运算符可以分为基本算术运算符和自增自减运算符。

1. 基本算术运算符及表达式

单目算术运算符有+(正号)和-(负号),双目算术运算符有+(加)、-(减)、*(乘)、/(除)、%(取余)。

其中,单目运算符的优先级高于双目运算符。双目运算符中*、/、%的优先级高于+、-的优先级,在优先级相同的情况下,双目运算符结合方向自左向右。

(1) 如果运算符两侧的操作数的数据类型不同,则需要先自动进行类型转换,转换为同一种类型后再运算,其转换规则遵循2.5.7节中的类型隐式转换规则。

(2) 除(/)运算的运算结果与操作数的数据类型有关。如果两个操作数均是整型,则结果也为整型,小数部分被直接去掉;如果其中一个操作数为实型,则结果也为实型。例如:

```
int a = 5/2;
```

则变量a中的值为2。

```
float a;
a = 5/2.0;
```

则变量a中的值为2.5。

```
float a ;
a = 5/2;
```

语句的执行过程是先计算5/2的值,然后再放入变量a中,因此,a的值是2.000000,而非2.5。

(3) 取余(%)运算的操作数只能是整型数据。例如:

```
int a = 5 % 2;
```

则变量a中的值为1,即:5除以2,余数为1。

(4) 字符型数据可以参与算术运算。例如:

```
int a = 'a' + 1;
```

则变量a中的值为98,即用字母a的ASCII码值97加1得98。

2. 自增、自减运算符及表达式

自增运算符(++)和自减运算符(--)是C语言中常用的单目运算符,其操作数只能是变量,其作用是将变量的值增1或减1。其结合方向为自右至左,其优先级与正、负号优先级相同。

根据表达式中运算符的位置,可分前置和后置两种形式。

前置形式:运算符在前,如++n、--n,其功能是先加(减)1,后使用。

后置方式:运算符在后,如n++、n--,其功能是先使用,后加(减)1。

例如:

```
int a = 5;
int b = ++a;                              //前置++
```

执行过程为:

(1) 先加1,即a先自加1变为6;

(2) 后使用,即把a中的值6赋值给b。

因此,执行结果为a、b的值均为6。

如果修改为:

```
int a = 5;
int b = a++;                              //后置++
```

执行过程为:

(1) 先使用,即先把a中的值5赋值给b;

(2) 后加1,即a中的值自加1变为6。

因此,执行结果为:a的值为6,b的值为5。

自增、自减运算符增加了C语言的灵活性和简练性,但在复杂的表达式中过多使用++和--也很容易出现意想不到的结果。并且不同的编译系统对同一个表达式的解释方式也不尽相同,因此建议初学者谨慎使用。例如:

```
int a = 10;
int b = (a++) + (a++);
```

VC++6.0中的执行过程为:

(1) 先使用,即先把a中的值10取出来,相加后得20,赋给变量b;

(2) 后加1,即a中的值再自加两次,变为12;

因此,执行结果为:a的值为12,b的值为20。

再例如:

```
int a = 10;
int b = (++a) + (++a);
```

VC++6.0中的执行过程为:

(1) 先加1,即a中的值先自加两次,变为12;

(2) 后使用,即将a中的值12取出来,相加后得24,赋给变量b。

因此,执行结果为：a 的值为 12,b 的值为 24。

2.5.3　赋值运算符与赋值表达式

在 C 语言中,单等于号(=)称为赋值运算符,其作用是将其右边表达式的值赋给左边变量,它是一个优先级仅高于逗号运算符的双目运算符,结合方向为自右至左。例如：

```
float x = 0.5, y;          //在变量定义时,将 0.5 赋给变量 x
y = 3 * x;                 //将 3 * x 的结果 1.5 赋给变量 y
```

为提高编译效率,C 语言还提供了 10 个双目复合赋值运算符：+=(加赋值运算符)、-=(减赋值运算符)、*=(乘赋值运算符)、/=(除赋值运算符)、%=(取余赋值运算符)、&=(位与赋值运算符)、^=(异或赋值运算符)、|=(位或赋值运算符)、<<=(左移赋值运算符)、>>=(右移赋值运算符)。

以 *= 为例,说明复合赋值运算符的使用形式及功能。例如：“x *=10;”等价于“x=x * 10;”,功能是将左边变量的值取出来,乘上右边操作数之后的结果再赋给左边的变量。再例如：“y *=x+10;”等价于“y=y * (x+10);”。

2.5.4　关系运算符和关系表达式

1. 关系运算符

比较两个数据给定关系的运算符称为关系运算符。C 语言中提供了 6 个关系运算符：>(大于)、<(小于)、>=(大于等于)、<=(小于等于)、==(等于)、!=(不等于)。

关系运算符是双目运算符,其中前 4 个的优先级高于后面 2 个的优先级,但都比算术运算符的优先级低,其结合方向为自左向右。

2. 关系表达式

由关系运算符和操作数组成的表达式称为关系表达式。在 C 语言中,如果关系成立,则结果为真,用 1 表示；关系不成立,则结果为假,用 0 表示。例如：

```
int x = 2, y = 4, z = 6;
x + y > 0 (比较表达式 x + y 的值是否大于 0,值为真)
x + y!= z (比较表达式 x + y 的值是否不等于 z 的值,值为假)
x <'a'  (比较 x 的值是否小于字母 a 的 ASCII 码值 97,值为真)
```

注意,一定要把常用于条件判断的关系运算符==(读作：等于)与赋值运算符=(读作：赋给)区分开。例如,y==3 * x 是判断表达式 y 与 3 * x 的结果是否相等,如果相等则值为真(用 1 表示),否则为假(用 0 表示)。y=3 * x 表示将 3 * x 的结果赋值给变量 y,两者含义完全不同。

2.5.5　逻辑运算符和逻辑表达式

1. 逻辑运算符

C 语言中共有 3 个逻辑运算符：!(逻辑非)、&&(逻辑与)、||(逻辑或)。

其优先级顺序是！的优先级高于算术运算符，而&&和||的优先级介于赋值运算符和关系运算符之间。其结合方向为自左向右。

在C语言中没有逻辑类型，如果表达式值为非0，则为真，用1表示；如果表达式值为0，则为假，用0表示。

！（逻辑非）为单目运算符，如果操作数为真（非0），则结果为假（0）；如果操作数为假（0），则结果为真（1）。

&&（逻辑与）为双目运算符，如果两个操作数都为真（非0），则结果为真（1）；否则结果为假（0）。如果第一个操作数为假，则直接判定结果为假，而不再执行判断第二个操作数。

||（逻辑或）为双目运算符，如果其中一个操作数为真（非0），则结果为真（1）；若两个操作数均为假（0），则结果为假（0）。如果第一个操作数为真，则直接判定结果为真，不再执行判断第二个操作数。

2. 逻辑表达式

由逻辑运算符构成的表达式称为逻辑表达式。例如：

```
int x = 0, y = 3, z = 8;
!x          (结果为真, 即为 1)
x&&(y > 0)  (和 x&&y > 0 等价, 结果为假, 即为 0)
x > y||z    (和(x > y)||z 等价, 结果为真, 即为 1)
```

在C语言中，如果要表示x是否介于0～10之间，正确的逻辑表达式为：x >= 0&& x <= 10，初学者往往会写作：0 <= x <= 10，而此逻辑表达式的计算方式为：先计算0 <= x，然后用其结果（1或0）比较是否小于等于10。

逻辑表达式中需特别注意逻辑运算符的判定规则。例如：

```
int x = 10;
x||(x = 20)     (表达式值为真, x 的值为 10)
```

根据逻辑或的判定规则，x中的值为10，非0，所以直接判定结果为真，不再执行第二个操作数表达式x=20，因此x中的值仍然是10。同样，

```
int x = 10;
x < 0&&(x = 20)  (表达式值为假, x 的值为 10)
```

根据逻辑与的判定规则，第一个操作数表达式x < 0为假，所以直接判定结果为假，不再执行第二个操作数表达式。

2.5.6 其他运算符与表达式

1. 逗号运算符和逗号表达式

C语言提供一种特殊的运算符——逗号运算符，可以将多个子表达式连接起来构成一个逗号表达式。该运算符的优先级最低，结合方向为自左至右。其一般使用形式为：

```
表达式 1, 表达式 2, …, 表达式 n
```

其执行过程为：自左至右依次计算表达式 1 至表达式 n 的值，最后将表达式 n 的值返回作为整个逗号表达式的值。例如：

```
int a = 2,b = 3,c;            //此语句中的逗号是起间隔变量作用的间隔符,不是逗号运算符
c = (a + b,b + = a,a + b);    //此语句中的逗号是构成逗号表达式的逗号运算符
```

执行过程为：

(1) 计算 a+b 的值为 5；

(2) 计算 b+=a 的值，因为这是一个复合赋值表达式，所以 b 值变为 5；

(3) 计算 a+b 的值为 7，并将 7 作为整个逗号表达式的值赋给变量 c。

因此，执行完毕后，a 的值为 2，b 的值为 5，c 的值为 7。

需要特别注意，如果逗号出现在变量的定义语句或函数的参数列表中，则认为逗号是一个起间隔作用的间隔符，而不是运算符。

思维拓展：如果将上面代码修改为"int a=2,b=3,c; c=a+b,b+=a,a+b;"，则执行完毕后，a、b、c 的值分别为多少？

2. sizeof 运算符

sizeof 运算符用于获得操作数所占存储空间的字节数，是一个单目运算符。操作数可以是表达式或数据类型名，使用格式为：

```
sizeof(类型名或表达式)
```

如果操作数为类型名，则是计算该数据类型的数据所占存储空间的字节数，例如：

```
sizeof(int)
```

在 VC++6.0 中值为 4，注意，此时类型名两边的括号不能省略。

如果操作数是表达式，则括号可以省略，但需注意表达式中运算符的优先级，例如：

```
int x = 9;
```

sizeof x 与 sizeof(x)等价，都是计算变量 x 所占存储空间的字节数，值为 4。但 sizeof x+1 则因为 sizeof 运算符的优先级高于算术运算符，而与 sizeof(x)+1 等价。如果要计算表达式 x+1 的值所占存储空间的大小，必须写为：sizeof(x+1)。

注意：不同数据类型的数据占用内存的大小与编译系统有关，本书中程序使用的是基于 32 位机的 VC++6.0 编译系统，int 类型数据占用的内存是 4 个字节。

2.5.7 数据的类型转换

在 C 语言中，不同数据类型的数据可以进行混合运算，但运算时需要转换为相同类型，转换方式可以分为隐式转换、赋值转换和强制转换三种。

1. 隐式转换

隐式转换也称为自动转换，是编译系统自动完成的转换。隐式转换规则为：低类型数据转换为高类型数据。类型越高，数据的表示范围越大，精度越高，占用的内存空间也就越

大。在转换过程中数据的精度没有损失,因此这种转换是安全的。各种数据类型的高低顺序及转换规则如图2.3所示。

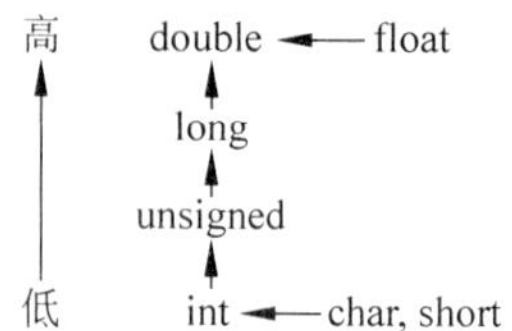

图2.3 数据类型隐式转换规则图

其中,纵向是需要时才转换。如表达式5+2.3,两者数据类型不一致,需要将int型的5转换为与2.3一致的double型,即5.0,然后再相加。

横向是为提高运算精度而进行的必然转换。如定义char类型的变量a和b,则表达式a+b的运算过程是把a和b自动转换为int类型再相加,相加后的最终结果为int类型。

例如,"int a;float f;double d;",则表达式"25+'c'+d/a-a*f"的运算顺序和类型转换过程如图2.4所示。

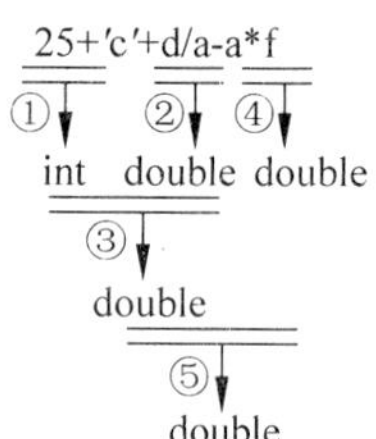

图2.4 运算顺序和类型转换图

2. 赋值转换

如果赋值运算符两侧的类型不一致,但都是数值型和字符型时,在赋值过程中就要进行类型转换。转换规则是:无论赋值运算符右边的表达式的值是什么数据类型,都会自动转换为左边变量的数据类型。例如:

```
float a;
a = 5/2;
```

表达式5/2的结果为2,赋给实型变量a时数据不变,但要存储为实数形式,即2.0。

```
int b;
b = 3.8;
```

将实型数据3.8赋给整型变量b时,要将3.8转换为整型。在C语言中,实型数据转换为整型数据的方式是直接将实型数据的小数部分舍弃,因此b中的值为3。

3. 强制转换

强制转换也称为显式转换,是利用强制类型转换运算符将一个表达式的值转换成某种数据类型,其使用格式为:

(类型名)(表达式)

例如:

```
int b = 5;
float a = (float)(b/2);
```

执行过程为:计算 b/2 的值为 2,然后强制转换为实型 2.0,最后将 2.0 赋给变量 a。

如果第二条语句修改为:

```
float a = (float)b/2;
```

执行过程为:先将 b 的值转换为实型 5.0,然后计算 5.0/2 的值得 2.5,最后将 2.5 赋给变量 a。

2.6 典型例题

【例 2.2】 以下选项中不能作为 C 语言合法常量的是(　　)。

A. 'cd'　　B. 0.1e6　　C. "\a"　　D. '\011'

程序分析:C 语言的常量有整型、实型、字符型和字符串等表示形式。选项 A 中,cd 是两个字符,属于字符串,不能用单引号;选项 B 是实数的指数表示形式;选项 C 是字符串;选项 D 是转义字符。因此正确答案为 A。

【例 2.3】 当变量 c 的值不为 2、4、6 时,值也为"真"的表达式是(　　)。

A. (c==2)||(c==4)||(c==6)

B. (c>=2&& c<=6)||(c! =3)||(c! =5)

C. (c>=2&&c<=6)&&! (c%2)

D. (c>=2&& c<=6)&&(c%2! =1)

程序分析:满足表达式(c>=2&&c<=6)的整型变量 c 的值是 2、3、4、5、6。当变量 c 的值不为 2、4、6 时,其值只能为 3 或 5,所以表达式 c! =3 和 c! =5 中至少有一个为真,即不论 c 为何值,选项 B 中的表达式都为"真"。

【例 2.4】 设 x、y 为 int 型变量,则执行下列语句后,y 的值是(　　)。

```
x = 5;
y = x++ * x++;
y =-- y * -- y;
```

A. 529　　B. 2401　　C. 1209　　D. 625

程序分析:在第 2 条语句中,后置自增,所以先使用后加 1,执行后 y 中是 25,执行第 3 条语句时,是前置自减,所以先连续 2 次减 1 后,x 中是 23,23 * 23 便是 y 中结果。因此正确选项为 A。

2.7 综合案例

学习完关于数据类型、常量和变量的知识后,就可以对学生成绩管理系统中所涉及的学生信息数据进行类型分析和定义。

(1) 学号。学号是一串数字,但没有数值含义,不需要进行加减等算术运算,并且有可能以0开头,因此确定用字符串表示,并根据实际情况定义字符串长度,此案例定义为7位。

(2) 姓名。姓名很明显是一字符串,此案例定义字符串长度为20。

(3) 性别。性别有两种:男和女,为方便处理,用字母M或m表示男,F或f表示女,因此性别可以定义为字符变量。

(4) 成绩。成绩是一个实型数据,而每位同学都有“程序设计基础”等多门成绩,因此可以用一个实型数组表示。

其中,字符串和实型数组都需要用到数组的知识,对此第6章中再作详细介绍。

习　题

一、选择题

1. 可在C程序中用作用户标识符的一组标识符是(　　)。

A. and	B. Date	C. Hi	D. case
_2007	y-m-d	Dr. Tom	Bigl

2. 以下关于long、int和short类型数据占用内存大小的叙述中正确的是(　　)。

A. 均占4个字节
B. 根据数据的大小来决定所占内存的字节数
C. 由用户自己定义
D. 由C语言编译系统决定

3. 在C语言中,数字031是一个(　　)。

A. 八进制数　　B. 十六进制数　　C. 十进制数　　D. 非法数

4. 以下选项中可用作C程序合法实数的是(　　)。

A. .1e0　　B. 3.0e0.2　　C. E9　　D. 9.12E

5. 以下合法的字符型常量是(　　)。

A. '\x13'　　B. '\081'　　C. '65'　　D. "\n"

6. 有字符串常量"\63\\\tabc",则该字符串的长度是(　　)。

A. 10　　B. 8　　C. 7　　D. 6

7. 若函数中有定义语句“int k;”,则(　　)。

A. 系统将自动给k赋初值0　　B. 这时k中的值无定义
C. 系统将自动给k赋初值-1　　D. 这时k中无任何值

8. 若变量均已正确定义并赋值,以下合法的C语言赋值语句是(　　)。

A. x=y==5;　　B. x=n%2.5;　　C. x+n=i;　　D. x=5=4+1;

9. 当变量c的值不为2、4、6时,值也为“真”的表达式是(　　)。

A. (c==2)||(c==4)||(c==6)
B. (c>=2&& c<=6)||(c!=3)||(c!=5)
C. (c>=2&&c<=6)&&!(c%2)
D. (c>=2&& c<=6)&&(c%2!=1)

10. 设变量已正确定义并赋值,以下正确的表达式是(　　)。

A. int(6.3%2)　　B. x=z*5=3　　C. i=j+5,++j　　D. k=20%3.0

11. 设有:

```
int a = 1,b = 2,c = 3,d = 4,m = 2,n = 2;
```

执行(m=a>b)&&(n=c>d)后,n 的值是(　　)。

A. 1　　B. 2　　C. 3　　D. 4

12. 现有定义"int a;double b;float c;char k;",则表达式 a/b+c-k 值的类型为(　　)。

A. int　　B. double　　C. float　　D. char

13. 已知大写字母 A 的 ASCII 码是 65,小写字母 a 的 ASCII 码是 97。以下不能将变量 c 中的大写字母转换为对应小写字母的语句是(　　)。

A. c=(c-'A')%26+'a'　　B. c=c+32

C. c=c-'A'+'a'　　D. c=('A'+c)%26-'a'

14. 以下选项中,当 x 为大于 1 的奇数时,值为 0 的表达式是(　　)。

A. x%2==1　　B. x/2　　C. x%2! =0　　D. x%2==0

15. 设 x、y 为 int 型变量,则执行下列语句后,y 的值是(　　)。

```
x = 5;
y = x++ * x++;
y =-- y * -- y;
```

A. 529　　B. 2401　　C. 1209　　D. 625

16. 若有以下类型说明语句:

```
char a; int b; float c; short int d;
```

则表达式(c*b+a)*d 的结果类型是(　　)。

A. char　　B. int　　C. double　　D. float

二、填空题

1. 在 C 语言程序中,用关键字________定义基本整型变量,用关键字________定义字符型变量。

2. 若 a、b 定义为 int 型变量且 a 的初值为 3,则执行"b=a++;"后 a 的值为________,变量 b 的值为________。

3. 在 C 语言中,字符常量的表示方法有________表示法,________表示法,________表示法。

第3章 顺序结构程序设计及常用函数

如果用计算机来解决某一个问题或完成某一任务，需要事先编写出完成相应功能的程序，然后让计算机去执行。某一程序功能需要若干语句配合完成，而反映语句之间的这种配合和执行顺序关系的就是程序流程控制问题。从程序流程控制的视角，程序结构可分为三种基本结构：顺序结构、选择结构和循环结构。所有程序，完成的功能无论简单，还是复杂，皆是由这三种基本结构中的一种或几种灵活组合而成。

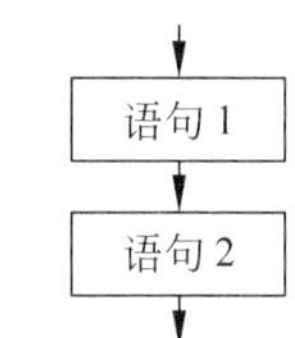

图 3.1　顺序结构流程图

本章介绍的顺序结构是其中最简单的一种结构，但也是最常用的结构。顺序结构是指按照语句在程序中出现的先后顺序逐条执行，每条语句必须执行且只执行一次。其流程图如图 3.1 所示，即语句 1 执行完毕后，再执行语句 2。

3.1 C语句分类

语句是 C 语言中描述程序功能的最小单位，语句的突出特征就是以分号“;”结尾。根据语句的功能，C 语言中的语句可以分为以下四类：

(1) 空语句。空语句是最简单的一条语句，仅仅由一个分号“;”构成。它虽然什么都不做，但毕竟也是一条语句，不能在程序中随便加，一般用来占位，作被转向点或空循环体。

(2) 表达式语句。任何一个合法的表达式后面跟上一个分号就可以构成一条表达式语句，一般格式为：

```
表达式;
```

表达式可以是算术表达式、关系表达式、赋值表达式等任何 C 语言中的合法表达式，其中赋值表达式和函数调用是其最典型用法。

例如：赋值语句“x=y+z;”是由赋值表达式“x=y+z”和一个分号“;”组成，其含义为把 y+z 的值计算出来赋给变量 x。当然，仅仅由算术表达式 y+z 加分号，即“y+z;”也可以构成语句，但这样只能完成 y+z 的计算，而计算结果不能保留，所以类似这种语句无实际意义。

又如：函数调用语句“printf("Hello!");”是由一次函数调用和一个分号“;”组成，一旦调用，就转去执行函数内部的语句。关于函数调用的详细信息将在第 7 章介绍。

(3) 流程控制语句。顺序结构是按照语句在程序中出现的先后顺序逐条执行，且每条语句只执行一次，如果要遇到选择性执行或重复执行的情况，则需要利用流程控制语句协助完成。

C 语言中有三大类共九种流程控制语句，都是由特定的语句定义符组成的：

① 选择语句：包括 if 语句、switch 语句。

② 循环语句：包括 while 语句、do while 语句和 for 语句。

③ 转向语句：包括 break 语句、continue 语句、return 语句、goto 语句等。

(4) 复合语句。在选择或循环语句中，其分支体或循环体只是一条语句，如果使其分支体或循环体扩展到多条语句，需要用一对花括号“{}”将多条语句括起来组成一条复合语句。例如：

```
{
    temp = a;
    a = b;
    b = temp;
}
```

是一条复合语句。在 C 语言中，一条复合语句被视为一条语句，而不是多条语句。而复合语句内的若干条语句可以是上述空语句、表达式语句、流程控制语句，甚至是复合语句中的任何一种或几种的组合。

注意，在 C 语言中虽然某些语句也是以分号结尾的，但不是可执行语句，例如，变量声明语句“int a;”、函数声明语句“int max(int a,int b);”等。另外，在 C 语言中，一条语句可以写在几行上，一行也可以写几条语句，但为了提高程序的可读性，最好一行写一条单语句。

【例 3.1】 编程求两整数之间的距离。

```
#include <stdio.h>                              //文件包含命令，没有分号，不是语句
void main()
{
    int num1,num2,distance;                     //变量定义语句
    printf("Please input two integers:\n");     //函数调用语句，输出提示信息
    scanf("%d%d",&num1,&num2);                  //函数调用语句，接收键盘输入
    distance = num1 - num2;                     //赋值表达式语句，计算两数之差
    if (distance<0)                             //流程控制语句中的选择语句，判断差是否为负值
        distance =- distance;                   //赋值表达式语句，取相反数
    //函数调用语句，输出程序结果
    printf("The distance between %d and %d is %d\n",num1,num2,distance);
}
```

3.2 常用数据输出函数

C 语言没有提供数据输入、输出语句，而是通过调用标准库函数中提供的输入、输出函数来实现数据的输入、输出操作。下面要介绍的字符输入函数(getchar)、输出函数(putchar)、格式化输出函数(printf)、格式化输入函数(scanf)都包含在头文件 stdio. h 中。因此如果要使用它们,需在程序的开头使用预编译命令 #include 将 stdio. h 文件包含进来,即加入"#include <stdio. h>"。需要说明的是,在 VC++6.0 中,不包含 stdio. h 文件也可正常使用,但编译时会出现警告信息。建议养成好的编程习惯,编程时首先要写上"#include <stdio. h>"。

3.2.1 单字符输出函数 putchar

单字符输出函数 putchar 的函数原型为:

```
int putchar(int ch)
```

功能:向标准输出设备(显示器)输出一个字符。

其中,形式参数 ch 是要在显示器上输出的字符,其数据类型为整型。但在计算机中,字符是以整数形式存储其 ASCII 值的,因此,在调用函数 putchar 时,实际参数可以是整型(但范围有限制),也可以是字符型变量或常量。函数返回值类型为整型,如果输出成功则返回输出字符的 ASCII 码值,即参数 ch;若输出失败则返回 EOF。其中,EOF 是使用命令"#define EOF -1"定义的符号常量。

在 C 语言中,数据从程序运行中是否可变的角度可分为常量和变量,从数据类型角度分,putchar 函数实际参数允许的类型为整型和字符型,而字符型常量又有单引号、数值和转义字符三种表示方式。以此为依据设计如下例 3.2 中的语句,每条输出语句输出结果相同,均为字母 A,但使用形式不同,异曲同工,以期为读者提供正确的使用参考。

【例 3.2】 putchar 输出函数测试程序。

```
#include <stdio.h>              //把头文件 stdio.h 包括到文件中
void main()
{
    char a = 'A';               //定义字符型变量
    int b = 65;                 //定义整型变量,65 是字母 A 的 ASCII 码值
    putchar(a);                 //参数为字符型变量值
    putchar(b);                 //参数为整型变量值
    putchar('A');               //参数为单引号形式常量
    putchar('\101');            //参数为转义字符形式常量,注意转义符后的 101 是八进制数
    putchar(65);                //字符的数值形式与整型常量相同
}
```

程序运行结果为:AAAAA。

3.2.2 格式输出函数 printf

格式输出函数 printf 的功能是按用户指定的格式在显示器上进行输出。

1. printf 函数的一般调用形式

```
printf(格式控制串,输出列表)
```

例如：

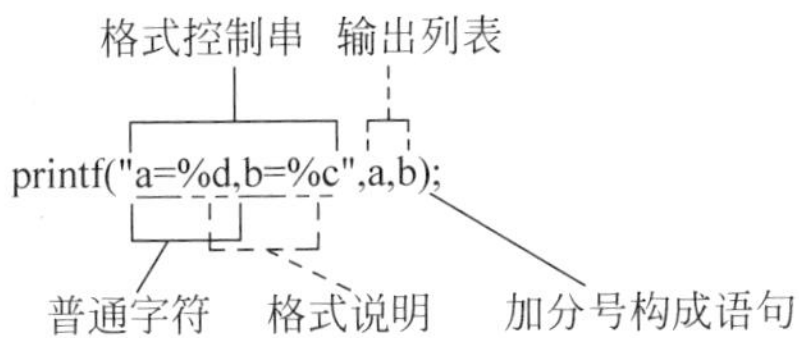

函数参数可以分成两部分：

(1) 格式控制串，也称转换控制字符串，是用双引号引起来的常量字符串，用于指定输出数据项的类型和格式，包括两种信息：

① 格式说明项，由%和格式说明符组成，其作用是将输出的数据转换为指定格式输出。如例中的%d说明以整型格式输出，%c说明以字符格式输出，但具体输出什么值，需要在输出列表中指定。

② 普通字符，即需要原样输出的字符，在输出结果中起提示作用。如例中的"a＝"和",b＝"，尤其注意",b＝"中的","也是普通字符。

(2) 输出列表是需要输出的一些数据项，可以是常量、变量或表达式，输出的数据项之间用逗号隔开。在此例中，a与b均为变量。假如a中的值为6，b中的值为字母'A'，则输出结果为a＝6，b＝A。即第一个格式说明项用第一个数据项的值代替，且以整数形式输出；第二个格式说明项用第二个数据项的值代替，且以字符形式输出，以此类推。除此之外，其他均为普通字符，按原样输出。

printf函数的返回值是输出字符的个数，如果输出失败，则返回一个负数，但一般情况下，极少使用其返回值。

2. 格式说明

格式说明项的一般形式为：

%「标志」「输出最小宽度」「.精度」「长度」格式字符

由一般形式可以看出，格式说明项必须以%开头，以一个格式字符结束，中间是若干可选项，根据需要选择长度、精度等控制信息。

(1) 格式字符：表示输出数据的类型，允许使用的格式字符及其功能描述如表3.1所示。在多数编译系统中(包括VC++6.0)，这些格式字符只允许用小写字母，因此建议用户养成格式字符使用小写字母的习惯，以提高程序的通用性。

表3.1 格式字符功能描述表

数据类型	格式字符	功能描述
int	d	以十进制形式输出带符号整数(正数不输出符号)
	o	以八进制形式输出无符号整数(不输出前缀0)
	x	以十六进制形式输出无符号整数(不输出前缀0x)
	u	以十进制形式输出无符号整数
char	c	输出一个字符
	s	输出一个字符串

续表

数据类型	格式字符	功能描述
float double	f	以小数形式输出单、双精度实数,默认小数位数为6位
	e	以指数形式输出单、双精度实数
	g	以%f%e中较短的输出宽度输出单、双精度实数
其他	%	输出符号%

(2) 标志:标志字符有-、+、#、空格、0五种,其功能描述如表3.2所示。

表3.2 标志字符功能描述表

标志字符	功能描述
-	输出结果默认右对齐,若实际位数少于定义宽度则左边补空格,使用标志字符'-'时输出结果左对齐,右边填充空格
+	输出数据前冠以符号(正号或负号)
#	对c、s、d、u类无影响;对o类,在输出时加前缀o;对x类,在输出时加前缀0x;对e、g、f类当结果有小数时才给出小数点
空格	输出数据为正时前面冠以空格
0	若实际位数少于定义宽度,则左边补0,但与'-'一起使用时不起作用,此时右边填充空格

(3) 输出最小宽度:用十进制整数表示输出数据的最少位数。如果实际位数多于定义宽度,则按实际位数输出;若实际位数少于定义宽度,则补以空格或0。

(4) 精度:如果输出数据为实数,则表示小数的位数;如果输出的是字符串,则表示输出字符的个数。精度格式符必须以"."开头,后面紧跟十进制整数。

(5) 长度:长度格式符有h和l两种,一般用于整型格式字符前,h表示按短整型输出;l表示按长整型输出。l如果用于f前,则表示为按double型输出。

【例3.3】 printf格式输出测试程序。

```
#include <stdio.h>
void main()
{
    int a = 15;
    //float 类型的数据有效位数为7位,b中数据已经超过7位,输出时会有误差
    float b = 138.3576278;
    char d = 'p';
    printf ("%d, %o, %x\n",10,10,10);          //以不同数据类型输出整数10
    printf("a = %+d, %+d\n",a, -a);            //输出带符号整数
    printf("a = %d, %5d \n",a,a);              //按指定宽度输出
    printf("a = %o, %x\n",a,a);                //按八进制和十六进制输出
    printf("b = %f, %5.4lf\n",b,b);            //按指定精度输出实数,lf为按double类型输出
    printf("b = %e\n",b);                      //按指数形式输出实数
}
```

程序运行结果为:

```
10,12,a
a =+15, -15
```

```
a = 15,      15
a = 17,f
b = 138.357620, 138.3576
b = 1.383576e + 002
```

需要特别提醒，printf 函数是利用栈（先进后出）对输出列表中各参数进行处理，即首先将各参数表达式按从右到左的顺序边处理边入栈，然后再按从左到右的顺序边出栈边输出。因此，printf 函数和自增减运算符结合使用时结果值得探讨。

【例 3.4】 printf 函数参数处理测试程序。

```
#include <stdio.h>
void main()
{
   int i = 0;
   printf("i = %d,++i = %d,++i = %d\n",i,++i,++i);
   printf("i = %d,i++ = %d,i++ = %d\n",i,i++,i++);
   printf("i = %d\n",i);
}
```

程序结果为：

```
i = 2,++i = 2,++i = 1
i = 2,i++ = 2,i++ = 2
i = 4
```

程序结果分析：

(1) 变量 i 中的初值为 0；

(2) 语句“printf("i=%d,++i=%d,++i=%d\n",i,++i,++i);”的执行过程为：

① 按从右向左处理输出列表中的参数，i 先自加 1，值为 1 入栈，i 再自加 1，值为 2 入栈，i 的值 2 入栈，栈内数据情况如图 3.2 所示。

② 按从左到右依次出栈输出：2,2,1。

(3) 语句“printf("i=%d,i++=%d,i++=%d\n",i,i++,i++);”的执行过程为：

① 按从右向左处理输出列表中的参数，i 的值为 2 先入栈，i 的值为 2 先入栈，i 的值 2 入栈，此时栈内数据情况如图 3.3 所示。

图 3.2 栈内数据情况(1)

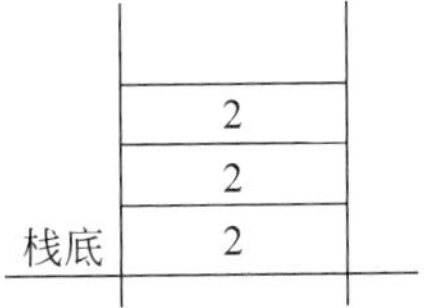

图 3.3 栈内数据情况(2)

② 按从左到右依次出栈输出：2,2,2。

③ 输出结束后，i 的值再自加两次，值为 4。

(4) 语句“printf("i=%d\n",i);”执行时，i 中的值为 4。

3.3 常用数据输入函数

getchar 和 scanf 是常用从标准输入设备键盘上输入数据的标准输入函数。

3.3.1 单字符输入函数 getchar

单字符输入函数 getchar 的函数原型为：

```
int getchar()
```

功能：从标准输入设备键盘上输入一个字符。

getchar 函数是一个简单有效的无参函数，函数的返回值就是函数接收字符的 ASCII 码值。如果接收过程中发生错误，则函数返回 EOF 值。

【例 3.5】 输入一个字符，输出它的后继字符。

程序分析：一个字符的后继字符是指在 ASCII 表中这个字符的后一个字符，如字母 A 的后继字母是 B，d 的后继字母是 e。一个字符和它的后继字符之间的 ASCII 码值只差 1。

```
#include <stdio.h>
void main()
{
    char ch1;
    ch1 = getchar();                                      //接收一个字符
    printf("the successor of %c is %c\n",ch1,ch1 + 1);    //输出其后继字符
}
```

使用 getchar 函数时需要注意以下问题：

(1) getchar 函数是一个缓冲输入函数，在输入字符后必须按 Enter 键才能接收数据。

(2) 如果接收的是一个数字，也会按照字符处理。例如程序输入：1<CR>，则程序运行结果为“the successor of 1 is 2”。

(3) 空格、Tab 键以及 Enter 键等都会作为一个 getchar 函数能接收的有效字符。例如程序输入：<CR><CR>，则程序运行结果如图 3.4 所示。

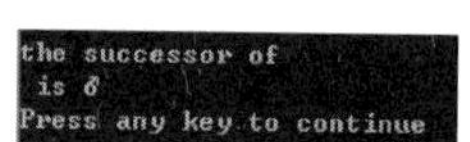

图 3.4 接收回车时的程序结果

(4) 如果输入多于一个字符，则只接收第一个字符。例如程序输入：32<CR>，则程序运行结果为“the successor of 3 is 4”，另一个字符 2 将留在缓冲中等待下一次接收。

(5) getchar 函数每次只能接收一个字符，如果要接收一串字符，则需要和后面的循环语句联合使用。

3.3.2 格式输入函数 scanf

scanf 函数是与 printf 函数相对应的一个标准输入库函数，其功能为接收从键盘输入的指定格式的多个数据。

1. scanf 函数的一般调用格式

```
scanf(格式控制串,地址列表)
```

例如：

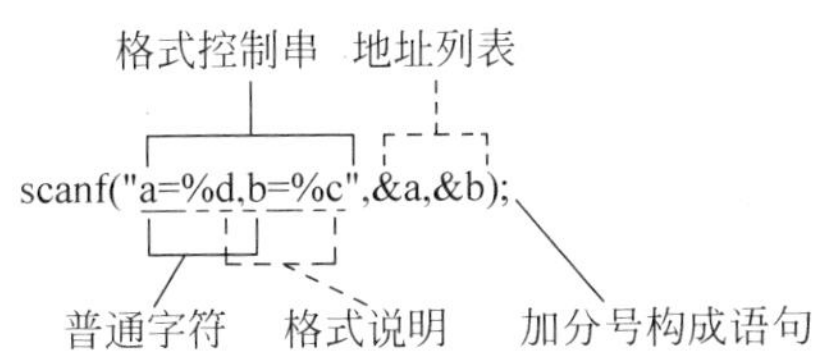

函数参数与 printf 函数类似，也分成两部分：

(1) 格式控制串用于指定输入时数据的接收类型和格式，同样包括格式说明项和普通字符两种信息。格式说明项用于指定接收类型，如例中的%d 和%c；普通字符用于指定接收格式，如例中“a=”和“,b=”，需原样输入。

(2) 地址列表用于指定输入数据在内存中的存储地址，对普通变量来说，是由地址运算符 & 和变量名组成，代表各变量的地址或字符串首地址，如上例中的 &a 和 &b。

上例中“scanf("a=%d,b=%c",&a,&b);”，格式控制串为“a=%d,b=%c”，说明输入时“a=”、“,b=”要原样输入，而%d 和%c 的位置分别用一个整数和一个字符代替。假设输入信息如下(CR 表示回车键 Enter)：

```
a=26,b=e<CR>
```

则运行结果为：26 存放在变量 a 中，字符'e'被存放在变量 b 中。

注意：scanf 是格式输入函数，输入数据时一定要和指定的格式保持一致，否则无法正确接收，例如上例中如果输入“26 e”或“a=26b=e”等和指定格式不一致的输入均不能正确接收。不能正确接收时并不提示任何错误，只是相应变量的值保持原有值，有时会造成非常可怕的逻辑错误。

2. 格式说明

在 Visual C++6.0 中格式说明项的一般形式为：

```
%[*][宽度][长度]格式字符
```

由一般形式可以看出，scanf 函数和 printf 函数的格式说明项相似，仍然必须以%开头，以一个格式字符结束，中间根据需要插入长度等控制信息。

(1) 格式字符：用于指定输入数据的数据类型，允许使用的格式字符和功能描述如表 3.3 所示。

表 3.3 格式字符功能描述表

数据类型	格式字符	功能描述
int	d	输入十进制整数
	o	输入八进制整数
	x	输入十六进制整数
	u	输入无符号十进制整数
char	c	输入一个字符
	s	输入一个字符串
float	f 或 e	输入实型数(用小数形式或指数形式)

(2)“*”符：用以表示该输入项接收后不赋给相应的变量，即跳过该输入值。如

```
scanf("%d%*d%d",&a,&b);
```

中间的“%*d”在%和 d 之间增加了一个 *，当输入如下信息时：

```
10□5□8<CR>
```

系统会将 10 赋给 a，8 赋给 b，而 5 被跳过，不赋给任何变量。

(3) 宽度：用十进制正整数指定输入数据所占列数，系统会按指定长度截取所需数据。如：

```
scanf("%3d%2d",&a,&b);
```

输入：

```
123456<CR>
```

系统自动将 123 赋给变量 a，45 赋给变量 b，最后的 6 会留在缓冲区中用于下一个输入。

(4) 长度：长度格式符有 l 和 h 两种，l 表示输入长整型数据(如%ld、%lo、%lx)和双精度浮点数(如%lf)，h 表示输入短整型数据(如%hd、%ho、%hx)。

3. 使用 scanf 函数时需注意的问题

(1) 虽然 scanf 函数的本质是从键盘输入数据存放到变量所对应的内存空间中，但是 scanf 函数的地址列表中要求给出的是变量的首地址。这一点一定要和 printf 函数区分开来。

例如，如果不小心写成：“scanf("%d",a);”，则程序会出现运行错误，错误提示如图 3.5 所示。

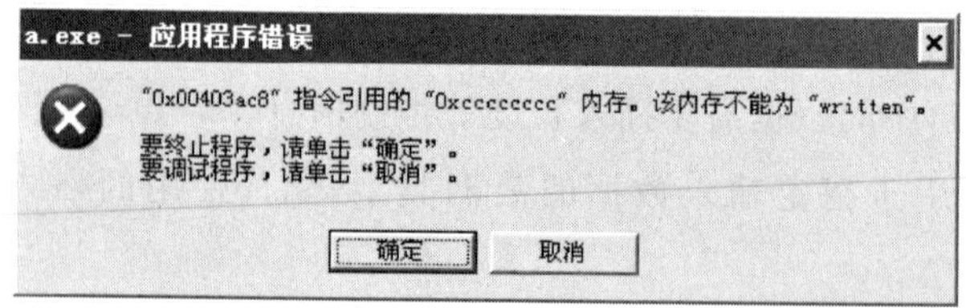

图 3.5 缺少 & 时的运行错误提示信息

错误原因是：数据应该被放到 a 对应的内存空间中(以 &a 为首地址)，而现在却要被存放到以变量 a 的值为首地址的内存空间中，而以变量 a 的值为首地址的内存空间并没有分配给该应用程序，所以提示该内存空间不能写入数据。

(2) 当使用 scanf 函数从键盘输入数据完毕后，一定要按下 Enter 键，函数才会接收到数据。如果输入的数据仍少于函数要求输入的数据，则函数会等待输入，直到满足函数要求或遇非法数据为止；如果输入的数据已经多于函数要求输入的数据，则多余的数据将留在缓冲区中作为下一次输入操作的输入数据。

(3) scanf 函数在接收数据，且当格式控制串中相邻格式说明项之间无普通字符时，一般情况下，遇到以下三种情况之一则认为当前数据结束：

① 遇间隔符(空格、Tab 键和 Enter 键)。

② 遇宽度限制，如%3d，只取 3 列。

③ 遇非法数据。如：

```
scanf("%d%c",&a,&b);
```

输入：

```
12c34<CR>
```

则会把 12 赋给变量 a，把字符 c 赋给变量 b，而 34 留在缓冲区中。

再如：

```
scanf("%d%d",&a,&b);
```

输入：

```
12c34<CR>
```

则会把 12 赋给变量 a，而变量 b 因为非法字符接收不到任何值(保持原值不变)。

(4) 如果格式控制串中有普通字符串(若干紧密相连的普通字符构成普通字符串)，则输入数据时的格式按照“普通字符串前不加间隔符”(即如果格式控制串为：普通字符串＋格式说明项，则普通字符串和数据之间可以加入若干间隔符；如果格式控制串为：格式说明项＋普通字符串，则数据和普通字符串之间不能加入任何间隔符)的原则输入即可，除非格式说明项中有宽度限制。

例如：假设整型变量 a、b 已经正确定义，如果有以下语句：

```
scanf("a=%d,b=%d",&a,&b);
```

使用该语句把 23 输入到 a 中，把 56 输入到 b 中，则下面几种输入方式均合法(其中，□代表空格字符)：

① a=23,b=56<CR>(不加间隔符，严格遵循输入格式)

② a=□23,b=56<CR>(普通字符串和数据间加入空格间隔符)

③ a=<Tab>23,b=□56<CR>(普通字符串和数据间加入 Tab 间隔符)

④ a=23,b=56□<CR>(数据后面加入空格间隔符)

而下面两种情况则不能正确接收：

① <Tab>a=23,b=56<CR>(普通字符串前加入 Tab 间隔符，违背输入原则)

② a=23,□b=56<CR>(在普通字符串“,b=”中插入一个空格间隔符，导致与普通字符串不匹配)

(5) 如果相邻两个格式说明项之间没有普通字符，则程序运行中，输入数据时两数据之间必须加入若干间隔符，除非格式说明项中有宽度限制。如：

```
scanf("%d%d",&a,&b)
```

输入方式应为：

```
「<间隔符>」12 <间隔符「间隔符…」> 34 <CR>
```

如下面几种方式均合法：

① 12□34<CR>

② □12<Tab>34<CR>

③ 12<CR>
34<CR>

如果相邻两格式说明项中有宽度限制，则可以不加间隔符，如：

```
scanf("%2d%3d",&a,&b);
```

输入：

```
12345<CR>
```

即可把 12 赋给变量 a,345 赋给变量 b。

如果输入中加入间隔符，则间隔符和宽度限制先遇到谁，谁就起作用，如输入为：

```
1234 <间隔符> 5 <CR>
```

则会将 12 赋给变量 a,34 赋给变量 b。如输入为：

```
1 <间隔符> 2345 <CR>
```

则会将 1 赋给变量 a,234 赋给变量 b。

```
12 <间隔符> 345 <CR>
```

也可起到相同的作用。

(6) 用%c 输入字符时，间隔符都作为有效字符输入，而不再起间隔数据的作用。如：

```
scanf("%c%c",&a,&b);
```

如果输入为：

```
c□d<CR>
```

则会把字符'c'赋给变量 a，把字符空格赋给变量 b。

3.4　其他常用函数

本节主要介绍本书中用到的标准函数库中的常用数学函数、字符函数等，与前面介绍的输入、输出函数用法一致，都需要用＃include 命令将对应的头文件包含到程序中，然后按照函数原型的说明使用。

3.4.1　常用数学函数

数学函数对应的头文件是 math. h。

(1) 求平方根函数 sqrt

函数原型：double sqrt(double x)

函数功能：计算 x 的平方根。

例如：sqrt(6)的值为 2.449490。

(2) 求绝对值函数 abs 和 fabs

函数原型：int abs(int x),double fabs(double x)

函数功能：abs 求整数的绝对值，fabs 求实数的绝对值。

例如：abs(2)的值为 2，abs(-2)的值也为 2；fabs(-3.1415)的值为 3.141500。

(3) 求方函数 pow

函数原型：double pow(double x,double y)

函数功能：计算 x 的 y 次方的值。

例如：pow(2,3)的值为 8.000000。

3.4.2　常用字符函数

字符函数对应的头文件是 ctype. h。

(1) 大小写字母转换函数 tolower 和 toupper

函数原型：int tolower(int c), int toupper(int c)

函数功能：tolower 函数将字母转换为小写字母，toupper 函数将字母转换为大写字母。

例如：tolower('A')的值为 a，而 tolower('a')的值仍为 a。

(2) 检查字母函数 isalpha

函数原型：int isalpha(int c)

函数功能：判断字符是否为英文字母，当为英文字母 a～z 时，返回 2；为 A～Z 时，返回 1；其他情况返回 0。

例如：isalpha('a')的值为 2，isalpha('D')的值为 1，而 isalpha('3')的值为 0。

3.4.3　其他常用工具函数

1. 获取系统时间函数 time，包含在 time. h 中

函数原型：time_t time(time_t *t)

函数功能：获得计算机系统当前的日历时间，其中数据类型 time_t 是在 time. h 中定义

的“typedef long time_t”，即 time_t 是长整型的一个别名。如果用户已经声明了参数 t，可以从参数 t 返回现在的日历时间，也可以通过返回值返回现在的日历时间，即从一个时间点(一般是 1970 年 1 月 1 日 0 时 0 分 0 秒)到现在的秒数。如果参数为空(NULL)，函数将只通过返回值返回现在的日历时间。

【例 3.6】 time 函数测试程序。

```
#include <stdio.h>
#include <time.h>
void main()
{
    time_t currenttime;                    //定义接收当前日期的变量
    currenttime = time(NULL);              //以返回值形式返回现在的日历时间
    printf("%ld\n",currenttime);
}
```

因为系统当前时间在不断变化，所以程序的运行结果每次都不同。

2. 产生一个随机数函数 rand，包含在 stdlib.h 中

函数原型：int rand()

函数功能：产生一个范围在 0～RAND_MAX 之间的随机整数，其中 RAND_MAX 在 stdlib.h 中定义，在 VC++6.0 中是如下定义：“#define RAND_MAX 0x7fff”。

例如：语句“printf("A random number is:%d \n",rand());”可打印一个随机整数。

3. 初始化随机数生成器函数 srand，包含在 stdlib.h 中

函数原型：void srand(unsigned seed)

函数功能：为随机数生成器提供一粒新的随机种子。

如果随机种子相同，则无论程序运行多少次，产生的随机数都是相同的。因此常常用系统时间作为随机种子，系统时间精确到秒，程序多次运行时的时间很难相同，因此可得到不同运行结果。

【例 3.7】 编程实现产生一个 1～100 之间的随机数。

```
#include <stdio.h>
#include <stdlib.h>
#include <time.h>
void main()
{
    int data;
    //设置随机种子为系统时间，可注释掉 srand 语句多次运行程序验证此语句的作用
    srand((unsigned)time(NULL));
    data = rand() % 100 + 1;               //将随机数控制在 1～100 之间
    printf("%d\n",data);
}
```

4. 结束当前程序函数 exit，包含在 stdlib.h 中

函数原型：void exit(int status)

函数功能：exit(1)表示程序正常结束，exit(0)表示程序非正常结束。

3.5　典型例题

【例 3.8】 若变量均已正确定义并赋值，以下合法的 C 语言赋值语句是(　　)。

A. x=y==5;　　B. x=n%2.5;　　C. x+n=I;　　D. x=5=4+1;

程序分析：本例主要考察赋值语句的独特性。赋值语句的作用是将一个赋值号右边表达式的值赋给一个变量，因此，判断的关键是赋值号左侧是否是一个变量。选项 A 中，关系运算符的优先级高于赋值运算符，因此含义是将 y==5 的值(1 或 0)赋给变量 x，赋值号左边是一个变量，正确；选项 B，取余运算符%的两边要求都是整数，而此处是实数，错误；选项 C，x+n 不是一个变量，无法将值放入其中，错误；选项 D，包括两个赋值号，自右向左运算，5=4+1 试图将 4+1 的值存入一个常量，错误。

【例 3.9】 若整型变量 a、b 中的值分别为 7 和 9，要求按以下格式输出 a、b 的值：

```
a = 7
b = 9
```

请完成输出语句：________

程序分析：本例主要考察 printf 函数的使用。printf 函数的格式控制串由格式控制符和普通字符组成，格式控制项由后面相应的变量值代替，普通字符则原样输出。分析此题目，7 和 9 是整型变量 a、b 中的值，应该对应两个%d，“a=”和“b=”是提示信息，属于普通字符，而显示信息分两行显示，说明第一行最后有一个换行符。因此，参考答案为：“printf("a=%d\nb=%d",a,b);”或“printf("a=%d\nb=%d\n ",a,b);”

【例 3.10】 若变量已正确定义为 int 型，要通过语句 scanf("%d,%d,%d",&a,&b,&c);给 a 赋值为 1，给 b 赋值为 2，给 c 赋值为 3，以下输入形式中错误的是(注：□代表空格字符)(　　)

A. □□□1,2,3 <回车>　　B. 1□2□3 <回车>

C. 1,□□□2,□□□3 <回车>　　D. 1,2,3 <回车>

程序分析：本例主要考察 scanf 函数的使用。使用 scanf 函数输入数据时一定要牢记“无普通字符串则数据之间必须加间隔符，有普通字符串则串前不加间隔符，有宽度限制的除外”的原则。在此例中，两个格式说明项之间均有普通字符，因此只要遵循“串前不加间隔符”的原则即可。选项 A、C、D 均满足此原则，而选项 B 普通字符串不能匹配，因此不能正确接收数据。

【例 3.11】 输入正方形的边长，输出正方形的面积和周长。

程序分析：

(1) 定义实型变量 slide、area 和 circumference，分别用于存储边长、面积和周长；

(2) 利用输入函数 scanf 接收正方形的边长，并存入变量 slide；

(3) 利用正方形的面积和周长公式求出面积和周长，并分别存入 area 和 circumference；

(4) 利用输出函数 printf 输出变量 area 和 circumference 的值。

程序如下：

```
#include <stdio.h>                    //要使用 scanf 和 printf 最好包含 stdio.h
void main()
{
    float slide,area,circumference;
    scanf("%f",&slide);
    area = slide * slide;             //计算面积
    circumference = slide * 4;        //计算周长
    printf("area = %6.2f\ncircumference = %6.2f\n",area,circumference);
}
```

3.6 综合案例

通过本章的学习，掌握了C语言的语句类型以及数据输入输出函数的具体使用，因此可以编写出学生成绩管理系统的主控菜单选项界面，并根据用户输入确定用户要进行的操作。参考源代码如下：

```
#include <stdio.h>
int main()
{
    int userselection;
    //输出主控菜单选项
    printf("\n");
    printf("\t******************************\n");
    printf("\t*          欢迎使用          *\n");
    printf("\t*      学生成绩管理系统      *\n");
    printf("\t******************************\n");
    printf("\n");
    printf("\t*    1:增加学生信息          *\n");
    printf("\t*    2:修改学生信息          *\n");
    printf("\t*    3:显示学生信息          *\n");
    printf("\t*    4:查询学生信息          *\n");
    printf("\t*    5:删除学生信息          *\n");
    printf("\t*    6:按学号进行排序        *\n");
    printf("\t*    7:从文件中读取学生信息  *\n");
    printf("\t*    8:将学生信息保存到文件  *\n");
    printf("\t*    9:退出系统              *\n");
    printf("\t******************************\n\n");
    //提示用户选择序号
    printf("请输入您的选择(1-9):");
    scanf("%d",&userselection);
    //输出用户选择的序号，做简单交互
    printf("您的选择是: %d\n",userselection);
}
```

读者可以根据个人偏好修改主控菜单选项显示形式。另外，在此例中 userselection 定义为整型变量，如果修改为 char 型变量，那么程序应该如何修改才能实现相同的功能呢？

习　　题

一、选择题

1. 设变量均已正确定义，若要通过“scanf("%d%c%d%c",&a1,&c1,&a2,&c2);”语句为变量 a1 和 a2 赋数值 10 和 20，为变量 c1 和 c2 赋字符'X'和'Y'。以下所示的输入形式中正确的是(　　)。(注：□代表空格字符)

A. 10□X□20□Y〈回车〉　　B. 10□X20□Y〈回车〉

C. 10□X〈回车〉
20□Y〈回车〉　　D. 10X〈回车〉
20Y〈回车〉

2. 若定义“float a;”，现要从键盘输入 a 的数据，其整数位为 3 位，小数位为 2 位，则选用(　　)。

A. scanf("%f",&a);　　B. scanf("%5.2f",&a);

C. scanf("%6.2f",&a);　　D. scanf("%f",a);

3. 程序段“int x=12; double y=3.141593; printf("%d%8.6f",x,y);”的输出结果是(　　)。

A. 123.141593　　B. 12□3.141593　　C. 12,3.141593　　D. 123.1415930

4. 已知整型变量 k 和 g，则下列程序段输出结果为(　　)。

```
int k,g;
k = 011;g = 11;
printf(" % d, % x\n",++k,g++);
```

A. 12,B　　B. 10,3　　C. 12,3　　D. 10,B

5. 已知字符'A'的 ASCII 代码值是 65，字符变量 cl 的值是'A',c2 的值是'D'。执行语句 printf("%d,%d",c1,c2-2);后，输出结果是(　　)。

A. A,B　　B. A,68　　C. 65,66　　D. 65,68

二、填空题

1. 已知定义：“char c=' '; int a=1,b;”(此处 c 的初值为空格字符)，执行“b=!c&&a;”后 b的初值为________。

2. 设变量已正确定义为整型，则表达式“n=i=2,++i,i++”的值为________。

3. 若变量 x、y 已定义为 int 类型且 x 的值为 99，y 的值为 9，请将输出语句“printf(________,x/y);”

补充完整，使其输出的计算结果形式为：x/y=11。

4. 执行以下程序后的输出结果是________。

```
main()
{ int a = 10;
  a = (3 * 5,a + 4);   printf("a = % d\n",a);
}
```

5. 以下程序运行后的输出结果是________。

```
#include <stdio.h>
main()
{ int x = 20; printf("%d",0<x<20); printf("%d\n",0<x&&x<20);}
```

6. 执行以下程序时输入 1234567,则输出结果是________。

```
#include <stdio.h>
main()
{ int a = 1,b;
  scanf("%2d%2d",&a,&b);printf("%d%d\n",a,b);
}
```

三、编程题

1. 编写程序求两个数的平均数。

2. 编写程序,输出下面结果,注意,双引号也要输出:

```
"I'm a student!"
```

3. 编写程序,输入一个小写字母,将其转换为大写字母输出。例如输入 b,则输出 B,要求不用 toupper 函数。(提示:小写字母和对应的大写字母的 ASCII 码值相差 32)。

4. 编写程序,输入一个华氏温度 f,输出其相应的摄氏温度 c。华氏温度和摄氏温度的转换公式为:

$$c = \frac{5}{9}(f - 32)$$

5. 将一个 3 位数反序显示,如输入 123,则显示 321。

第4章 选择结构程序设计

前面所涉及的问题都是能够按照先后顺序执行一系列语句而得到结果的，但还有很多问题需要根据不同的情况采用不同的解决方案。就像我们遇到红绿灯，需要根据红绿灯的状态选择继续前行还是停下来；就像需要根据天气状况选择是否穿雨衣。当然，选择不同，执行的语句就不同，也就是程序产生了分支。选择结构，也称为分支结构，是指程序根据逻辑条件判断的结果决定执行若干分支中的一个分支，即当满足某一个条件时，程序中的某些语句能够得到执行，而某些语句得不到执行。例如，有一分段函数：

$$y=\begin{cases} x-10, & x>0 \\ x, & x=0 \\ x+10, & x<0 \end{cases}$$

如果要求读者输入 x 的值，输出对应的 y 值，则需要根据不同的 x 值，选择执行“$y=x-10$”、“$y=x$”和“$y=x+10$”三种表达式中的一个。

4.1 if 条件语句

if 条件语句是最常用的选择结构语句。它是根据所给定的条件满足情况（若满足则结果为真，不满足则为假）决定执行哪一分支。if 语句在实际应用中的形式灵活多变，但都是由其基本形式变换而来，因此最重要的是掌握其基本形式。

1. if 语句的基本形式

C 语言中 if 语句的基本形式如下：

```
if (表达式)
   语句 1
[else
   语句 2]
```

其执行流程图如图 4.1 所示：如果表达式的值为真，则执行语句 1，否则执行语句 2。

说明：

(1) if 与 else 是关键字，注意区分大小写。

(2) 用于判断的表达式必须用一对小括号括起来，且表达式形式灵活多

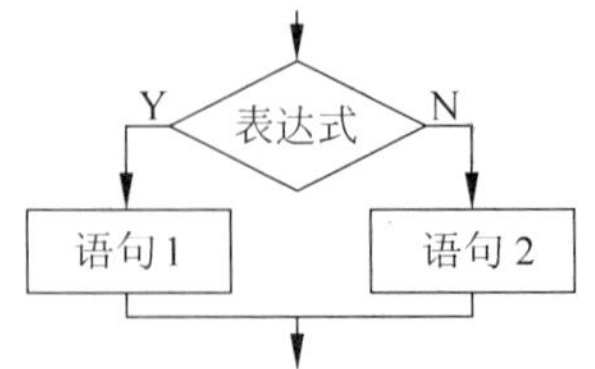

图 4.1 if 语句执行流程图

变,其类型多为结果为"逻辑真或假"的逻辑表达式(如! x)、关系表达式(如 x>=0)或两者的组合(如 x>0&&y>0)等。但也可为其他形式的表达式,如算术表达式(如 a*b)、赋值表达式(a=0)等,只要表达式值为 0,则认为是"逻辑假";只要其值为非 0,无论是整数、实数、正数、负数,还是字符型,都认为是"逻辑真"。

(3) 特别提醒读者,在 C 语言中单等于"="是赋值符号,读作"赋值",而双等于"=="才是用于判断符号两侧是否相等的关系符号,读作"等于"。例如,如果表达式为"a=0",则其执行过程为:将 0 赋给变量 a,然后判断变量 a 的值。因此,无论 a 中原值是多少,因为有一个先将 0 赋给 a 的过程,所以最终表达式的结果都是 0,即"逻辑假"。而如果表达式为"a==0",则需要根据 a 中的值进行判断,如果 a 中的值为 0,则结果为"逻辑真";如果 a 中的值不是 0,则结果为"逻辑假"。

(4) 语句 1 和语句 2 可以是表达式语句、空语句、流程控制语句和复合语句中的任意一种,但一定是一条语句。如果需要多条单语句,一定要用"{}"括起来组成一条复合语句。例如,如果条件"(a>b)"成立,要执行三条语句,则必须写成:

```
if (a>b)
{
    temp = a;
    a = b;
    b = temp;
}
```

(5) 注意基本形式中"(表达式)"后面没有分号";"。分号本身也是一条语句。如果"(表达式)"后面有分号";",说明语句 1 是条空语句。

(6) 包含在"[]"中的部分为可选项,可有可无,根据实际情况灵活应用。

2. if 语句的几种典型应用形式

if 语句的基本形式很简单,但因其具有可选项,且基本形式中的语句 1、语句 2 形式多种多样,因此 if 语句的具体应用形式也灵活多变,其典型应用形式有如下几种,但不限于此。

(1) 单分支形式

其格式为:

```
if (表达式)
    语句 1
```

其执行流程图如图 4.2 所示:如果表达式为真,则执行语句 1,否则直接执行语句 1 后面的语句。这是由基本形式去掉 else 可选项变换而来,应用于满足条件时做一些操作,而不满足时则什么都不用做的情况。

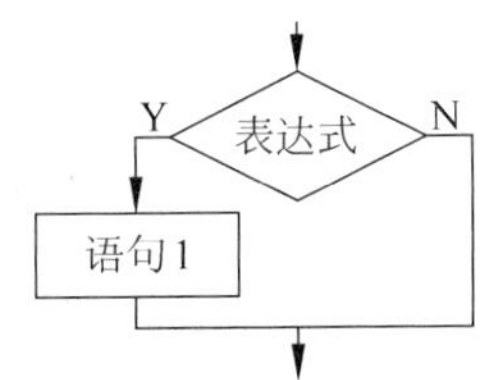

图 4.2 单分支 if 语句执行流程图

【例 4.1】 从键盘上输入两个整数,并输出其中较大数。

程序分析:假设两个整数分别放在变量 a 和 b 中,可以先假设 a 是较大者,先赋给 max 变量;如果变量 b 的值大于 a 的值,则说明假设错误,需把 b 中的值赋给 max 中以覆盖原有值,如果 b 不大于 a,则什么都不需要做,即什么语句都不用写。

```
#include <stdio.h>
void main()
{
   int a,b,max;                                  //定义变量,a、b 用于存放两个整数,max 存放较大整数
   printf("Please input two integers:\n");//输出提示信息
   scanf("%d%d",&a,&b);                          //输入两个整数
   max = a;                                      //先假设 a 是两者中的大者,赋给变量 max
   if (a<b)                                      //如果变量 a 的值小于变量 b 的值
        max = b;                                 //则 max 的值修改为变量 b 的值
  printf("max = %d",max);                        //输出较大数
}
```

在上述程序单分支应用形式中,如果不小心在条件表达式后面多加一个分号,即写成"if (a<b);",则会发生逻辑错误。例如,输入"10□20",则程序会输出正确结果"max=20",而输入"20□10",程序会输出错误结果"max=10"。原因就在多写的分号上,系统会认为"a<b"条件成立时要执行的语句 1 为空语句";",而语句"max=b;"则认为与 if 没有关系,无论条件是否成立都要执行。

(2) 双分支形式

其格式为:

```
if (表达式)
    语句 1
else
    语句 2
```

这是 if 语句最典型的应用形式,其执行流程与其基本形式相同,如图 4.1 所示。其语义为:如果表达式为真,则执行语句 1,否则执行语句 2。双分支形式应用于条件满足时执行一些操作,不满足时执行另外一些操作的情况。

【例 4.2】 利用 if 语句的双分支形式求两个整数中的较大数。

程序分析:改变例 4.1 的思路,直接比较 a 与 b 的大小,如果 a>b 成立,则说明 a 较大,将 a 的值赋给 max,否则将 b 的值赋给 max。

```
#include <stdio.h>
```

```
void main()
{
    int a,b,max;                          //定义变量,a、b用于存放两个整数,max存放较大整数
    printf("Please input two integers:\n");//输出提示信息
    scanf("%d%d",&a,&b);                  //输入两个整数
    if (a>b)                              //如果变量a的值大于变量b的值
        max=a;                            //则将变量a的值赋给max
    else                                  //否则将变量b的值赋给max
        max=b;
    printf("max=%d",max);                 //输出较大数
}
```

在上述程序双分支应用形式中,如果不小心在条件表达式后面多加一个分号,即写成“if (a>b);”,则会发生编译错误。错误提示消息为“illegal else without matching if”。在if语句应用形式中,因为else是可选项,因此有if可以没有else,但有else一定要有对应的if。else找其所匹配的if的原则是从else关键字开始往前找一条语句。而在此时从else开始往前一条语句“max=a;”找到的是空语句“;”,不是if,因此提示else没有与其匹配的if,是非法的。

【例4.3】 编程实现:将一个24小时制时间转换为12小时制。以13点15分为例,输入:13:15,则输出:p.m. 1:15。

程序分析:时间由时和分两部分组成,转换为12小时制时只有时变,而分不用变,因此将时和分分别放在两个变量中。

```
#include <stdio.h>
void main()
{
    int hour,minute;
    printf("Input 24-hour time:\n");
    scanf("%d:%d",&hour,&minute);
    if (hour>12)
    {    //条件满足时执行两条单语句,因此要用花括号括起来形成一条复合语句
        hour=hour-12;
        printf("p.m.  %d:%d\n",hour,minute);
    }
    else
        printf("a.m.  %d:%d\n",hour,minute);
}
```

(3) 嵌套形式

以上两种形式只能处理二选一的情况,如果要处理多选一的情况,就要用if语句的嵌套形式。if语句的嵌套形式是指if语句基本形式中的语句1或语句2又是一个if语句。

例如,语句2嵌套if语句的双分支形式,则形成如下应用形式:

```
if (表达式1)
    语句1
else
    if (表达式21)
        语句21
```

```
    else
        语句 22
```

其执行流程图如图 4.3 所示：如果表达式 1 为真，则执行语句 1；否则继续判断表达式 21 的值，若为真，则执行语句 21，否则执行语句 22。

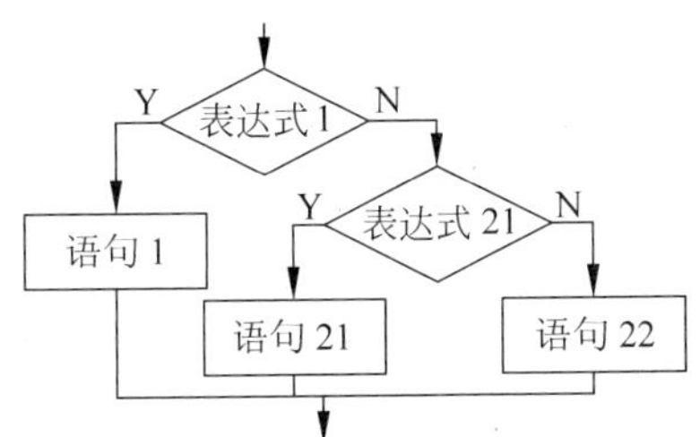

图 4.3　if 语句嵌套形式执行流程图(1)

【例 4.4】　编程模拟单次终极密码游戏。

程序分析：终极密码游戏的规则是：由程序随机生成一个 1～100 之间的随机整数，然后用户输入猜测的数据。如果猜测的数据正好与随机数相等，则提示"你猜对了!"；如果猜测的数据大于随机数，则提示"你猜高了!"，否则提示"你猜低了!"。

```
#include <stdio.h>
#include <time.h>                          //time 函数包含在 time.h 中
#include <stdlib.h>                        //srand 和 rand 函数包含在 stdlib.h 中
void main()
{
    int  randomdata,guessdata;
    //srand 函数设置随机种子,使程序每次运行产生的随机数都不一样
    srand((unsigned)time(NULL));
    randomdata = rand() % 100 + 1;         //产生 1～100 之间的一个随机整数
    printf("Please input an integer:");    //提示用户输入数据
    scanf("%d",&guessdata);                //用户输入一个猜测数
    if (guessdata == randomdata)           //猜中的情况
        printf("恭喜你,猜对了!");
    else
        if (guessdata > randomdata)        //猜的数高了
            printf("你猜高了!");
        else                               //猜的数低了
            printf("你猜低了!");
    }
```

如果 if 语句的条件表达式不同，有可能导致内嵌 if 语句位置的不同，如上例中的核心语句可以改写为语句 1 嵌套 if 语句的形式：

```
if (guessdata!= randomdata)                //猜不中的情况
    if (guessdata > randomdata)            //猜的数高了
        printf("你猜高了!");
    else                                   //猜的数低了
        printf("你猜低了!");
else                                       //猜中的情况
```

```
printf("恭喜你,猜对了!");
```

3. 关于if语句的特别提醒

(1) 在if语句嵌套应用形式中,内嵌的if语句仍然可以再嵌套if语句。理论上讲,if语句嵌套层数是不限制的,但嵌套层数过多会降低程序的可读性,因此,建议三以下选一时使用if语句,三以上选一时使用4.3节将要介绍的switch语句。但具体使用if语句好,还是switch语句好,应根据具体问题,看使用哪一种语句表达更方便、简洁且容易描述,就用哪一种语句。

(2) 如果使用if语句嵌套应用形式,需特别注意if与else的配对问题。if语句中if和else遵循本层就近配对原则。例如:

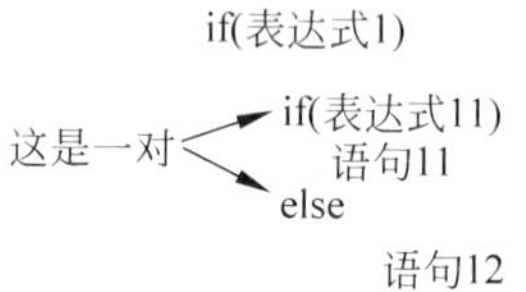

if与else的配对问题实质就是搞清楚else究竟是因为哪个表达式不满足才会执行。通过图4.4的流程图可以看出,此例是比较典型的三选一的情况,①表达式1为假,什么都不执行;②表达式1为真,表达式11为假,则执行语句12;③表达式1为真,表达式11为真,则执行语句11。else与第二个if为一对,是指当表达式11不满足时执行else后面的语句12。

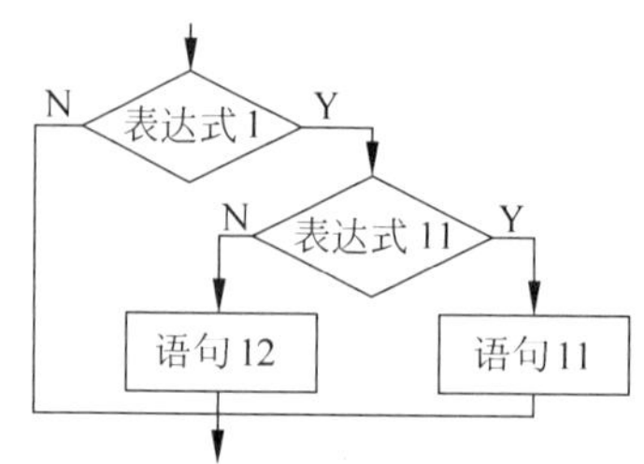

图4.4 if语句嵌套形式执行流程图(2)

if和else的配对原则中除了就近,还要注意"本层"。上例如果稍加改变,将其修改为:

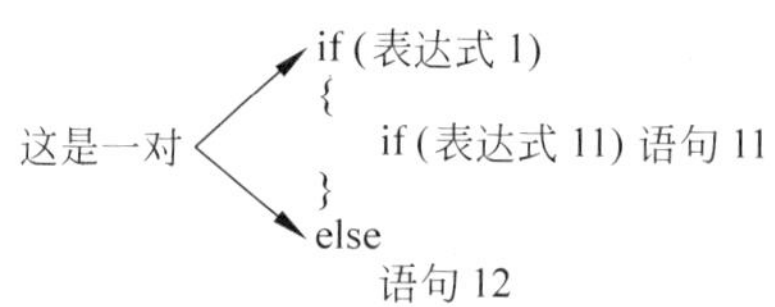

则第一个if与else为一对,因为它们处于相同层,而一对花括号将第二个if语句降至下一层。虽然仍然是三选一的情况,但执行过程与上例完全不同。如图4.5所示,①表达式1为假,则执行语句12;②表达式1为真,表达式11为假,则什么都不做;③表达式1为真,表达式11为真,则执行语句11。

(3) if嵌套形式的配对结果与书写缩进格式无关。

else的书写缩进格式与匹配结果没有关系,即使写成如下形式:

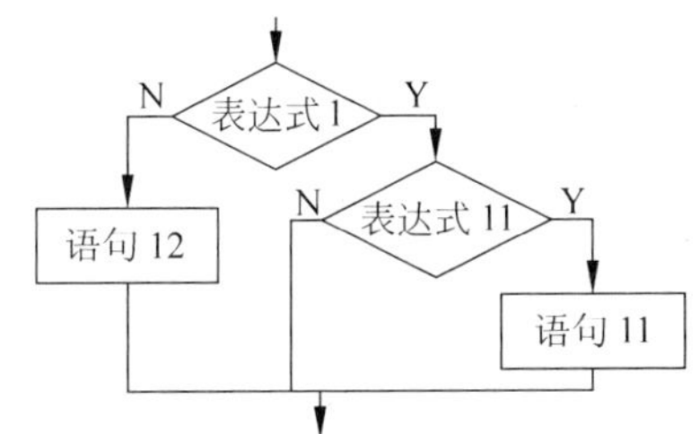

图 4.5　if 语句嵌套形式执行流程图(3)

```
if (表达式 1)
    if (表达式 11) 语句 11
else
    语句 12
```

虽然 else 与第一个 if 格式上是对齐的，但 else 仍然与第二个 if 匹配成对。如果要使 else 与第一个 if 匹配成对，则需要把第二个 if 语句用一对花括号{}括起来，改变其层次级别。

虽然 if 语句中 if 与 else 的匹配结果与书写缩进格式无关，但为了避免产生歧义，提高程序的可读性，应严格遵照缩进对齐的格式编写源程序，使同一层的语句左对齐。

4.2　条件表达式

1. 条件运算符

条件运算的功能和 if 语句相似，是根据一个条件的满足情况决定执行两个表达式中的哪一个。条件运算符由问号“?”和冒号“:”组成，是 C 语言中唯一一个三目运算符，即有三个运算对象。“?”和“:”是一对运算符，不能分开单独使用。

2. 条件表达式的构成及使用

条件表达式是由条件运算符构成的表达式，其一般形式为：

```
表达式 1?表达式 2: 表达式 3
```

语义为：首先计算表达式 1 的值，如果其值为真，则求解表达式 2 的值并作为整个条件表达式的值；否则求解表达式 3 的值并作为整个条件表达式的值。

条件表达式多与赋值语句联合使用，例如：

```
max = (a > b)?a:b
```

条件运算符比赋值运算符优先级高，因此上述语句的功能为：如果 a>b 为真，则 a 作为整个条件表达式的值赋给变量 max；否则，b 作为整个条件表达式的值赋给变量 max。

【例 4.5】　编程实现求一个整数的绝对值。

```
#include < stdio.h >
void main()
```

```
{
    int integer,absolute;                      //变量 integer 存放输入整数,absolute 存放其绝对值
    printf("Please input one integer:\n");  //输出提示信息
    scanf("%d",&integer);                      //输入整数
    //根据 integer 是否大于零决定是取原数还是相反数
    absolute = integer > 0?integer: - integer;
    printf("|%d| = %d\n",integer,absolute);  //输出结果
}
```

3. 条件运算符的优先级

条件运算符的优先级高于赋值运算符但低于关系运算符和算术运算符。如将小写字母转成大写字母的表达式:

```
upper = (letter >= 'a'&&letter <= 'z')?(letter - 32):letter
```

与下面两种形式完全等价:

```
upper = letter >= 'a'&&letter <= 'z'?letter - 32:letter
upper = (letter >= 'a'&&letter <= 'z'?letter - 32:letter)
```

但为了提高程序的可读性,建议使用第一种方式。

4. 条件运算符的结合性

条件运算符可以嵌套使用,结合方向为“自右至左”,即将位于最右边的问号与离它最近的冒号匹配成对。如求三个数中最大数的表达式:

```
max = a > b?a > c?a:c:b > c?b:c
```

等价于

```
max = a > b?(a > c?a:c):(b > c?b:c)
```

这其实就是条件表达式嵌套应用形式,即一般形式中的表达式 2 和表达式 3 又为一条件表达式。为提高程序的可读性,建议使用第二种方式。

5. 条件表达式的计算顺序

条件表达式在嵌套应用时要特别注意表达式的执行顺序是“自左至右”,例如:

```
max = a > b?(a > c?a:c):(b > c?b:c)
```

执行顺序是:先判断“a > b”的真假,如果为真,则继续执行“a > c? a:c”;否则继续执行“b > c? b:c”。

6. 条件表达式与 if 语句的区别与联系

条件表达式是一个表达式,其应用的最终目的是根据给定条件计算出一个值,这个值需要进一步参与运算才有意义,例如“max=(a > b)? a:b”,条件表达式“(a > b)? a:b”的值继

续参与赋值操作才有意义。而 if 语句是流程控制语句，需要根据给定条件判断哪些语句执行，哪些不执行，其应用目的是进行流程控制。但殊途同归，其功能类似。

条件表达式完全可以由 if 语句代替，如："max=(a>b)? a:b"，可以用 if 语句表示为：

```
if (a>b)  max = a;
else   max = b;
```

但条件表达式只能在某些特定场景下取代 if 语句，如 if 语句中的语句 1 和语句 2 都是单个表达式语句且为同一个变量赋值时。如在相互能取代的场景中，读者如果偏好结构清晰，可用 if 语句；如果力求简洁，可用条件表达式。

4.3　switch 语句

由前面的知识可知，如果遇到多选一的情况可以采用 if 语句嵌套形式实现，但嵌套越多，程序的可读性就越差，因此 C 语言提供了专门处理多选一情况的 switch 语句。switch 语句的一般形式为：

```
switch (表达式)
{
      case 常量表达式 1:语句序列 1;[break;]
      case 常量表达式 2:语句序列 2;[break;]
语    ⋮
句    case 常量表达式 n:语句序列 n;[break;]
体    [default:语句序列 n+1;]
}
```

switch 语句中 break 与 default 均可以省略，但有无 break 语句，程序的执行流程有较大差异，执行流程如图 4.6 和图 4.7 所示。

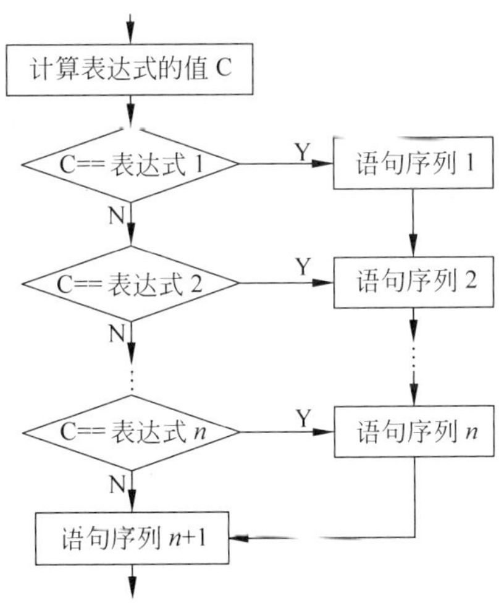

图 4.6　不带 break 的执行流程图

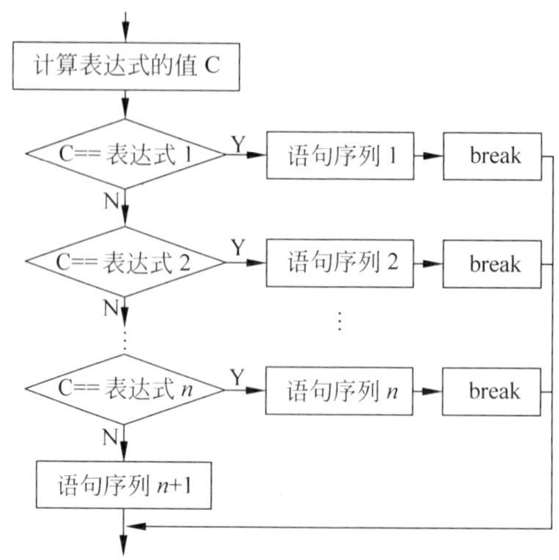

图 4.7 带 break 的 switch 执行流程图

无论是否有 break，都是要先计算表达式的值，为方便，我们将表达式的值记作 C，然后将 C 逐个与其后的常量表达式的值相比较，当 C 与某个常量表达式 i 的值相等时，即找到了入口，则从语句序列 i 处开始执行；如 C 与所有表达式均不相等时，则执行 default 后的语句序列 n+1。

图 4.6 和图 4.7 的执行流程区别在于找到入口，执行完语句序列 i 后，如果没有 break 则不需任何判断，继续执行语句序列 i+1；如果有 break 则直接跳出 switch 语句，继续执行 switch 语句后面的语句。由此可以看出 break 的作用是跳出 switch 语句。

【例 4.6】 根据输入的月份判断该月有多少天。

程序分析：一共有 12 个月份，但只分 28(闰年 29)、30、31 天三种情况，因此将都是 30 天的月份放置在一起，共用一个语句序列。

```
#include<stdio.h>
void main()
{
    int month,days;
    printf("Please input the month:");
    scanf("%d",&month);
    switch(month)
    {
        case 1:                          //1、3、5、7、8、10、12 月都是 31 天，共用一个语句序列
        case 3:
        case 5:
        case 7:
        case 8:
        case 10:
        case 12: days = 31;break;
        case 2:  days = 28;break;        //没有年份无法判断闰年，因此暂定为 28 天
        case 4:
        case 6:
        case 9:
```

```
        case 11: days = 30;break;
    }
    printf("There are %d days in the month\n",days);
}
```

思维拓展：①如果例 4.6 中忘记写 break 语句，程序的运行结果是怎么样的？为什么？②例 4.6 能用 if 语句实现吗？哪种方式更清晰？

使用 switch 语句时需注意以下几个问题：

(1) switch 语句中的表达式为整型表达式、字符表达式或枚举型表达式中的一种，如果为其他类型的表达式则需强制转换为其中一种，否则出错。注意 if 语句中的条件表达式多为逻辑表达式或关系表达式，结果要判定为真或假，而 switch 语句中的表达式的作用是用表达式的结果值与各个 case 后面的常量表达式的值去进行比较，要求结果为整型、字符型或枚举型中的任意一种。

(2) 各 case 后的常量表达式一定要为常量且值应互不相同，类型都必须与 switch 后的表达式类型相同。

(3) case 和常量表达式 i 之间至少要用一个空格隔开，而常量表达式 i 和语句之间要用冒号"："隔开。

(4) switch 语句中的语句 i(1<=i<=n+1)可以为多条语句，不必使用花括号{}括起来组成一条复合语句。

【例 4.7】 输入考生百分制分数，输出对应的等级。

程序分析：考生的百分制分数和对应等级之间的关系为：100 为 A+；[90,100)为 A；[80,90)为 B；[70,80)为 C；[60,70)为 D；[0,60)为 E。switch 语句的表达式只能为整型表达式、字符表达式或枚举型表达式中的一种，而此题中，[90,100)等是一个范围，因此需要把一个范围内的数据统一转化为一个常量。通过分析发现，[90,100)中所有的数据的十位都是 9，因此可以利用 C 语言中的取整运算把十位数取出来，然后进行判断。[0,60)这个范围中的十位较为复杂，可以利用 default 语句进行处理。

```
#include <stdio.h>
void main()
{
int g;                                        //定义变量
printf("Please input a student's mark:");     //输出提示信息
scanf("%d",&g);                               //输入考生的分数
if (g>=0 && g<=100)                           //判断分数是否在 0～100 之间
{
    switch (g/10)
    {
    case 10:printf("Grade is A+\n"); break;
    case 9: printf("Grade is A\n"); break;
    case 8: printf("Grade is B\n"); break;
    case 7: printf("Grade is C\n"); break;
    case 6: printf("Grade is D\n"); break;
    default: printf("Grade is E\n");
```

```
        }
    }
    else
        printf("Invalid mark!\n");
    }
```

程序运行结果：

输入：78

输出：Grade is C

思维拓展：①如果100分也转换为A，程序应如何进行改动？②如果考生的分数可以带小数如98.5，程序应如何进行改动？③如果各个case的出现次序改变，如例4.7的switch语句修改为以下代码，执行结果会变吗？

```
switch (g/10)
{
case 8: printf("Grade is B\n"); break;
case 10:printf("Grade is A+\n"); break;
case 7: printf("Grade is C\n"); break;
case 9: printf("Grade is A\n"); break;
case 6: printf("Grade is D\n"); break;
default: printf("Grade is E\n");
}
```

4.4 典型例题

【例4.8】 设有条件表达式："(EXP)? i++:j--"，则以下表达式中与(EXP)完全等价的是(　　)。

A. (EXP==0)　　B. (EXP! =0)　　C. (EXP==1)　　D. (EXP! =1)

程序分析：

(1) 观察(EXP)位于条件表达式的表达式1的位置，其作用是根据其值的真假选择执行i++还是j--。因此(EXP)的最终结果只有真(非零)和假(零)两种情况。

(2) 确定此处完全等价的含义是指无论EXP取何值，表达式的最终判定结果(真或假)与(EXP)的判定结果要完全一致。

(3) (EXP)的含义为：当EXP取非零值时(EXP)为真，当EXP取零值时(EXP)为假。

(4) 选项A中，当EXP取值为零时，(EXP==0)值为真，不等价；选项B中，EXP为零时，(EXP! =0)值为假，EXP为非零时，(EXP! =0)值为真，等价；选项C中，当EXP取1时(EXP==1)为真，取非1时值为假，不等价；选项D中，EXP取1时(EXP! =1)值为假，取非1时值为真，不等价。

【例4.9】 若变量已正确定义，有以下程序段：

```
int a=3,b=5,c=7;
if (a>b) a=b;c=a;
if (c!=a) c=b;
printf("%d,%d,%d\n",a,b,c);
```

其输出结果是(　　)。

A. 程序段有语法错　B. 3,5,3　　C. 3,5,5　　D. 3,5,7

程序分析：本例主要考察 if 语句的作用范围。此程序段的执行流程如图 4.8 所示：如果 if 语句的条件表达式(a>b)为真，则只执行其后的一条语句，即"a=b;"，语句"c=a;"已经超出了 if 语句的作用范围，无论条件是否成立都要执行。此例最大的迷惑性就是将"a=b;c=a;"两条语句写在一行中，让读者误以为条件(a>b)不成立时两条语句都不执行。

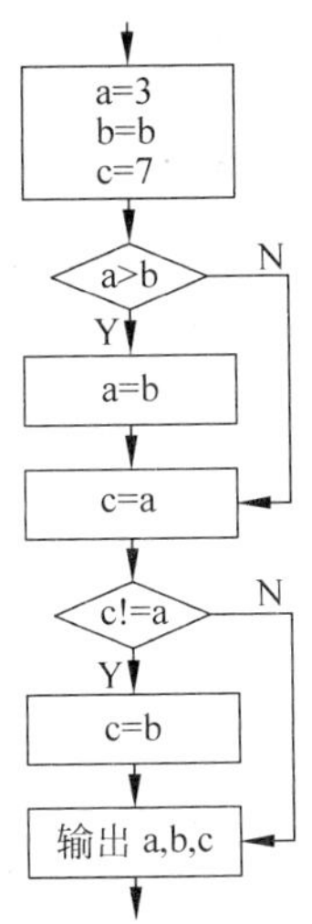

图 4.8　程序段的执行流程图

此程序段的执行过程为：a、b、c 的初值分别为 3、5、7，条件 a>b 不成立，语句"a=b;"不执行，执行语句"c=a;"后 c 值修改为 3；条件 c! =a 不成立，语句"c=b;"不执行。所以 a、b、c 的终值分别为 3、5、3。因此答案为 B。

注意，如果将程序段中的"if (a>b) a=b;c=a;"修改为"if (a>b) a=b,c=a;"则执行结果为 C。原因在于原来的"a=b;c=a;"有两个分号，构成两条语句，而"a=b,c=a;"只有一个分号，是由一个逗号表达式构成的一条语句。

【例 4.10】　下面程序的输出结果为________。

```
#include <stdio.h>
void main()
{
    int x = 10, y = 5;
    switch(x)
    {
        case 1:  x++;
        default: x += y;
        case 2: y--;
        case 3: x--;
    }
   printf("x = %d, y = %d", x, y);
}
```

程序分析：本例主要考察对 switch 语句中没有 break 时的执行流程。在此例中，default 没有放在最后，而是放在中间，因为每个语句序列后面均没有 break 跳出语句，因此只要找到入口，其后的所有语句序列均会执行。此例中，没有和 x 相等的常量，因此 default 是其入口，执行完 default 后面的语句“x+=y;”后，没有找到 break 语句，又会依次执行 case 2 后的语句“y--;”和 case 3 后的语句“x--;”，因此答案为 x=14，y=4 。

【例 4.11】 捷克斯洛伐克的哈佛梨米克根据遗传学原理研究出了一种利用父母身高预测子女身高的方法，其预测公式为：

$$儿子身高(米)=(父身高+母身高)\times 1.08\div 2$$

$$女儿身高(米)=(父身高\times 0.923+母身高)\div 2$$

编写程序，输入子女的性别和父母的身高，输出预测的子女的身高。

程序分析：此题目需要输入三种信息：子女的性别、父母各自的身高。父母身高用 float 类型即可，子女的性别可用 m 和 f 表示，因此需要设定为 char 类型。利用 scanf 函数接收数据时，如果 float 类型的数据在前，char 类型的数据紧随其后，将会出现 char 型变量接收为回车的情况，因此，此题目中选择先输入性别，再输入父母各自的身高。

```
#include <stdio.h>
void main()
{
    float fatherheight,motherheight,childheight;
    char sex;
    printf("Please input sex of child(m or f):\n");
    scanf("%c",&sex);                                    //输入性别信息
    printf("Please input your father and mother's height:\n");
    scanf("%f%f",&fatherheight,&motherheight);           //输入父母身高信息
    if (sex == 'm')                                      //根据所给公式计算子女的预测身高
    {
        childheight = (fatherheight + motherheight) * 1.08f/2;
        printf("Your boy's height is %4.3f\n",childheight);
    }
    else
        if (sex == 'f')
        {
            childheight = (fatherheight * 0.923f + motherheight)/2;
            printf("Your girl's height is %4.3f\n",childheight);
        }
        else
        {
            printf("Invalid data!/n");
        }
}
```

【例 4.12】 编程实现判断某一个女生的一分钟仰卧起坐成绩达到的标准，标准参考值如表 4.1 所示。

表 4.1 一分钟仰卧起坐评分标准

次数	40	35	30	25	20	低于 20
成绩	A	B	C	D	E	F

```
#include <stdio.h>
void main()
{
    int time;
    printf("Input sit - ups grade of a girl:",&time);
    scanf("%d",&time);
    switch(time/5)                                    //将范围转变为确定数值
    {
    case 9:
    case 8: printf("The grade is A\n");break;
    case 7: printf("The grade is B\n");break;
    case 6: printf("The grade is C\n");break;
    case 5: printf("The grade is D\n");break;
    case 4: printf("The grade is E\n");break;
    case 3:
    case 2:
    case 1:
    case 0:printf("The grade is F\n");
    }
}
```

【例 4.13】 某运输公司根据路程的长度来计算运费，路程(r)越长，每千米每吨的运费越低。其折扣标准如下：原价为每千米 1 元，r < 200，没有折扣；200 <= r < 600，2%折扣，600 <= r < 1000，4%折扣；1000 <= r < 2000，8%折扣；r > 2000，10%折扣。编写程序，输入路程和货重，输出所需运费。

程序分析：设货重为 weight，路程为 r，折扣为 p，则计算所需运费的公式为 weight * r * (1－p)，程序处理的重点是如何根据路程确定折扣。从题目中可以看出，每千米每吨的运费分五种情况，因此可以采用五个 if 语句来实现，也可采用 if 语句嵌套来实现，还可以采用 switch 语句来实现。

方法一：利用 if 语句实现

```
#include <stdio.h>
void main()
{  float r,p,weight,fee;
   scanf("%f%f",&r,&weight);
   if (r>0&&r<200)  p=1;
   if (r>=200&&r<600)  p=1-0.02;
   if (r>=600&&r<=1000)  p=1-0.04;
   if (r>=1000&&r<2000)  p=1-0.08;
   if (r>=2000)  p=1-0.1;
   fee=1*weight*r*p;
   printf("fee is %.2f",fee);
}
```

方法二：用 if 语句嵌套实现

```
#include <stdio.h>
void main()
{  float r,p,fee;
   scanf("%f",&r);
   if (r>0&&r<200)  p=1;
```

```
    else  if (r>=200&&r<600)  p=1-0.02;
          else if (r>=600&&r<=1000)  p=1-0.04;
               else  if (r>=1000&&r<2000)  p=1-0.08;
                     else  if (r>=2000)  p=1-0.1;
    fee=1*weight*r*p;
    printf("fee is %.2f",fee);
}
```

方法三：用 switch 语句实现

switch 语句中表达式只能是数值、字符或枚举类型，因此需要把题目中的某个范围条件转换为几个尽量少的数值。题目中每个范围条件的始值和终值都是 200 的倍数，因此可以用 200 作为路程和某些整数的转换参数。同时要注意存放这些整数的变量要定义为整型变量，如下面程序中的变量 temp。

```
#include <stdio.h>
void main()
{
    float r,p,weight,fee;
    int temp;
    scanf("%f%f",&r,&weight);
    temp=r/200;
    switch(temp)
    {
        case 0: p=1;break;
        case 1:
        case 2: p=1-0.02;break;
        case 3:
        case 4:p=1-0.04;break;
        case 5:
        case 6:
        case 7:
        case 8:
        case 9: p=1-0.08; break;
        default: p=1-0.1;
    }
    fee=1*weight*r*p;
    printf("fee is %.2f",fee);
}
```

这三种方法各有优点。方法一结构简单清晰，但程序中的每个条件表达式都要判断，执行效率较低；方法二效率比方法一要高，只要遇到一个条件表达式为真，则其后的条件表达式就不需要再判断，但其结构不够清晰，if-else 的匹配问题很容易出错；方法三结构清晰，效率较高，只是 switch 后的表达式类型太受限制，必须把路程和折扣的关系转换为某些整数和折扣的关系，处理起来有点复杂。

4.5 综合案例

经过本章的学习，在理解选择结构含义的基础上，掌握了实现选择结构的 if 语句、switch 语句以及选择结构嵌套的基本格式和具体应用形式。应用这些知识就可以完成系统单次登录功能，并可以对用户输入的主控菜单选项进行安全性检查，即只能选择 1～9 之间的数值，其他则提示输入错误，以增强系统的完整性和友好性。参考源代码如下：

```
#include <stdio.h>
int main()
{ //由于数组还没有介绍，在此暂时用户名和密码用整型表示
    int name = 1001,pwd = 123456;              //正确的用户名和密码
    int username,userpwd;                      //用户输入的用户名和密码
    int userselection;
    printf("\n");
    printf(" ******** 请输入用户名: ");          //用户输入用户名和密码
    scanf(" %d",&username);
    printf(" ******** 请输入密码: ");
    scanf(" %d",&userpwd);
    //如果用户名和密码正确，则显示主控菜单选项
    if(userpwd == pwd&&username == name)
    {//输出主控菜单选项
        printf("\n");
        printf("\t ****************************** \n");
        printf("\t *           欢迎使用            * \n");
        printf("\t *       学生成绩管理系统        * \n");
        printf("\t ****************************** \n");
        printf("\n");
        printf("\t *    1:增加学生信息             * \n");
        printf("\t *    2:修改学生信息             * \n");
        printf("\t *    3:显示学生信息             * \n");
        printf("\t *    4:查询学生信息             * \n");
        printf("\t *    5:删除学生信息             * \n");
        printf("\t *    6:按学号进行排序           * \n");
        printf("\t *    7:从文件中读取学生信息     * \n");
        printf("\t *    8:将学生信息保存到文件     * \n");
        printf("\t *    9:退出系统                 * \n");
        printf("\t ****************************** \n\n");
        printf("请输入您的选择(1-9):");         //提示用户选择序号
        scanf(" %d",&userselection);
        printf("你的选择是: ");
        switch(userselection)
        {
            case 1:printf("1:增加学生信息\n");break;
            case 2:printf("2:修改学生信息\n");break;
            case 3:printf("3:显示学生信息\n");break;
            case 4:printf("4:查询学生记录\n");break;
            case 5:printf("5:删除学生信息\n");break;
            case 6:printf("6:按学号进行排序\n");break;
            case 7:printf("7:从文件中读取学生信息\n");break;
            case 8:printf("8:将学生信息保存到文件\n");break;
            case 9:printf("9:退出系统\n");break;
            default:printf(" %d,请输入 1-9 之间的数字\n",userselection);
        }
    }
```

```
    else                                    //如果输入错误则显示错误提示信息
        printf("************用户名或密码输入错误!!! ************\n");
}
```

习　题

一、选择题

1. 已有定义："char c;",程序前面已在命令行中包含 ctype.h 文件,不能用于判断 c 中的字符是否为大写字母的表达式是(　　)。

A. isupper(c)　　B. 'A'<=c<='Z'

C. 'A'<=c&&c<='Z'　　D. c<=('z'-32)&&('a'-32)<=c

2. 设有定义："int k=0;",以下选项的四个表达式中与其他三个表达式的值不相同的是(　　)。

A. k++　　B. k+=1　　C. ++k　　D. k+1

3. 当变量 c 的值不为 2、4、6 时,值也为"真"的表达式是(　　)。

A. (c==2)||(c==4)||(c==6)

B. (c>=2&&c<=6)||(c!=3)||(c!=5)

C. (c>=2&&c<=6)&&!(c%2)

D. (c>=2&&c<=6)&&(c%2!=1)

4. 以下选项中,当 x 为大于 1 的奇数时,值为 0 的表达式(　　)。

A. x%2==1　　B. x/2　　C. x%2!=0　　D. x%2==0

5. 若变量已正确定义,在"if (W) printf("%d\n",k);"中,以下不可替代 W 的是(　　)。

A. a<>b+c　　B. ch=getchar()　　C. a==b+c　　D. a++

6. 设变量 x 和 y 均已正确定义并赋值,以下 if 语句中,在编译时将产生错误信息的是(　　)。

A. if(x++);　　B. if(x>y&&y!=0);

C. if(x>y)x--
　　else y++;　　D. if(y<0) {;}
　　else x++;

7. 在嵌套使用 if 语句时,C 语言规定 else 总是(　　)。

A. 和之前与其具有相同缩进位置的 if 配对

B. 和之前与其最近的 if 配对

C. 和之前与其最近的且不带 else 的 if 配对

D. 和之前的第一个 if 配对

8. 有以下程序段

```
int a,b,c;
a=10;b=50;c=30;
if (a>b) a=b,b=c;c=a;
printf("a=%d b=%d c=%d\n",a,b,c);
```

程序的输出结果是(　　)。

A. a=10 b=50 c=10　　B. a=10 b=50 c=30
C. a=10 b=30 c=10　　D. a=50 b=30 c=50

9. 有下列程序：

```
main( )
{ int a = 0,b = 0,c = 0,d = 0;
if(a = 1) b = 1;c = 2;
else  d = 3;
printf(" % d, % d, % d, % d\n",a,b,c,d); }
```

程序输出(　　)。

A. 0,1,2,0　　B. 0,0,0,3　　C. 1,1,2,0　　D. 编译有错

10. 若有说明语句：

```
int w = 1,x = 2,y = 3,z = 4;
```

则表达式 w > x? w:z > y? z:x 的值是(　　)。

A. 4　　B. 3　　C. 2　　D. 1

11. 若有定义："float x=1.5;int a=1,b=3,c=2;",则正确的switch语句是(　　)。

A.
```
switch(x)
{ case 1.0:printf(" * \ n");
  case 2.0:printf(" ** \ n");}
```
B.
```
switch((int)x);
{ case 1:printf(" * \n");
  case 2:printf(" ** \n");}
```
C.
```
switch(a + b)
{ case 1:printf(" * \n");
  case 2 + 1:printf(" **  \n");}
```
D.
```
switch(a + b)
{ case 1:printf(" *  \n");
  case c:printf(" **  \n");}
```

12. 以下选项中与"if(a==1)a=b; else a++;"语句功能不同的switch语句是(　　)。

A.
```
switch(a)
{ case1:a = b;break;
  default:a++; }
```
B.
```
switch(a == 1)
{ case 0:a = b;break;
  case 1:a++;}
```
C.
```
switch(a)
{ default:a++;break;
  case 1:a = b;}
```
D.
```
switch(a == 1)
{ case 1:a = b;break;
  case 0:a++;}
```

13. 有以下程序：

```
#include <stdio.h>
void main()
{   int x = 1,y = 0,a = 0,b = 0;
    switch(x)
    {   case 1:
        switch(y)
        {   case 0: a++;break;
            case 1: b++;break;
        }
        case 2: a++;b++;break;
        case 3: a++;b++;
    }
     printf("a = % d,b = % d\n",a,b);
}
```

程序的运行结果是(　　)。

A. a=1,b=0　　B. a=2,b=2　　C. a=1,b=1　　D. a=2,b=1

二、填空题

1. 下列程序运行后的输出结果是________。

```
main( )
{ int x,a = 1,b = 2,c = 3,d = 4;
x = (a < b)?a:b; x = (x < c)?x:c; x = (d > x)?x:d;
printf(" % d\n",x); }
```

2. 以下程序的运行结果是________。

```
void main()
{int a = 2,b = 7,c = 5;
switch(a > 0)
{case 1:switch(b < 0)
      { case 1:printf("@"); break;
        case 2: printf("!"); break;
      }
case 0: switch(c == 5)
     { case 0: printf(" * "); break;
       case 1: printf(" # "); break;
       case 2: printf(" $ "); break;
     }
default : printf("&");
}
printf("\n");
}
```

三、编程题

1. 编程判断一个整数是奇数还是偶数。

2. 编程判断两个整型数据之间的逻辑关系,即判断两数据是大于、小于还是等于关系。

3. 输入年份,判断它是否是闰年(如果年号能被 400 整除,或能被 4 整除,而不能被 100 整除,则是闰年,否则不是)。

4. 设计一个简单的计算器程序,能输入整型运算数和基本运算符(+、-、*、/),输出计算结果。例如:输入 2+6,输出 2+6=8。

5. 输入某年某月某日,判断这一天是这一年的第多少天。

第5章 循环结构程序设计

如果编程实现求 1～100 的和，仍然采用顺序结构的话，可用下列方式实现(假设变量 sum 用来存放累加和，其初值为 0)：

```
sum = sum + 1; sum = sum + 2; sum = sum + 3; … ; sum = sum + 100;
```

这样虽然能够勉强实现所需功能，但如果换成求 1～50 的和，则需要删掉 50 条语句，而要求 1～1000 的和，则还需加 900 条语句，不仅实现烦琐而且通用性差。我们换个角度看这个问题：可以把语句"sum=sum+1;"中的 1 放到一个变量 i 中，则"sum=sum+1;"就可以表示为"sum=sum+i;"，然后让 i 的值自加变为 2，这时语句"sum=sum+2;"又可以用"sum=sum+i;"代替，以此类推，上述语句就变成了：

```
sum = sum + i;i++; sum = sum + i;i++; sum = sum + i;i++; …
```

也就是语句"sum=sum+i;i++;"在重复不断地执行，直到 i 的值超出了 100。这就是循环结构的典型思路，可以既简单方便又灵活地完成具有一定通用性的功能。

循环结构是指在满足一定条件的情况下，重复执行某程序段的结构。执行循环结构需满足的条件称为循环条件，反复执行的程序段称为循环体。C 语言提供了 while 循环、do-while 循环和 for 循环语句，以及与循环巧妙配合的 break 和 continue 语句。另外，用 goto 语句和 if 语句结合也可形成循环结构，但 goto 语句不符合结构化设计原则，不建议采用。

5.1 while 语句

while 语句用来实现"先判断，后执行"型循环结构，其一般应用形式如下：

```
while(表达式)
    循环体语句
```

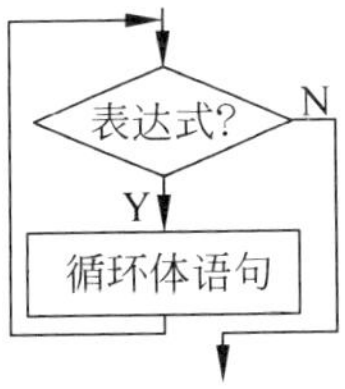

图 5.1 while 语句执行流程图

其执行流程如图 5.1 所示：判断表达式的值，如果值为真(非零值)，则执行循环体语句，然后再次去判断表达式的值；如果值为假(零)则循环结束，转到循环后面的语句继续执行。while 语句的特点是"先判断，后执行"，如果第一次判断表达式的值即为假，则循环体语句一次也不会执行。

【例 5.1】 编写程序，求 1＋2＋3＋…＋100 的值。

程序分析：

(1) 定义两个整型变量，其中一个变量 sum 用来存放累加和，另一个变量 i 负责由 1 变到 100。因此 sum 的初值设置为 0，i 的初值设置为 1。

(2) 确定要重复执行的操作“sum＝sum＋i;i＋＋;”。

(3) 确定重复操作执行的条件是 i<＝100，当 i 的值变成 101 时，重复操作不再执行。

(4) 循环结束后，sum 中存放的是 1～100 的累加和。

```
#include <stdio.h>
void main()
{
    int i = 1,sum = 0;                      //变量的定义与赋初值
    while (i <= 100)                        //设置循环条件
    {
        sum = sum + i;                      //计算累加和
        i++;                                //循环变量自加
    }
    printf("1 + 2 + … + 100 = %d\n",sum);    //结果输出
}
```

程序输出结果为：

```
1 + 2 + … + 100 = 5050
```

思维拓展：①如果要求 1～100 之间偶数的和，你知道怎么修改吗？②如果要求 x～y (x、y 需要在键盘上由用户指定，且 x>0，y>0，y>x)之间的和，你会吗？③如果要求 10!，你会吗？

使用 while 语句时需要注意以下几个问题：

(1) 循环条件表达式两边的一对小括号“()”不能省略，即不能写成“while i<＝100”，否则会有语法错误提示“syntax error : identifier 'i'”。

(2) 循环一定要在有限次执行后结束，否则会陷入“死循环”。因此在循环体中一定要有使循环条件趋于假值的语句。如例 5.1 中，语句“i＋＋;”使变量 i 的值每执行一次循环体就增 1，当 i 的值为 101，即大于 100 时，循环条件表达式(i<＝100)不再成立，则循环结束。

(3) 循环体语句可以是表达式语句、空语句、流程控制语句、复合语句中的任何一种，但必须是一条语句。如果要重复执行多条单语句，一定要用花括号{}括起来组成一条复合语句，否则 while 语句的循环体只是第一条语句。例如，例 5.1 中的循环如果去掉花括号，即

```
while (i <= 100)
    sum = sum + i;
    i++;
```

则循环体变成“sum＝sum＋i;”，而“i＋＋;”成为循环后面的语句。这时程序没有任何编译、链接错误，但运行时界面光标一直闪烁，就是不出结果，说明程序已经陷入“死循环”中。这是因为语句“i＋＋;”排除在循环体之外，i 的值一直不变，导致循环条件“i<＝100”一直满足，程序才陷入死循环中。

(4) 切记 while 语句中"(表达式)"的后面不要随意加分号";"。如例 5.1 中,若写为

```
while (i <= 100);
```

则程序又会陷入死循环中。因为此时";"这个空语句被认为是循环体,而真正的循环体却被认为是循环体后面的语句。

(5) 变量的初值、循环条件和循环体中关键语句(不是所有语句)的先后顺序是影响循环执行结果的关键三要素,其中任一要素发生改变都可能会影响循环执行结果。如例 5.1 中,语句"sum=sum+i;"和语句"i++;"如果互换位置,则程序的功能变成了求 2+3+…+101 的值。如果互换位置后仍然要求 1+2+…+100 的值,可以通过修改 i 的初值为 0,循环条件为 i<100 实现。即核心代码修改为:

```
int i = 0, sum = 0;                        //变量的定义与赋初值
while (i < 100)                            //设置循环条件,也可用 i <= 99
{
    i++;                                   //循环变量自加
    sum = sum + i;                         //计算累加和
}
```

【例 5.2】 编写程序,统计一行字符中小写字母个数。

程序分析:

(1) 接收单个字符可用 getchar 函数,如果要接收一行字符则需配合循环语句完成。

(2) 一行字符是指以回车为结束标志。

(3) 判断是否是小写字母可以用函数 isalpha。

```
#include <stdio.h>
#include <ctype.h>
void main()
{
   char ch;                                //变量 ch 用于接收字符
   int letternum = 0;                      //变量 letternum 用于计数
   //接收一个字符,先放入变量 ch 中,然后判断是否是回车
   while ((ch = getchar())!= '\n')
   {
       if (isalpha(ch) == 2)               //如果输入的字母是小写字母
           letternum++;
   }
   printf("The number of lower letter is %d\n", letternum);
}
```

如果程序输入:My name is Rose!<CR>

则程序的输出结果为:The number of lower letter is 10

在此例中需注意:

(1) 条件表达式"(ch=getchar())!='\n'"不能写成"ch=getchar()!='\n'",因为"="运算符的优先级低于"!="。前者的执行过程是先将接收的字符赋给 ch,然后用 ch 的值与'\n'进行比较;而后者的执行过程是先将接收的字符与'\n'比较,然后将比较结果赋

给 ch。

(2) 如果要单步执行此程序,也要在第一次执行 getchar 函数时一次性输入一行数据,必须以回车为结束。这一行数据会暂存到缓冲区中,每执行一次循环依次读取一个字符。

思维拓展:①如果输入一串字符,以字符@作为结束标志,怎么写循环条件呢?②如果不用 isalpha 函数,而根据小写字母之间 ASCII 码值的相连关系怎样判断 ch 中的值为小写字母呢?③如果要求分别统计字母和数字的个数,程序该如何修改呢?

5.2 do-while 语句

do-while 语句用来实现"先执行,后判断"型循环结构,其一般形式如下:

```
do
    循环体语句
while(表达式);
```

其执行流程如图 5.2 所示。

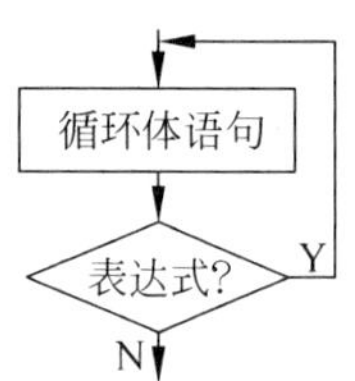

图 5.2 do-while 语句执行流程图

(1) 执行循环体语句。

(2) 判断表达式的值,若值为真(非零),则转到(1)继续执行,否则循环结束。

do-while 语句的特点是"先执行,后判断",循环体至少执行一次。

do while 和 while 的核心思想一致,注意事项也类似,只是 while 是先判断,循环体执行次数是大于等于零,而 do while 是后判断,循环体执行次数是大于等于一。两者在绝大多数情况下可以互相替换,只是在某些特殊情景中用其中一个会更合适。

需要读者特别注意的是:在 while 循环中,判断条件后不能随便加分号";",而在 do while 循环中,判断条件后的分号";"却是必不可少的。

【例 5.3】 利用 do-while 语句完成例 5.1 的功能,即求 1+2+3+…+100 的值。

```
#include <stdio.h>
void main()
{
    int i = 1,sum = 0;                      //变量的定义与赋初值
    do
    {
        sum = sum + i;                      //计算累加和
        i++;                                //循环变量自加
    }
    while (i<= 100);                        //设置循环条件
    printf("1 + 2 + … + 100 = %d\n",sum);   //结果输出
}
```

程序输出结果为：

```
1 + 2 + … + 100 = 5050
```

在例 5.1 和例 5.3 中，因为循环体的执行次数超过一次，因此用两者实现区别不大。

【例 5.4】 编程模拟终极密码游戏。

程序分析：终极密码游戏的规则是：由程序随机生成一个 1～100 之间的整数密码，然后用户输入猜测数据。如果猜测数据正好与密码相等，则提示猜对了；如果不相等，则根据输入数据提示新的猜测范围，直到猜对为止。例如生成的密码为 36，如果用户输入 50，则提示用户输入 0～50 之间的数；用户再输入 30，则提示用户输入 30～50 之间的数。因此程序循环的条件就是用户一直没有猜中。

```
#include <stdio.h>
#include <time.h>                          //time 函数包含在 time.h 中
#include <stdlib.h>                        //srand 和 rand 函数包含在 stdlib.h 中
void main()
{
    int password,guessdata,high = 100,low = 1;
    //srand 函数设置随机种子,使程序每次运行产生的随机数都不一样
    srand((unsigned)time(NULL));
    password = rand() % 100 + 1;           //产生 1～100 之间的一个随机整数,即密码
    do
    {                                      //提示用户输入数据范围
        printf("Please input a integer between %d and %d:\n",low,high);
        scanf("%d",&guessdata);            //用户输入一个猜测数
        if (guessdata > password)          //猜的数高了,则用猜测数代替范围的上限
            high = guessdata;
        else                               //猜的数低了,则用猜测数代替范围的下限
            low = guessdata;
    }while(guessdata!= password);
    printf("Congratulations! you guessed it!\n");  //退出循环一定是猜中了
}
```

在此例中，用户必须先输入猜测数据，程序才能进行条件判断，在这种情景下，用 do while 会更合适。但并不是 while 无法实现，读者可以尝试用 while 实现，将第一次用户猜测放在循环之前即可。

思维拓展：①读者在测试这个程序时，可以将密码先用输出语句输出到屏幕上，然后根据猜高、猜低、猜中三种情况进行测试。测试成功后再把输出语句注释掉，这样可以提高效率。②如果还要统计用户猜测的次数，应该如何修改程序呢？

5.3 for 语句

for 语句也用于实现“先判断，后执行”型循环结构，因为其应用灵活，结构紧凑，条理清晰，而成为应用最广泛的循环语句。其一般形式为：

```
for(［初值表达式］;［条件表达式］;［修订表达式］)
  循环体语句
```

其执行流程如图5.3所示。

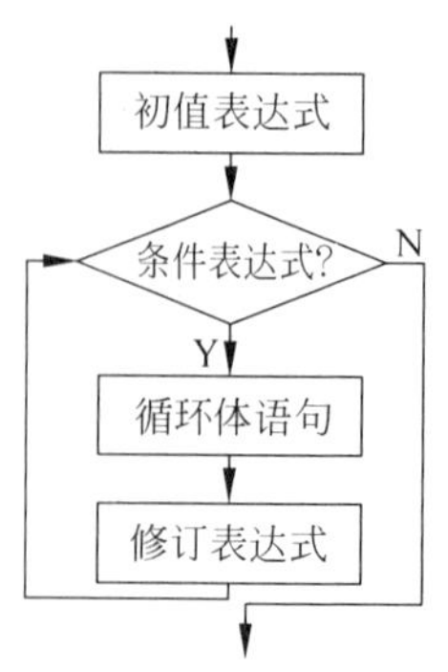

图5.3 for语句执行流程图

(1) 计算“初值表达式”的值。

(2) 计算“条件表达式”的值,若值为真(非零)则转到(3)继续执行,否则循环结束,执行for语句后面的语句。

(3) 执行一次循环体,然后计算“修订表达式”的值,转到(2)继续执行。

【例5.5】 利用for语句完成例5.1的功能,即求1+2+3+…+100的值。

```
#include <stdio.h>
void main()
{
    int i,sum = 0;
    for(i = 1;i <= 100;i++)
        sum = sum + i;
    printf("1 + 2 + … + 100 = %d\n",sum);
}
```

使用for语句时需注意以下几个问题:

(1) 三个表达式之间关系密切,其中条件表达式用于控制循环是否继续,条件表达式中一般会用到一个或多个变量,称其为循环控制变量,而初值表达式则用于给循环控制变量设置初值,修订表达式则是修订循环控制变量的值,使循环能够趋于结束。如例5.5中的“for(i=1; i<=100; i++)”,“i<=100”为循环条件,i为循环控制变量;“i=1”是为循环控制变量i赋初值;“i++”是修订循环控制变量的值,以便循环能在有限次执行后结束。

当然,如果读者将与循环控制变量无关的信息也写到初值表达式和修订表达式中,程序也能够执行,但降低了程序的可读性,不予推荐。

(2) 半直角引号「」中内容为可选项,但表达式之间的分号“;”不能省略。例如,例5.5中的语句:

```
for(i = 1;i <= 100;i++)
   sum = sum + i;
```

也可以写成:

```
i = 1;                         //将初值表达式提到循环前,加分号形成语句
for(;i <= 100;)
```

```
{
    sum = sum + i;
    i++;                        //将修订表达式移至原循环体的尾部,加分号形成语句
}
```

(3) 条件表达式是 for 语句的循环条件,一般为逻辑表达式或关系表达式,但其他表达式也可,只要结果为非零则判定为"真",为零则判断为"假"。比如"for(;1;)"也是正确的应用形式,但这样的条件是"永真",和条件表达式被省略的效果是一样的,程序会陷入死循环中。这时应该配合使用 break 语句跳出循环,程序才会有意义(关于 break 语句下节将作详细介绍)。如例 5.5 中循环可改写如下:

```
for(i = 1;;i++)
{
    sum = sum + i;
    if  (i > 100)
        break;
}
```

注意:break 语句会破坏程序的结构化设计,能用条件表达式实现的,尽量不用 break。

(4) for 语句的特点与 while 语句相同,也是"先判断,后执行",两者可以互相代替,以上 for 语句的一般形式可用 while 改写如下:

```
初值表达式;
while(条件表达式)
{
  循环体语句
  修订表达式;
}
```

读者可以根据自己的喜好选择任一种形式。本书编者更偏好 for 语句,因为 for 语句结构紧凑,条理清晰,能够降低众多语句堆放在一起带来的干扰性。

思维拓展:在介绍 while 语句时,曾提醒读者,"while(条件表达式)"后面千万不要随意加分号";",否则会陷入死循环。那如果在"for(i=1;i<=100;i++)"的后面不小心加一个分号,会不会像 while 循环一样陷入死循环呢?如果不是,程序的运行结果是什么?为什么会出现这样的结果呢?

【例 5.6】 编写程序判断一个整数是否是素数。

程序分析:一个大于 1 的自然数,除了 1 和它本身外,不能被其他自然数整除(除 0 以外)的数称为素数;判断一个整数 data 是否是素数的常用方法是试除法,即从 2 开始找能整除 data 的因数,一直找到 data 为止,如果能找到一个因数,则 data 不是素数,否则就是素数。

```
#include <stdio.h>
#include <math.h>
void main()
{
   int k,data,tag;
   printf("Please input a integer number:\n");
   scanf("%d",&data);
   tag = 1;                     //tag 为标志变量,值为 1 表示是素数,为 0 表示不是素数
```

```
    for(k = 2;k < data;k++)          // 在 2～data - 1 之间寻找 data 的因数
      if (data % k == 0)             //如果找到 data 的一个约数,说明 i 不是素数,tag 修改为 0
          tag = 0;
    if (tag == 1)                    //如果 tag 值为 1,则说明没有找到过 data 的因数
        printf(" %d is a prime number\n",data);
    else                             //否则说明 data 存在约数
        printf(" %d is not a prime number\n",data);
}
```

思维拓展：①假设 a * b 等于 data,如果 a <= $\sqrt{data}$,则 b >= $\sqrt{data}$必然成立,所以,如果在 2～$\sqrt{data}$之间没有找到 data 的因数,则在$\sqrt{data}$～data 之间肯定也找不到。根据这一提示,你能不能修改一下循环条件,提高程序效率呢？②如果 data 不是素数,只需要找到它的一个因素即可,根据这一提示,你能不能进一步修改循环条件,提高程序效率呢？

5.4 循环语句的嵌套

在一个循环(称为外层循环)体内又包含了另一个完整的循环语句(称为内层循环),称为循环的嵌套。内层循环如果还嵌套循环语句,则构成多层循环,但每一层在形式上必须是完整的。前面介绍的 while、do-while 和 for 语句都可以相互嵌套。下面以 for 循环为例,介绍循环语句的嵌套应用。

【例 5.7】 打印下三角形的九九乘法表。

程序分析：首先根据要打印的结果寻找其中的规律。

```
1*1=1
2*1=2  2*2=4
3*1=3  2*3=6   3*3=9
⋮
9*1=9  9*2=18  9*3=27  9*4=36  9*5=49  9*6=54  9*7=63  9*8=72  9*9=81
```

每一个表达式都有三部分需要变化的量,第一个乘数放在变量 first 中,第二个乘数放在 second 中,而结果可以用 first * second 表示。

通过分析打印结果发现：first 的值是从 1 变化到 9,而对于每一个 first 的确定值,second 都会从 1 变化到 first。如 first 的值为 1 时,second 从 1 变化到 1；first 的值为 2 时,second 的值从 1 变化到 2,依次类推。

```
#include <stdio.h>
void main()
{
    int first,second;
    for(first = 1;first < 10;first++)                    //first 的值从 1 变化到 9
    {
内层  for(second = 1;second <= first;second++) //second 的值从 1 变化到 first
循环      printf(" %d * %d = % - 3d",first,second,first * second);    //打印表达式
      printf("\n");                                      //打印回车,控制格式
    }
}
```

（外层循环）

例 5.7 是一个双层循环，由内、外两层组成，其执行流程图如图 5.4 所示，内层循环(虚线内)是外层循环的循环体的一个组成语句，被完整的包裹在外层循环体中，两者不能相互交叉。

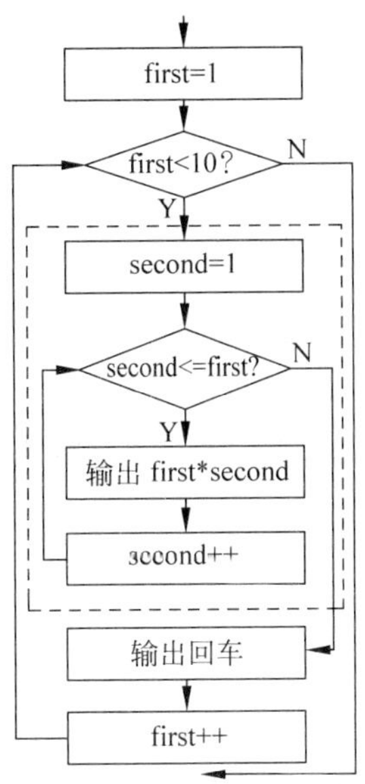

图 5.4 双层嵌套循环的执行流程图

双层循环的执行流程如下：

(1) first 赋值为 1；

(2) 判断表达式“first＜10”的值，若值为真(非零)则转到(3)继续执行，否则外层循环结束，执行外层 for 循环后面的语句；

(3) second 赋值为 1；

(4) 判断表达式“second＜＝first”的值，若值为真(非零)则转到(5)继续执行，否则内层循环结束，转到(7)继续执行；

(5) 执行内层循环体语句“输出 first * second”；

(6) 执行内层循环修订表达式“second＋＋”，转到(4)继续执行；

(7) 执行语句“输出回车”；

(8) 执行外层循环修订表达式“first＋＋”，转到(2)继续执行。

【例 5.8】 求 2～1000 中所有的素数。

程序分析：在例 5.6 中已经能够判断任意一个数是否是素数，而现在只需要利用循环产生 2～1000 之间的整数，每产生一个，利用上述算法判断是否是素数，如果是素数则将此数输出。

```
#include <stdio.h>
#include <math.h>
void main()
```

```
{   int k,data,tag;
    for(data = 2;data <= 1000;data++)             //外层循环,用来产生 2~1000 之间的整数
    {
        tag = 1;                                  //先假定是素数
        for(k = 2;k <= sqrt(data)&&tag;k++)       //内层循环用来判断 data 是否是素数
        {
            if (data % k == 0) tag = 0;
        }
        if (tag == 1)  printf(" % 4d",data);      //如果 i 是素数,则输出
    }
}
```

外层循环

内层循环

5.5 break 语句和 continue 语句

5.5.1 break 语句

在循环语句中有循环条件保证循环能够执行有限次后结束,但每循环一次,循环体中的所有语句都要执行一次。如果需要在最后一次执行循环体时只执行循环体语句中的前一部分语句,后一部分无须执行,则可以使用 break 语句执行完前一部分语句后直接跳出本层循环。

break 语句用在循环体中,其一般形式为:

```
break;
```

语义为:结束本层循环,即不再执行本层循环体中 break 语句之后的循环体语句,直接跳出循环,执行循环体后面的语句。

【例 5.9】 有一只青蛙掉入一口深 10 米的井中。每天白天这只青蛙向上爬 4 米,而晚上又向下滑 3 米,求这只青蛙经过多少天可以从井中跳出。

程序分析:假设青蛙上爬的距离放在变量 s 中,则第一天 s 的初值为 4,以后每天都是在前一天距离的基础上加 4 米,即用语句表示为:s=s+4,而到晚上则需要减掉 3 米,即 s=s−3。到最后一天时只需要增加 4 米跳出井口,而不需要再下滑 3 米,即只需要执行语句 s=s+4,而不需要执行 s=s−3。因此,跳出循环的语句需要放在两条语句中间。

```
#include <stdio.h>
void main()
{
    int day,s;                    //day 保存天数,s 保存距离
    s = 0;                        //距离初值为零
    for(day = 1;;day++)
    {
        s = s + 4;                //往上爬 4 米
        if (s >= 10)              //只要爬出井口则结束循环
            break;
        s = s - 3;                //往下滑 3 米
    }
    printf("The frog spent % d days to climb out of the well",day);
}
```

在此例中，如果结束循环的条件(s>10)写在条件表达式位置，即写成：

```
for(day = 1;s > 10;day++)
{
    s = s + 4;                              //往上爬 4 米
    s = s - 3;                              //往下滑 3 米
}
```

则结果是错误的，因为每次判断时都是爬上去又下滑时的结果，忽略了只要跳出井口就不再下滑的事实。

使用 break 语句需要注意以下几个问题：

(1) break 语句只能用在循环语句的循环体和 switch 语句体内。

(2) 无论 break 语句用在循环语句还是 switch 语句中，它的作用只是跳出离它最近的一层循环(本层循环)语句或 switch 语句。特别要注意，在循环体嵌套或 switch 语句嵌套应用中，break 语句只是结束其所在的本层循环或本层 switch 语句，而不是跳出所有的循环或 switch 语句。

(3) 结束循环的方式可以用条件表达式，也可以用 break 语句，但 break 语句不符合结构化设计原则，能使用条件表达式的情况尽量少用 break。

5.5.2 continue 语句

continue 语句只能用在循环体中，其一般形式为：

```
continue;
```

语义为：结束本层的本次循环，即不再执行本层循环体中 continue 语句之后的语句，直接转入下一次循环条件的判断。

【例 5.10】 利用 continue 改写例 5.9，即解决青蛙爬井问题。

```
#include <stdio.h>
void main()
{
    int day,s;                              //day 保存天数,s 保存距离
    s = 0;                                  //距离初值为零
    for(day = 1;s < 10;day++)
    {
        s = s + 4;                          //往上爬 4 米
        if (s >= 10)                        //只要爬出井口则不再往下滑
            continue;
        s = s - 3;                          //往下滑 3 米
    }
    printf("The frog spent %d days to climb out of the well",day - 1);
}
```

在此例中，利用条件表达式控制循环，利用 continue 控制是否还需要下滑。

思维拓展：①青蛙爬井问题利用 break 和 continue 均可以解决，你认为哪种方式更好一些呢？②如果既不用 break，也不用 continue，你能解决该问题吗？

使用 continue 语句需要注意以下几个问题：

(1) continue的作用只是跳过循环体中continue语句后的语句，for循环语句中的修订表达式不在循环体中，因此还要继续执行。在例5.10中，当contine执行完后，修订表达式“day++”还要执行一次，这就是最后的输出语句需要输出day-1的原因。

(2) continue语句只是结束本层的本次循环，是否需要退出循环要以条件表达式的值为准；而break语句的功能是直接跳出循环，根本不再进行循环条件的判断。这是两者的本质区别。

(3) continue语句所实现的功能完全可以用if语句代替，如例5.10中的循环体可以写成：

```
s = s + 4;                                    //往上爬 4 米
if (s < 10)                                   //爬不出井口才往下滑
    s = s - 3;                                //往下滑 3 米
```

虽然最终表达的含义是一样的，但表达的方式不同，continue方式是表示“如果已经爬出井口则不用再下滑”，而if方式表示“只要爬不出井口就要下滑”。if方式这种“只要满足什么条件就做什么”的表达方式比continue这种“只要满足什么条件就不做什么”的表达方式更符合人的思维习惯，因此建议读者尽量少用continue。

5.6 典型例题

【例5.11】 下列四个程序段中，不是无限循环的是(　　)。

A. for(b=0,a=1; a>++b; a=k++) k=a;

B. for(a++=k);

C. while(1) { a++; }

D. for(k=10;;k--) total+=k;

程序分析：无限循环，也就是死循环，判断的唯一准则就是循环条件一直为真。选项A中，因为循环条件“a>++b”中的++b为前加加，因此第一次比较时a值为1，b值为1，1>1不成立已经退出循环，因此不是无限循环。如果此处的判定条件修改为“a>b++”，则每次比较时a的值都比b的值大1，条件永远成立，则是无限循环；选项B中，for语句中没有必需的两个分号，因此语法都有错误；选项C中，循环条件为1，是永真的，是无限循环；选项D中，条件表达式空缺，则被认为是永真，也是无限循环。

【例5.12】 读下面的程序，从选项中选出正确的输出结果(　　)。

```
#include <stdio.h>
void main()
{ int i = 0, j = 9, k = 3, s = 0;
  for(;;)
  {  i += k;
     if (i > j)  break;
     s += i;
  }
  printf("%d", s);
}
```

A. 死循环，无输出　　B. 30　　C. 18　　D. 3

程序分析：本例主要测试 for 循环和 break 语句的使用。虽然此例中 for 循环没有结束条件，但循环体中有 break 语句，此例是否是死循环，主要看 break 语句前的条件(i>j)是否满足。分析一下程序的执行过程：循环体中首先执行“i+=k;”语句，i 值为 3，i>j 为假，执行“s+=i;”语句，s 值为 3。再次执行循环体，i 值为 6，条件 i>j 为假，s 值为 9；再次执行循环体，i 值为 9，条件 i>j 为假，s 值为 18。再次执行循环体，i 值为 12，条件 i>j 为真，执行“break;”语句跳出循环。因此最后 s 值为 18。

【例 5.13】 有以下程序段，且变量已正确定义和赋值：

```
for(s = 1.0,k = 1;k <= n;k++) s = s + 1.0/(k * (k + 1));
printf("s = % f\n\n",s);
```

请填空，使下面程序段的功能为完全相同。

```
s = 1.0;k = 1;
while(__(1)__){ s = s + 1.0/(k * (k + 1));__(2)__;}
printf("s = % f\n\n",s);
```

程序分析：此例主要考察 for 语句和 while 语句的使用。for 语句和 while 语句都是循环控制语句，执行特点都是先判断后执行，二者可以互相代替。for 语句的一般格式为：

```
for(「初值表达式」;「条件表达式」;「修订表达式」) 循环体语句
```

如果用 while 可以进行如下改写：

```
初值表达式;
while(条件表达式)
{
循环体语句
修订表达式;
}
```

具体到本例中，空(1)需要填写条件表达式作为循环条件；空(2)需要填写修订表达式。因此空(1)答案为：k<=n，空(2)答案为 k++。

【例 5.14】 编程实现：输入 10 个整数，找出其中的最大值。

程序分析：定义变量 data 存储一个整数，变量 max 存储最大值。第一步，接收第一个整数放入 data 中，此整数也是目前的最大数，因此赋给 max。第二步，接收一个整数放入 data 中，并与 max 值比较：如果此整数比 max 中整数大，则此整数成为当前最大值，如此反复 9 次，max 中存放的即是 10 个整数中的最大数。

```
#include <stdio.h>
void main()
{
   int i,data,max;                //i 控制输入整数的个数,data 存放 10 个整数,max 存放最大值
   printf("Please input 10 data\n");
   scanf(" % d",&data);                  //输入第一个数据
   max = data;                           //将 max 初始化为第一个数据
   for(i = 1;i < 10;i++)                 //循环输入其他九个数
   {
     scanf(" % d",&data);
```

```
    if (max<data)                    //如果最新接收的数据比 max 的值更大,则替换最大值
        max = data;
  }
  printf("The max is %d\n",max);
}
```

【例 5.15】 输入两个整数,用辗转相除法求它们的最大公约数。

程序分析:求最大公约数一般有两种算法。

(1) 穷举法。即从两者的小数开始依次减 1,直到找到两个数的公约数为止。这个公约数就是它们的最大公约数。此方法思想简单,但效率较低。

(2) 辗转相除法(或称欧几里得算法)。算法的主要过程是:设两数为 m、n,且 m>n。

① 如果 m 除以 n 的余数为 0,n 就是两数的最大公约数,程序结束,否则转至②执行;

② m 除以 n 得余数 t,令 m=n,n=t;

③ 转到①继续执行。

辗转相除法的源程序如下(穷举法请自行设计):

```
#include <stdio.h>
void main()
{
    int m,n,t;
    scanf("%d%d",&m,&n);
    if (m<n)                    //如果 m 小于 n 则将两个数交换过来
    {t = n;n = m;m = t;}
    for(;m%n!= 0;)              //用辗转相除法求最大公约数,循环结束后 n 即为最大公约数
    {t = n;n = m%n;m = t;}
    printf("%d",n);
}
```

思维拓展:求最大公约数还可使用辗转相减法,你能编程实现吗?

5.7 综合案例

本章在理解循环结构含义的基础上,掌握了实现循环结构的 while、do while 和 for 三种循环语句,利用本章知识,就可以实现登录时给用户三次机会的功能。登录成功后,也可以实现系统始终显示主控菜单选项,直到用户选择退出系统才结束程序运行。参考源代码如下:

```
#include <stdio.h>
int main()
{
    int name = 1001,pwd = 123456;           //正确的用户名和密码
    int username,userpwd;                   //用户输入的用户名和密码
    int count;                              //用户输入用户名和密码的次数
    int userselection;
    for(count = 1;count <= 3;count++)       //给用户三次机会
    {                                       //用户输入用户名和密码
      printf("\n");
      printf("********请输入用户名:");
```

```
        scanf(" %d",&username);
        printf(" ******** 请输入密码: ");
        scanf(" %d",&userpwd);
        if(userpwd == pwd&&username == name)          //如果用户名和密码正确,则退出循环
            break;
        else                                           //如果输入错误则显示错误提示信息
            if (count < 3)                             //如果不是第 3 次,则输出此错误信息,
                printf(" ****** 用户名或密码输入错误,请重新输入!!! ******* \n");
    }
    if (count <= 3)                                    //用户三次内登录成功,则显示主控菜单选项
    {
        while(1)                                       //死循环,使系统始终显示主控菜单选项
        {                                              //输出主控菜单选项
            printf("\n");
            printf("\t ****************************** \n");
            printf("\t *          欢迎使用            * \n");
            printf("\t *        学生成绩管理系统       * \n");
            printf("\t ****************************** \n");
            printf("\n");
            printf("\t *    1:增加学生信息            * \n");
            printf("\t *    2:修改学生信息            * \n");
            printf("\t *    3:显示学生信息            * \n");
            printf("\t *    4:查询学生信息            * \n");
            printf("\t *    5:删除学生信息            * \n");
            printf("\t *    6:按学号进行排序          * \n");
            printf("\t *    7:从文件中读取学生信息    * \n");
            printf("\t *    8:将学生信息保存到文件    * \n");
            printf("\t *    9:退出系统                * \n");
            printf("\t ****************************** \n\n");
            //提示用户选择序号
            printf("请输入您的选择(1 - 9):");
            scanf(" %d",&userselection);
            printf("你的选择是: ");
            switch(userselection)
            {
                case 1:printf("1:增加学生信息\n");break;
                case 2:printf("2:修改学生信息\n");break;
                case 3:printf("3:显示学生信息\n");break;
                case 4:printf("4:查询学生记录\n");break;
                case 5:printf("5:删除学生信息\n");break;
                case 6:printf("6:按学号进行排序\n");break;
                case 7:printf("7:从文件中读取学生信息\n");break;
                case 8:printf("8:将学生信息保存到文件\n");break;
                case 9:printf("9:退出系统\n");exit(0);        //使用 exit 函数正常退出系统
                default:printf(" %d,请输入 1 - 9 之间的数字\n",userselection);
            }
        }
    }
    else
        printf(" ******* 用户名和密码错误已经超过 3 次,系统自动退出!!! ****** \n");
}
```

习 题

一、选择题

1. 要求通过 while 循环不断读入字符，当读入字母 N 时结束循环。若变量已正确定义，下列正确的程序段是（　　）。

A. while((ch=getchar( ))! ='N') printf("%c",ch);

B. while(ch=getchar( )! ='N') printf("%c",ch);

C. while(ch=getchar( )=='N') printf("%c",ch);

D. while((ch=getchar( ))=='N') printf("%c",ch);

2. 若变量已正确定义，有以下程序段：

```
i = 0;
do printf(" % d,", i);while(i++);
printf(" % d\n", i);
```

其输出结果是（　　）。

A. 0,0　　B. 0,1

C. 1,1　　D. 程序进入无限循环

3. 当执行以下程序段时（　　）。

```
x =- 1;
do
{
    x = x * x;
}while(!x);
```

A. 循环体执行一次　　B. 循环体将执行两次

C. 循环体将执行无限次　　D. 系统将提示有语法错误

4. 有以下程序：

```
# include  < stdio. h >
main()
{int y = 9;
for( ;y > 0;y -- )
if(y % 3 == 0) printf(" % d", -- y);
}
```

程序的运行结果是（　　）。

A. 741　　B. 963　　C. 852　　D. 875421

5. 执行语句"for(i=1;i++<4;);"后，变量 i 的值是（　　）

A. 3　　B. 4　　C. 5　　D. 不定

6. 以下不构成无限循环的语句或语句组是（　　）。

A.
```
n = 0;
do{ ++n; } while(n <= 0);
```

B.
```
n = 0;
while(1) {n++ ;}
```

C.
```
n = 10;
while(n); {n-- ;}
```

D. `for(n = 0, i = 1;  ;i++) n += i;`

7. 以下程序段中的变量已正确定义：

```
for(i = 0;i < 4;i++,i++)
  for(k = 1;k < 3;k++); printf(" * ");
```

程序段的输出结果是(　　)。

A. ********　　B. ****　　C. **　　D. *

8. 有以下程序：

```
#include <stdio.h>
main()
{int i,j,m = 55;
for(i = 1;i <= 3;i++)
  for(j = 3;j <= i;j++) m = m % j;
printf(" %d\n",m);
}
```

程序的运行结果是(　　)。

A. 0　　B. 1　　C. 2　　D. 3

9. 有以下程序：

```
main()
{int i,j;
for(i = 1;i < 4;i++)
  {for(j = i;j < 4;j++) printf(" %d* %d= %d",i,j,i * j);
printf("\n");
}
}
```

程序运行后的输出结果是(　　)。

A.
```
1 * 1=1   1 * 2=2   1 * 3=3
2 * 1=2   2 * 2=4
3 * 1=3
```

B.
```
1 * 1=1   1 * 2=2   1 * 3=3
2 * 2=4   2 * 3=6
3 * 3=9
```

C.
```
1 * 1=1
1 * 2=2   2 * 2=4
1 * 3=3   2 * 3=6   3 * 3=9
```

D.
```
1 * 1=1
2 * 1=2   2 * 2=4
3 * 1=3   3 * 2=6   3 * 3=9
```

10. 以下程序中，while 循环的循环次数是(　　)。

```
main()
{  int i = 0;
   while(i < 10)
   {  if (i < 1)  continue;
      if (i == 5)  break;
      i++;
   }
}
```

A. 1　　B. 10
C. 6　　D. 死循环,不能确定次数

11. 有以下程序:

```
#include <stdio.h>
void main()
{   int x = 8;
    for(;x>0;x--)
    {   if (x%3)   {printf("%d,",x--); continue;}
        printf("%d,", --x);
    }
}
```

程序的运行结果是(　　)。

A. 7,4,2　　B. 8,7,5,2　　C. 9,7,6,4　　D. 8,5,4,2

二、填空题

1. 当执行以下程序时,输入1234567890<回车>,则其中while循环体将执行________次。

```
#include <stdio.h>
main()
{ char ch;
  while((ch = getchar()) == '0') printf("#");
}
```

2. 以下程序的输出结果是________。

```
#include <stdio.h>
main()
{ int n = 12345,d;
while(n!= 0){ d = n%10; printf("%d",d); n/ = 10;}
}
```

3. 以下程序运行后的输出结果是________。

```
#include <stdio.h>
main()
{ int a = 1,b = 7;
do{ b = b/2;a += b;}while(b>1);
printf("%d\n",a);}
```

4. 若有定义:"int k;",以下程序段的输出结果是________。

```
for(k = 2;k<6;k++,k++)    printf("##%d",k);
```

5. 以下程序的输出结果是________。

```
#include <stdio.h>
main()
{ int i;
for(i = 'a';i<'f';i++,i++) printf("%c",i - 'a' + 'A');
printf("\n");
}
```

6. 以下程序的输出结果是________。

```
#include <stdio.h>
main()
{   int i,j,sum;
    for(i = 3;i >= 1;i -- )
     {  sum = 0;
        for(j = 1;j <= i;j++)    sum += i * j;
     }
    printf(" %d\n",sum);
}
```

三、编程题

1. 编写程序,显示 100～200 之间能被 7 除余 2 的所有整数。

2. 输入 n 个整数,求这 n 个整数中的最大数、最小数和偶数平均数。

3. 输入一串字符,以回车作为结束标志。统计并输出这串字符中大写字母、小写字母和数字字符的个数。

4. 编程求 Fibonacci 数列的前 40 个数。该数列的生成方法是:$F_1=1,F_2=1,F_n=F_{n-1}+F_{n-2}(n>=3)$(即从第三个数起,每个数等于前两个数之和)。

5. 编写程序,输出如下结果。

```
        1 * 8 + 1 = 9
       12 * 8 + 2 = 98
      123 * 8 + 3 = 987
     1234 * 8 + 4 = 9876
    12345 * 8 + 5 = 98765
   123456 * 8 + 6 = 987654
  1234567 * 8 + 7 = 9876543
 12345678 * 8 + 8 = 98765432
123456789 * 8 + 9 = 987654321
```

6. 一个穷人找到一个百万富翁,给他商讨一个换钱计划如下:我每天给你 10 万元,而你第一天只需给我一元钱,第二天给我二元钱,第三天给我四元钱……即我每天都给你 10 万元,你每天给我的钱都是前一天的两倍,直到满一个月(30 天)。百万富翁很高兴地接受了这个换钱计划。请编写程序计算满一个月时,穷人给了富翁多少钱,而富翁又给了穷人多少钱。

7. 猴子吃桃问题。猴子第一天摘下若干桃子,立即吃了一半,觉得不过瘾又多吃了一个。第二天早上又将剩下的桃子吃了一半,又多吃了一个。以后的每天早上都是吃了前一天剩下的一半加一个。到第 10 天早上时只剩下一个桃子了。编写程序,求猴子第一天共摘了多少桃子。

8. 把 50 元钱分成一元、二元和五元的纸币且纸币数共为 20 张的分法有多少种?(注:在兑换中一元、二元和五元的纸币数可以为 0。)

9. 编程打印指定行数的数字金字塔。

```
        1
      1 2 1
    1 2 3 2 1
  1 2 3 4 3 2 1
1 2 3 4 5 4 3 2 1
```

第6章 数　　组

前面学习的程序中使用的变量都是单一类型的单个变量,比如“int a;”定义了一个整型变量 a,用来存储一个整数。如果要处理具有相同类型的多个数据,可以使用多个单一变量,但这样会比较烦琐。例如要统计 5 个评委在比赛中给参赛者打出的分数,则需要定义 5 个 float 型变量来存储数据,如例 6.1 所示。

【例 6.1】 利用单个变量方法计算参赛者的最终得分。

```
#include<stdio.h>
void main()
{    //定义 5 个 float 型变量来存放 5 个分数,sum 变量存放得分之和
    float score1,score2,score3,score4,score5,sum;
    printf("Please enter five scores:\n");
    scanf("%f",&score1);
    scanf("%f",&score2);
    scanf("%f",&score3);
    scanf("%f",&score4);
    scanf("%f",&score5);          //以上通过 5 次相同的输入操作读入 5 个分数
    sum = score1 + score2 + score3 + score4 + score5;        //求出总分
    printf("The final score is: %.2f\n",sum/5);            //显示最终得分
}
```

通过输入一组数据得到如下运行结果:

```
Please enter five scores:
87.5 90 89.3 86 92
The final score is 88.96
```

上面程序可以处理 5 个浮点型数据,但是如果需要处理 50 个或 500 个甚至更多数据呢? 这种定义单个变量的方法不仅使程序异常冗长,而且程序的灵活性很差。为提高数据处理的灵活性和便捷性,C 语言提供了一次定义多个相同数据类型变量的方式——数组。

数组是一种最常用的构造类型,它是由一组具有相同数据类型的变量组成的集合(例如 8 个浮点型变量、10 个整型变量、200 个字符型变量等)。数组中的每个元素是通过引用其相对于数组第一个元素的位置来访问的。数组元素在数组中的位置称为下标。

对于例 6.1,可以定义含有 5 个浮点型变量的数组,它的第一个元素的

下标为0(即本身为第一个,相对位置为0),最后一个元素的下标为4(即相对于第一个元素的位置为后面第4个)。利用数组再次编写程序如例6.2所示。

【例6.2】 利用数组方法计算参赛者的最终得分。

```
#include<stdio.h>
void main()
{
    float scores[5];                //定义含有5个浮点型变量的数组
    float sum=0;                    //定义和变量sum
    int i;
    printf("Please enter five scores:\n");
    for(i=0;i<5;i++)                //将输入数据和求和的重复操作放在循环中实现
    {
        scanf("%f",&scores[i]);    //通过不同下标值的引用来输入数组中每一个元素
        sum+=scores[i];             //通过不同下标值的引用来访问每个元素并加入和变量sum
    }
    printf("The final score is:%.2f\n",sum/5);
}
```

在例6.2中,当评委数量改变时,其代码总行数并不改变,只需要修改几个常量值。与例6.1的实现方式相比,优势非常明显。

按照数组元素的类型数组可以分为数值数组、字符数组、指针数组等;按照数组的下标个数(维数),数组可以分为一维数组、二维数组和多维数组。

本章将介绍一维数组、二维数组和字符数组的定义、使用和初始化。

6.1 一维数组

6.1.1 一维数组的定义

与使用单个变量一样,数组的使用必须遵循“先定义,后使用”原则。一维数组的定义格式如下:

[存储类型] 数据类型 数组名 [整型常量表达式]

其中:

(1) 存储类型为可选项,有auto、static、register、extern四种,分别表示自动类型、静态类型、寄存器类型和外部类型。

如果存储类型省略则表示是自动类型auto,例如上面例6.1程序中的变量score1的存储类型是auto,例6.2程序中的数组scores的存储类型也是auto,即每个数组元素scores[0],scores[1],…,scores[4]都是自动类型的变量。

关于存储类型的详细内容将在第7章介绍。

(2) 数据类型指该数组的基类型,即数组元素共同所属的数据类型,可以是int、char、float等基本数据类型,也可以是后面要学习的结构体、指针、枚举等构造类型。例6.2中由于要统计的分数可能有小数,所以定义数组scores的基类型是float。

(3) 数组名是该数组的名字,必须遵循标识符的命名规则,另外要遵守“顾名思义”原

则。例 6.2 中数组对应评委打出的分数，所以给数组起名为：scores。

(4) 整型常量表达式表示数组包含元素的个数，必须是整型的非负常量。即数组在定义时要明确其所包含的元素个数，这样才能保证为数组分配确定大小的内存空间。

例如："int a[4];"定义了一个数组 a，数组 a 中包含 4 个元素，每个元素都是 int 类型的变量。

而下面定义数组的方式是错误的：

```
int length = 10;
int a[length];
```

会出现"expected constant expression"的错误提示，因为 length 不是常量。

(5) 数组元素通过下标进行区别，下标最小值是 0，最大值是数组元素个数减 1。如上面数组 a 的 4 个元素分别是 a[0]、a[1]、a[2]和 a[3]，即它们相对于数组第一个元素的位置分别是：其本身(后面第 0 个)、后面第 1 个、后面第 2 个和后面第 3 个。

(6) 数组的物理存储。在程序运行时，编译系统会为一维数组分配一段连续的内存空间，并按顺序存储数组中的各个元素值。假设根据某个内存分配策略，上面所定义的数组 a 在内存中的存储结构如图 6.1 所示。数组 a 中的每个元素都是 int 型的变量，即每个元素占用 4B 的内存空间；数组名代表这段内存空间的首地址，在此处 a 代表内存地址 3000。因此，数组中第 i 个元素的内存首地址计算公式为：数组名+i×sizeof(数据类型)。如 a[2]的内存首地址(用 &a[2]表示)为：&a[2]=a+2×4=3008。

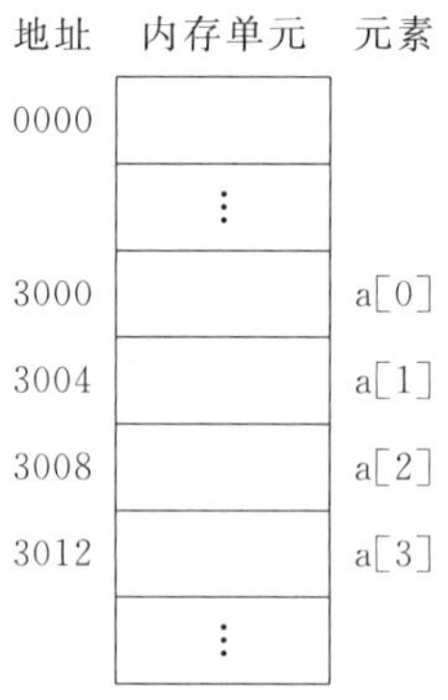

图 6.1　一维数组 a 的物理结构图

(7) 数组的逻辑结构。学习程序设计语言时应该将重点放在逻辑结构的构建与应用方面。因此在使用一维数组时，读者不必注重数组在内存中的实际存储位置和所占空间大小，但是要明确数组中各元素之间的逻辑关系。所以，可以用图 6.2 的方式表示一维数组 a 的逻辑结构。

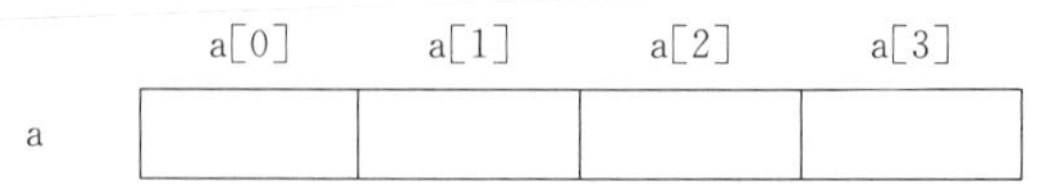

图 6.2　一维数组 a 的逻辑结构图

(8) 在C语言程序运行过程中，编译系统会根据数组类型自动确定每个元素所占内存的字节数。所以，数组元素 a[i]的首地址既可以用表达式 &a[i](由地址运算符和变量名构成)来表示；也可以用表达式 a+i(首元素后面第 i 个元素位置)来表示，这样有助于我们直观地理解元素之间的逻辑关系。如例 6.2 中的语句“scanf("%f",&scores[i]);”可以修改为“scanf("%f",scores+i);”，程序运行结果与例 6.2 相同。为简化问题，我们将首元素(第一个元素 a[0])后面第 i 个元素的首地址 a+i 简称为第 i+1 个元素的地址。

6.1.2 一维数组的使用

根据“先定义，后使用”原则，在数组正确定义之后，即可使用数组。由于数组是一组具有相同数据类型的变量集合，因此数组的使用通常以访问其数组元素(相当于一个普通变量)的方式来实现。通常将使用数组称为数组元素的“引用”，不同元素用下标进行区分。

一维数组元素的引用格式如下：

```
数组名[下标表达式]
```

下标表达式是一个整型表达式或能转换为整型表达式的字符型表达式等。例如：

```
int a[8];                    //定义了一个具有 8 个元素的整型数组 a
a[2] = 18;                   //将数组元素 a[2]赋值为 18
```

注意：

(1) 要注意数组定义和数组元素引用时下标的区别。数组定义语句“int a[8];”中的 8 是指定义的数组 a 共有 8 个元素，必须是一个整型常量表达式；而数组元素的引用语句“a[2]=18;”[]中的 2 是指元素 a[2]的下标为 2，下标可以为整型常量表达式，也可以为整型变量表达式。

(2) 数组名代表数组所占内存的首地址，因此数组名是一个地址常量。

例如有数组定义：“int a[8];”，则如下各语句的功能分别是：

```
printf("%d",a);                 //输出数组 a 所占内存空间的首地址
printf("%d",sizeof(a));         //输出数组 a 所占内存空间的字节数 32
scanf("%d",a);   /*与"scanf("%d",&a[0]);"功能相同，输入一个整数存储到以 a 为首地址的 4B
的内存空间中，也就是存储到数组元素 a[0]中*/
```

(3) 除字符数组外，通常通过引用数组中的每个元素来使用数组。我们可以在循环中变换数组元素的下标来引用数组元素。例如：修改参赛者得分程序，要求添加最低分和最高分。

【例 6.3】 计算参赛者的最终得分、评委打出的最低分和最高分。

程序分析：求最低分就要对各个分数值进行比较，可以先将第一个分数作为最低分，用最低分和后面的每个分数进行比较，如果有更小值则将其作为当前新的最低分，比较完成后得到所有分数中的最低分；最高分的处理与之类似。

```
#include<stdio.h>
void main()
{
    float scores[5],min,max,sum = 0;  //定义变量 min 存储最低分,max 存储最高分
```

```
    int i;
    printf("Please enter five scores:\n");
    for(i=0;i<5;i++)
    {
        scanf("%f",&scores[i]);
        sum+=scores[i];
    }
    min=max=scores[0];            //先把第一个元素值当作最低分和最高分,为比较做准备
    for(i=1;i<5;i++)
    {
        if(min>scores[i])
            min=scores[i];        //如果找到更低的分数(元素值)则修正最低分为新分数
        if(max<scores[i])
            max=scores[i];        //如果找到更高的分数(元素值)则修正最高分为新分数
    }
    printf("The final score is:%.2f\nThe min is %.2f\nThe max is %.2f\n",sum/5,min,max);
}
```

运行程序,输入一组数据得到如下结果:

```
Please enter five scores:
87.5 90 89.3 86 92
The final score is 88.96
The min is 86.00
The max is 92.00
```

在第一个循环中,scores[i]分别表示引用数组元素 scores[0],scores[1],…,scores[4],进行的操作是:首先通过 scanf()函数给数组元素 scores[i]赋值,然后将这个值加入 sum 中。循环结束时,所有的元素都被赋值并在 sum 中存储了它们的和。

在进入第二个循环之前,先把第一个数组元素 scores[0]赋值给最低分 min 变量和最高分 max 变量。然后在循环中 scores[i]分别引用数组元素 scores[1],scores[2],…,scores[4],进行的操作是:对每一个当前所引用元素 scores[i],如果其值比 min 变量的值小则给 min 变量重新赋值,如果其值比 max 大则给 max 重新赋值。循环结束时,min 变量中存放的是数组元素中的最小值,max 存放的是最大值。

(4) 在引用数组元素时要保证下标值的有效性,防止下标越界。

例如语句"int a[8];"定义的数组 a 有 8 个元素,数组元素的有效下标值是 0~7。在运行程序中用到元素 a[i]时,编译系统会根据公式"a+i×4"计算出 a[i]的首地址,然后对以此地址为首地址的相邻 4B 的内存空间进行访问,并没有判断所访问的内存空间是否属于为数组 a 所分配的内存范围。如果访问的这段内存空间正好分配给了该程序的其他变量,则可能造成程序的逻辑错误;如果没有分配给该程序,则可能造成程序运行错误。

6.1.3 一维数组的初始化

在 C 语言中,一维数组除了用赋值语句或输入语句给数组元素赋值之外,还可以在定义一维数组的同时给数组元素赋值,称为一维数组的初始化。

一维数组初始化的一般形式为：

「存储类型」类型说明符　数组名[整型常量表达式]={初始值列表}

其中：

(1) 初始值列表中的数据用逗号分开，数据个数一定不大于数组的长度。例如：

```
int a[8]={1,2,3,4,5,6,7,8};
```

编译系统会按照数据与数组元素的对应顺序一一赋值，即第1个数据“1”赋给数组元素a[0]、第2个数据“2”赋给a[1]、……、第8个数据“8”赋给a[7]。初始化后的数组a状态如图6.3所示。

	a[0]	a[1]	a[2]	a[3]	a[4]	a[5]	a[6]	a[7]
a	1	2	3	4	5	6	7	8

图6.3　一维数组a的初始化状态图

【例6.4】 根据输入的月份判断该月有多少天(不考虑闰年的情况)。

```
#include<stdio.h>
void main()
{
    int days[12]={31,28,31,30,31,30,31,31,30,31,30,31},month;
    //对一维数组days进行初始化,初始值分别是从1月份开始各个月份对应的天数
    printf("Please enter a month(1=Jan.,2=Feb.,etc.)");//输入表示月份的数字
    scanf("%d",&month);
    if (month>=1&&month<=12)                        //如果输入值合理则输出相应天数
        printf("The number of days in month %d is %d\n",month,days[month-1]);
    else                                            //输入值不合理则输出提示信息
        printf("Invalid number! ");
}
```

对一维数组days进行初始化，数组元素days[0]～days[11]分别存放着1月份到12月份的天数。根据用户输入的月份值，程序输出相对应月份的天数。

(2) 对全部数组元素初始化时可以省略数组长度，C语言编译系统会自动根据列表中的数据个数确定数组长度。例如：

```
int a[8]={1,2,3,4,5,6,7,8};
```

也可写成

```
int a[]={1,2,3,4,5,6,7,8};
```

(3) 当初始值列表中的初值个数少于数组元素个数时，只能给前面的元素赋值，剩余未赋值的数组元素将自动初始化为0。例如：“int a[8]={8,6,3};”，数组元素a[0]值为8，a[1]为6，a[2]为3，其余5个元素为0。

但是“int a[8]={8,,3};”或者“int a[8]={,,3};”是错误的，初始化只能从第一个元素开始顺序赋值，中间不能跳跃。如果数组中的元素要全部赋值为0，可以简写成：“int a[8]=

{0}；”，如例 6.5 所示。

【例 6.5】 将数组元素初始化为 0。

```
#include <stdio.h>
void main()
{
    int a[8] = {0}, i;
    for(i = 0; i < 8; i++)
        printf("%d  ", a[i]);
}
```

程序运行结果如下：

```
0 0 0 0 0 0 0 0
```

(4) 如果数组不进行初始化，则元素值为随机数，如例 6.6 所示。

【例 6.6】 数组元素不进行初始化。

```
#include <stdio.h>
void main()
{
    int a[8], i;
    for(i = 0; i < 8; i++)
        printf("%d  ", a[i]);
}
```

程序运行结果显示一行随机数。其中只定义数组未初始化，不能写成“int a[8]={}；”。

注意：例 6.6 程序中数组 a 的定义中省略了前面的自动类型 auto，数组元素都被分配在栈区并且具有动态生存期，所以在未初始化的情况下数组元素都是随机数。而如果是 static 型数组或全局数组，其元素会被自动赋值为 0，如例 6.7 所示。

【例 6.7】 static 型数组未初始化时数组元素的赋值情况。

```
#include <stdio.h>
void main()
{
    static int a[8];
    int i;
    for(i = 0; i < 8; i++)
        printf("%d  ", a[i]);
}
```

程序运行结果如下：

```
0 0 0 0 0 0 0 0
```

6.2 二维数组

前面使用的都是一维数组，也就是引用数组元素时只需一个下标。一维数组的逻辑结构如图 6.2 所示，我们可以把一维数组看作只有一行数据的数组。而二维数组可以具有多行数据，它的逻辑结构形式与矩阵类似，引用数组元素时需要两个下标。例如，可以使用

表6.1所示的表格记录某商店举办文具特价活动的价格表。

表6.1 文具价格表

单位：角

	1件	2件	3件	4件	5件
胶水	15	28	40	51	62
自动笔	20	36	48	60	70
橡皮擦	10	18	24	30	35
直尺	30	58	84	106	128

这个表格的行代表某一种文具，列代表购买的数量，行和列的交叉点上的数值代表购买相应数量的这种文具的价格。比如第二行第三列的48表示买3根自动笔要用四块八毛钱。这是二维数组应用的一个实例。例6.8的功能为由用户输入购买哪一种文具和购买的数量，程序运行结果给出其所需花费的钱数。

【例6.8】 文具特价活动程序。

```
#include<stdio.h>
void main()
{
    int price[4][5] = {{15,28,40,51,62},
                       {20,36,48,60,70},
                       {10,18,24,30,35},
                       {30,58,84,106,128}};          //用表中价格对二维数组进行初始化
    int kind,amount,cost;
    printf("Please enter the kind:1 = 胶水 2 = 自动笔 3 = 橡皮擦 4 = 直尺\n");
    scanf("%d",&kind);
    printf("Please enter the amount:\n");
    scanf("%d",&amount);
    //用数组名和两个下标值来引用二维数组的每一个元素
    printf("The cost is %d .\n",price[kind - 1][amount - 1]);
}
```

程序运行结果如下：

```
Please enter the kind:1 = 胶水  2 = 自动笔  3 = 橡皮擦  4 = 直尺
2
Please enter the amount:
3
The cost is 48 .
```

本节主要学习二维数组的定义、使用和初始化。

6.2.1 二维数组的定义

数组元素有两个下标的数组称为二维数组，其定义的一般格式为：

「存储类型」数据类型 数组名[第一维整型常量表达式][第二维整型常量表达式]

其中：

(1) 存储类型、数据类型和数组名的含义与一维数组的定义相同。

(2) 第一维整型常量表达式表示二维数组的第一维(也称为行)的长度,第二维整型常量表达式表示二维数组的第二维(也称为列)的长度。

(3) 二维数组所包含元素个数的计算公式为:第一维整型常量表达式×第二维整型常量表达式。二维数组元素个数也称为二维数组的长度。

例如:“int a[2][3];”定义了一个二维数组 a,每个数组元素都是整型的。数组 a 中包含 6(即 2×3)个元素,分别是 a[0][0]、a[0][1]、a[0][2]、a[1][0]、a[1][1]、a[1][2]。

(4) C 语言程序运行时,编译系统会为二维数组分配一片连续的内存空间,按行优先原则存储数组中的各个元素值,上面定义的二维数组 a 的物理结构如图 6.4 所示。其中,每个元素都是 int 型,占用 4B 的内存空间;数组名代表这段内存空间的首地址,在此处 a 代表 3000。数组元素 a[i][j]的地址计算公式为:数组名+(i×第二维整型常量表达式+j)×sizeof(数据类型)。如 a[1][2]的地址(用 &a[1][2]表示)为:&a[1][2]=a+(1×3+2)×4=3020。

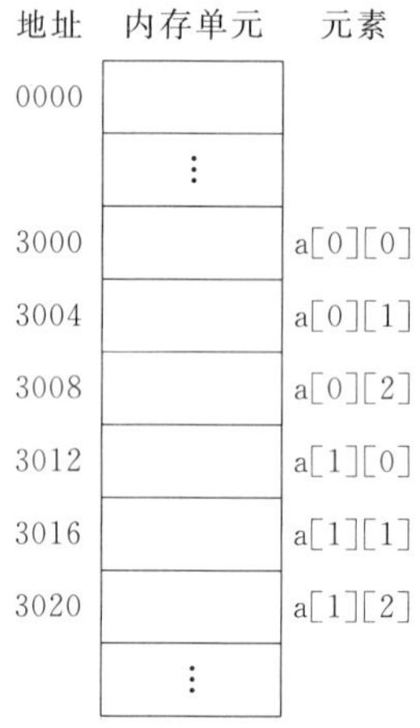

图 6.4 二维数组 a 的物理结构图

同样,在使用二维数组时,读者更关注数组中元素之间的逻辑关系。与二维数组在实际存储中的行优先原则相对应,其逻辑结构也采用行优先方式描述。一般可以用图 6.5 中的两种方式表示二维数组 a 的逻辑结构。

a[0][0]	a[0][1]	a[0][2]
a[1][0]	a[1][1]	a[1][2]

$$\begin{bmatrix} a[0][0] & a[0][1] & a[0][2] \\ a[1][0] & a[1][1] & a[1][2] \end{bmatrix}$$

图 6.5 二维数组 a 的逻辑结构图

在二维数组的实际应用中,通过灵活使用第一维和第二维下标,我们可以按照行优先和列优先两种方式访问数组元素。下面例 6.9 和例 6.10 分别实现了行优先、列优先方式输入二维数组中的数据并输出。

【例 6.9】 按行优先方式输入数据并输出。

```
#include <stdio.h>
void main()
{
```

```
    int i,j,a[2][3];                     //定义一个2行3列的二维数组a,i是行下标,j是列下标
    printf("Enter data by line:\n");
    for(i = 0;i < 2;i++)                 //从矩阵的最上面一行开始,对每一行进行相同操作
        for(j = 0;j < 3;j++)             //当前行中从左到右依次对每个数组元素进行相同操作
            scanf("%d",&a[i][j]);        //利用标准输入函数读入数组元素
    printf("The array is:\n");
    for(i = 0;i < 2;i++)
    {
        for(j = 0;j < 3;j++)
            printf("%-3d",a[i][j]);
        printf("\n");
    }
}
```

程序运行结果如下：

```
Enter data by line:
1 3 5 7 9 11
The array is:
1  3  5
7  9  11
```

【例6.10】 按列优先方式输入数据并输出。

```
#include <stdio.h>
void main()
{
    int i,j,a[2][3];                     //定义一个2行3列的二维数组a,i是行下标,j是列下标
    printf("Enter data by column:\n");
    for(j = 0;j < 3;j++)                 //从矩阵的最左面一列开始,对每一列进行相同操作
        for(i = 0;i < 2;i++)             //在当前列中从上到下依次对每个数组元素进行相同操作
            scanf("%d",&a[i][j]);        //利用标准输入函数读入数组元素
    printf("The array is:\n");
    for(i = 0;i < 2;i++)
    {
        for(j = 0;j < 3;j++)
            printf("%-3d",a[i][j]);
        printf("\n");
    }
}
```

若要生成与例6.9相同的二维数组,我们可以这样输入：

```
Enter data by line:
1 7 3 9 5 11
The array is:
1  3  5
7  9  11
```

(5) 如果把二维数组的每一行看作一个整体,我们可以把二维数组当作特殊的一维数组,这个一维数组的每个元素都是一个一维数组。例如,二维数组a[2][3]可以看成是由两个元素a[0]和a[1]组成的特殊一维数组,而a[0]和a[1]都是分别包含3个元素的一维数

组。因为a[0]和a[1]是一维数组的名字,所以a[0]代表本身一维数组(二维数组第一行)的内存首地址,a[1]代表第二行的首地址。对照上面的图6.4,a[0]就是地址3000,a[1]就是地址3012。

另外,编译系统会根据二维数组的类型及第二维的长度自动确定所对应的内存字节数。因而二维数组元素a[i][j]的地址可以写成a[i]+j。即例6.10中的"scanf("%d",&a[i][j]);"可以改写为"scanf("%d",a[i]+j);"。

6.2.2 二维数组的使用

与一维数组相同,二维数组定义后不可直接使用整个数组,通常通过引用行、列下标来对数组元素进行存取操作。二维数组元素的引用格式如下:

```
数组名[行下标表达式][列下标表达式]
```

行、列下标表达式是一个整型表达式或能转换为整型表达式的字符型表达式。

例如:

```
int a[2][3];            //定义了一个2行3列的整型二维数组a
a[0][1] = 3;            //表示引用数组的第1行第2列元素a[0][1],并将其赋值为3
```

注意:

(1) 防止下标越界问题。在C语言中,二维数组行下标的有效范围是0至行长度减1,列下标的有效范围是0至列长度减1。如有定义"int a[2][3];",数组a的行下标有效范围是0~1,列下标有效范围是0~2。下标如果越界会产生和一维数组下标越界同样的问题。

(2) 引用元素时要严格区分行下标和列下标。当有定义"int a[2][3];"时,a[1][2]表示数组a的第2行第3列的元素,属于数组a的合法元素;而a[2][1]不在数组a的有效范围之内,因为数组a中不存在第3行第2列元素。

(3) 在二维数组中,用两个方括号同时标明行下标值和列下标值才能正确引用数组元素。只有一个方括号指的是数组中某一行,如有定义"int a[2][3];",则a[0]表示数组a的第一行(包含3个元素的一维数组),a[1]表示数组a的第二行。

【例6.11】 编程实现矩阵转置。

程序分析:矩阵转置就是将二维数组的行和列互换。定义两个二维数组a和b,其第一维和第二维长度互换;转置过程就是把数组a中的元素a[i][j]赋值给数组b中的b[j][i]。

```
#include <stdio.h>
void main()
{
    int a[2][3],b[3][2],i,j;          //定义2行3列的数组a存储原矩阵
                                      //定义3行2列的数组b存储转置之后的矩阵
    printf("Enter array a:\n");
    for(i = 0;i < 2;i++)              //以行优先方式输入数组a的数据
        for(j = 0;j < 3;j++)
            scanf("%d",&a[i][j]);
    printf("The array a is:\n");
    for(i = 0;i < 2;i++)
    {
```

```
        for(j = 0;j < 3;j++)
        {printf(" % - 3d",a[i][j]);    //输出显示数组 a 的每个元素
         b[j][i] = a[i][j];            //将 a 中各元素赋值给存储转置矩阵的数组 b 的相应元素
        }
        printf("\n");
    }
    printf("The array b is:\n");
    for(i = 0;i < 3;i++)
    {
        for(j = 0;j < 2;j++)
            printf(" % - 3d",b[i][j]);//输出显示数组 b 的每个元素
        printf("\n");
    }
}
```

程序运行结果如下：

```
Enter array a:
1 3 5 7 9 11
The array a is:
1  3  5
7  9  11
The array b is:
1  7
3  9
5  11
```

6.2.3 二维数组的初始化

二维数组初始化是在数组定义时将初值写入花括号中赋值给数组元素，其方式有以下几种。

(1) 分行赋初值，除了最外层的花括号，每行的初值分别用内层花括号括起来。例如：

```
int a[2][3] = {{1,2,3},{4,5,6}};
```

初始化后的数组 a 状态如下：

$$\begin{bmatrix} 1 & 2 & 3 \\ 4 & 5 & 6 \end{bmatrix}$$

(2) 按数组元素在内存中的分配规律顺序赋值，只用最外层花括号。例如：

```
int a[2][3] = {1,2,3,4,5,6};
```

此方法与前一种方法效果相同。但是数据的行列位置不直观，当数组元素较多时容易遗漏数据，造成赋值错位，并且不利于检查。我们可以把每行的初值放在单独一行语句中，这样可以提高程序的可读性。比如上面的数组定义可以改写如下：

```
int a[2][3] = {1,2,3,
               4,5,6};
```

对于分行赋值方式也可以这样处理来提高可读性。

(3) 对部分元素赋初值,没有被赋值的元素自动赋值为 0。例如:

```
int a[2][3] = {{1},{4}};
```

初始化后的数组 a 状态如下所示:

$$\begin{bmatrix}1 & 0 & 0\\4 & 0 & 0\end{bmatrix}$$

但不可以越过前面的元素直接对后面的元素赋值,例如:

```
int a[2][3] = {{,2},{,,6}};
```

是错误的。如果只给第 1 行第 2 列和第 2 行第 3 列的元素赋值,可以写作:

```
int a[2][3] = {{0,2},{0,0,6}};
```

初始化后的数组 a 状态如下:

$$\begin{bmatrix}0 & 2 & 0\\0 & 0 & 6\end{bmatrix}$$

(4) 二维数组初始化可以缺省第一维长度,但第二维长度不能缺省。

采用分行赋值法时,如果内层花括号的个数与二维数组的行数相同,可以省略第一维长度,编译系统会根据内层花括号的对数确定第一维的长度;但是如果内层花括号的个数与二维数组的行数不同,为了正确定义二维数组必须说明第一维长度。例如:

```
int a[][3] = {{0,2},{0,0,6}};
```

其中只有两个内层花括号,编译系统认为数组 a 是 2 行 3 列的,也就是与“int a[2][3]={{0,2},{0,0,6}};”等价。如果要定义一个 3 行 3 列的数组,必须这样定义:“int a[3][3]={{0,2},{0,0,6}};”此时数组 a 的状态为:

$$\begin{bmatrix}0 & 2 & 0\\0 & 0 & 6\\0 & 0 & 0\end{bmatrix}$$

没有内层花括号并按内存分配规律顺序赋值时,编译系统根据所赋初值个数和第二维长度确定第一维的长度。方法是用初值的个数除以第二维的长度,能够除尽时所得的商就是第一维长度,不能除尽时用所得的商+1 就得到第一维的长度。例如:

“int a[][3]={1,2,3,4,5,6};”与“int a[2][3]={1,2,3,4,5,6};”等价。

又如“int a[][3]={1,2,3,4};”初始化后数组 a 的状态为:

$$\begin{bmatrix}1 & 2 & 3\\4 & 0 & 0\end{bmatrix}$$

【例 6.12】 求一个 3 行 4 列矩阵中的最大值及其行、列下标。

程序分析:首先定义一个变量来存放最大值,通常先把第一个数(第一行第一列的元素)当作最大值,按照一种访问顺序(行优先或列优先)依次访问每个数组元素,如果有更大值则修正最大值变量;要求最大值下标,则先记录第一个数的位置(第一行第一列元素下标值 0、0),在最大值变量需要修正时记录新的位置。

```
#include <stdio.h>
void main()
{
    int i,j,row = 0,column = 0,max;     //row 记录最大值的行下标,column 记录列下标
    int a[3][4] = {{1,2,3,4},{9,8,7,6},{-10,10,-5,2}};
    max = a[0][0];                      //先把第一行第一列的元素当作最大值
    for(i = 0;i<3;i++)                  //按照行优先方式顺序访问每个数组元素
        for(j = 0;j<4;j++)
            if(a[i][j]> max)            //如果当前数组元素比最大值变量中存储的值更大
            {
                max = a[i][j];          //修正最大值变量中存储的值
                row = i;                //记录修正后最大值的行下标
                column = j;             //记录修正后最大值的列下标
            }
    printf("max = %d,row = %d,column = %d\n",max,row,column);
}
```

程序运行结果如下：

```
max = 10,row = 2,column = 1
```

另外，如果不进行初始化，则自动类型的二维数组元素值为随机数，而 static 型数组或全局数组元素会被自动赋值为 0，这与一维数组是一致的。

6.3 字 符 串

6.3.1 字符串常量

在第 2 章曾经介绍过，字符串常量是用西文半角双引号引起来的任意字符序列。例如"Hello"和"xyz123"都是字符串常量。这些字符串常量被存储在内存的常量区，它们在程序执行过程中是不能被改变的。

字符串中的字符在内存中是连续存放的，每个字符占据 1B 的内存空间，以空字符'\0'作为字符串的结束标志。字符串结束标志'\0'也占据 1B 的内存空间。例如字符串常量"Hello"在内存中的存储方式如图 6.6 所示。

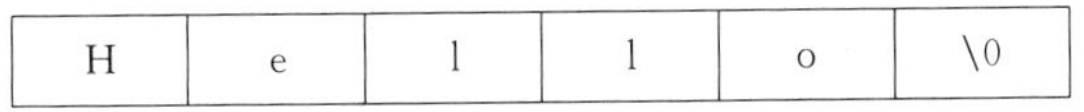

图 6.6 字符串常量的存储方式（以字符表示）

实际上字符在内存空间中是以 ASCII 形式存储的，比如字符'H'的 ASCII 值为 72（二进制形式为 01001000），字符串结束标志'\0'的 ASCII 值为 0（二进制形式为 00000000）。图 6.7 表示了字符串常量"Hello"在内存中实际存储的状态。

01001000	01100101	01101100	01101100	01101111	00000000

图 6.7 字符串常量的 ASCII 存储方式

为方便大家理解，我们通常以字符形式解释字符串问题。

例 6.11 中通过语句“printf("Enter array a:\n");”向屏幕输出提示信息及回车换行。

实际上"Enter array a:\n"就是一个字符串常量，系统自动在最后一个字符'\n'后面加了一个'\0'作为字符串结束标志。在函数 printf()进行输出操作时，每输出一个字符检查一次，看字符是否为'\0'，遇到'\0'则停止输出。

如果字符串常量太长，一行写不下，可以将字符串分成两个或多个字符串，使用回车将它们分开，系统会自动把它们连接为一个字符串。例如：

```
printf("This is the first part of a string "<CR>
       "and this is the second part.\n");
```

与

```
printf("This is the first part of a string and this is the second part.\n");
```

的运行结果相同。

只要字符串常量的每个部分都用双引号引起来，系统会将其自动连接为一个字符串。例如："printf("我""是""中国人");"与"printf("我是中国人");"运行结果相同。

6.3.2 字符串与字符数组

C 语言中没有专门的字符串变量，如果要将一个字符串以变量形式存储，必须使用字符数组，即用一个字符型数组来存放一个字符串，数组中每一个元素存放一个字符。由于在字符串的末尾必须有字符串结束标志'\0'，所以当用字符数组来存放字符串时，要保证数组长度能够存放结束标志。也就是说字符数组长度必须大于等于字符串长度加 1。

例如：使用一维字符数组存储字符串"a sunny day"，该串的长度为 11，则定义字符数组的长度应当大于或等于 12。如果指定的数组长度太小，会将部分字符串内容及结束标志存入到不属于该数组的其他内存空间中去，造成程序运行错误或逻辑错误。

1. 字符数组的定义和初始化

既然字符串能够存储在字符数组中，则可以使用数组定义和初始化方法来操作字符串。例如："char a[5]={'s','u','n','1'};"定义了一个一维字符数组 a。根据所给初值的序列，数组元素 a[0]、a[1]、a[2]、a[3]分别被赋值为字符's'、'u'、'n'和'1'，没有初值的元素 a[4]被自动初始化为空字符'\0'。进行初始化之后数组 a 的存储状态如图 6.8 所示。

	a[0]	a[1]	a[2]	a[3]	a[4]
a	s	u	n	l	\0

图 6.8 一维数组 a 的初始化状态图

有空字符'\0'作字符串结束标志，则认为数组 a 中存放的是合法字符串"sunl"。

【例 6.13】 通过对字符数组元素的赋值来实现对字符串的改变。

```
#include<stdio.h>
void main()
{
    char a[5]={'s','u','n','l'};
```

```
    printf("%s\n",a);
    a[2] = 'A';
    printf("%s\n",a);
    a[2] = '\0';
    printf("%s\n",a);
}
```

程序运行结果如下：

```
sunl
suAl
su
```

在定义并进行初始化之后，数组中存放着字符串"sunl"。我们对数组元素 a[2]重新赋值，若赋值语句为："a[2]= 'A';"，则数组 a 中存放的字符串变成了"suAl"；若赋值语句为："a[2]='\0';"，编译系统从数组 a 的首地址开始识别字符串，遇到'\0'就认为字符串结束，则数组 a 中存放的字符串变成了"su"。

由于在 C 语言中可以利用字符的 ASCII 值表示所对应的字符，因此我们可以直接用 ASCII 值进行字符串的初始化。例如：

```
char a[5] = {115,117,110,49};
```

定义了一个含有 5 个元素的数组 a，a 中各元素分别初始化为：a[0]= 's'，a[1]= 'u'，a[2]= 'n'，a[3]= '1'，a[4] ='\0'，a 数组中也是合法字符串"sunl"，其存储状态与图 6.8 一致。

我们可以用字符串常量来初始化字符数组，这样比用单个字符常量或整数进行初始化简单易用。例如："char c[13]={"a sunny day"}；"或"char c[13]="a sunny day"；"。

编译系统会将字符串中除了结束标志'\0'的各个字符依次赋给字符数组的每个元素，并将没有被赋值的元素自动初始化为空字符'\0'。数组 c 初始化之后的状态如图 6.9 所示，□表示空格字符。

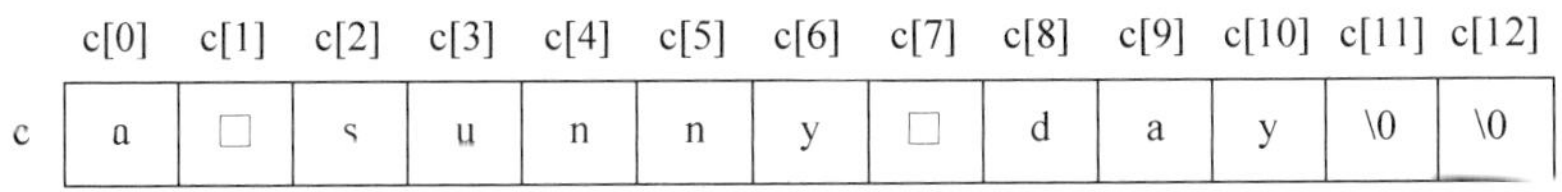

图 6.9 一维数组 c 的初始化状态图

注意：

(1) "a sunny day"是存储在内存常量区的字符串常量，初始化时只是对每个字符进行复制操作，并存储到数组 c 中相应元素位置上，对字符串常量"a sunny day"本身没有影响。

(2) 按照一维数组的初始化方法，可以采用字符常量与字符串常量混合方式给字符数组元素赋值，但是必须保证字符串常量出现在字符常量的后面。例如：

【例 6.14】 字符数组多种初始化方式。

```
#include <stdio.h>
void main()
{
    char a[] = {"I love China."},
```

```
        b[] = {'I'," love China."},                    //l之前有空格
        c[] = {'I',' ','l',"ove China."},              //第二个字符常量是空格
        d[] = {'I'," love China""."},
        e[] = {"I"" love China."};
    printf("%s\n%s\n%s\n%s\n%s\n",a,b,c,d,e);
}
```

程序运行结果为5行相同的字符串"I love China.",表明这些初始化方法是等价的。

(3) 在用字符串常量初始化字符数组时,如果没有定义数组元素的个数,编译系统会自动将字符串结束标志'\0'包含进字符数组中来。例如:

```
char c2[] = "a sunny day";
```

因为结束标志'\0'是字符串的合法的一部分,所以编译系统认为数组c2的默认长度是12,即字符串的长度加1。

(4) 由于数组名代表数组首地址,是一个地址常量,所以不能用赋值号将字符串整体赋值给字符数组。例如:"char c[12]; c="a sunny day";"是错误的,因为字符串常量"a sunny day"给出的是其在内存常量区的首地址,而c是数组的首地址,是常量不能被赋值。这时怎样给数组c中的元素赋值呢?我们可以利用单字符输入函数、字符串输入函数或字符串复制函数给数组c进行赋值,具体内容在6.3.3节和6.3.4节中讲解。

2. 字符串数组

字符串数组的本质是二维字符数组,其中每个元素都是一个存放字符串的一维数组。例如:"char c3[2][7];"定义了一个2行7列的二维字符数组,包括第一行c3[0]和第二行c3[1],其中每一行都可以存放一个字符串。由于第二维的长度是7,所以c3里面存放的字符串最大长度为6(要给字符串结束标志留出一个字节)。

在定义之后可以通过数值元素的引用来进行赋值操作。例如:

```
c3[0][0] = 's';c3[0][1] = 'u';c3[0][2] = 'n';c3[0][3] = 'n';c3[0][4] = 'y';c3[0][5] = '\0';
```

在数组第一行存放了字符串"sunny",即c3[0]中存放了字符串"sunny"。这种方式比较烦琐。

我们可以用字符串常量对二维数组进行初始化,此方式简单易用。例如:

```
char c3[2][7] = {"sunny","day"};
```

在定义字符串数组c3的同时在c3[0]中存放了字符串"sunny",在c3[1]中存放了字符串"day"。数组c3的初始化状态如图6.10所示。

c3[0]	s	u	n	n	y	\0	\0
c3[1]	d	a	y	\0	\0	\0	\0

图6.10 二维数组c3的初始化状态图

例6.15 将一个星期中每一天的英文名称存储到字符串数组中,其中"Sunday"存储于第1行,"Monday"存储于第2行,以此类推;然后将每一天的名称显示在屏幕上。

【例 6.15】 输出显示一个星期中的每一天。

```
#include<stdio.h>
void main()
{
    int i;
    char weekname[7][10] = {"Sunday","Monday","Tuesday","Wednesday","Thursday","Friday","
Saturday"};
    printf("Days of a week:\n");
    for(i = 0;i<7;i++)
        printf("%s\n",weekname[i]);
}
```

程序运行结果如下：

```
Days of a week:
Sunday
Monday
Tuesday
Wednesday
Thursday
Friday
Saturday
```

6.3.3 字符串的输入输出

1. 字符串的输入方式

(1) 利用单字符输入函数 getchar()输入字符串。例如：

```
int i; char a[200];
for(i = 0;(a[i] = getchar())!= '\n';i++);                //注意循环体为空语句
a[i] = '\0';
```

这段程序实现了每次从键盘输入一个字符，顺序赋值给字符数组 a 中各个元素，遇到回车换行符'\n'结束输入；循环结束后添加字符串结束标志'\0'，这样数组 a 中就存储了一个合法的字符串。

函数 getchar()的优点是任何可输入字符都可以作为结束输入的标志，并且可以在输入过程中对字符串进行处理；缺点是为了使字符串合法化，需要手工加上字符串结束标志。

(2) 利用标准输入函数 scanf()输入字符串。

在函数 scanf()中使用格式控制串"%c"可以逐个输入字符；而在函数 scanf()中使用格式控制串"%s"能够一次性输入一个字符串。例如：

```
int a[200]; scanf("%s",a);
```

这段程序实现了将由键盘输入的字符序列存储到数组 a 中，直到遇见空格、Tab 键或回车符等分隔符，并自动在末尾加上字符串结束标志'\0'，从而构成合法的字符串。

%s 格式输入字符串时，对应的输入项应直接用地址常量或代表地址的变量，如数组名 a 就代表数组 a 的首地址，是地址常量。

%s 的优点是格式简洁，并自动在末尾加上字符串结束标志；缺点是空格、Tab 键和回车符会被看作分隔符而无法接收。例如：

```
char c1[6],c2[6];scanf(" % s % s",c1,c2);
```

如果输入数据：a□sunny□day <CR>，中间的空格(□)被看作分隔符，而不是字符串内容，因此字符串"a"存放到数组 c1 中，字符串"sunny"被存放到 c2 中，如图 6.11 所示。而字符串"day"留在缓冲区等待下次接收。

c1	a	\0				
c2	s	u	n	n	y	\0

图 6.11　数组 c1 和 c2 的状态图

(3) 利用字符串输入函数 gets()输入字符串。

函数 gets()是包含在标准输入输出函数库中专用的字符串输入函数，其功能是：从键盘输入一个字符串(包括空格和 Tab)到数组中，以回车符作为结束输入的标志，并自动将回车符替换为字符串结束标志'\0'存入数组。函数原型为：

```
char * gets(char * str)
```

函数原型中的形参形式 char * str 是指针类型，现在只需知道使用此类函数时相应的实参用地址即可，不必深究。例如：

```
char c[13];gets(c);                    // c 为数组名，代表数组在内存空间中的首地址
```

如果输入数据：

```
A□sunny□day<CR>
```

输入后数组 c 的状态如图 6.12 所示。

	c[0]	c[1]	c[2]	c[3]	c[4]	c[5]	c[6]	c[7]	c[8]	c[9]	c[10]	c[11]	c[12]
c	A	□	s	u	n	n	y	□	d	a	y	\0	

图 6.12　数组 c 状态图

函数 gets()的优点是格式简洁，能自动处理字符串结束标志，可以接收空格和 Tab 键。

2. 字符串的输出方式

和字符串的输入相对应，字符串的输出也有三种方式。

(1) 利用单字符输出函数 putchar()输出字符串。例如：

```
int i; char a[20] = "a sunny day";
for(i = 0;a[i]!= '\0';i++)             //若当前字符不是字符串结束标志则进入循环体内部
     putchar(a[i]);                    //在每次循环中利用 putchar()输出一个字符
```

putchar()函数的优点是可以有选择地输出,可以以任何字符为输出结束标志;缺点是格式比较烦琐。

(2) 利用标准输出函数 printf()输出字符串。

在函数 printf()中使用格式控制串"%c"可以逐个输出字符;而使用"%s"可以一次性输出整个字符串。例如:

```
char a[20] = "a sunny day"; printf(" %s",a);
```

能够输出数组 a 中存放的字符串"a sunny day",注意,%s 形式不会自动加回车。

%s 的优点是格式简洁,但是必须保证末尾有结束标志'\0',否则会一直输出,直到遇到'\0'为止。

(3) 利用字符串输出函数 puts()输出字符串。

函数 puts()是包含在标准输入输出函数库中的专用字符串输出函数,其功能是:输出一个字符串,并将结束标志'\0'转换为'\n'输出。其函数原型为:

```
int puts(char * str)
```

例如:

```
char c[] = "a sunny day";puts(c);     //输出数组 c 中的字符串"a sunny day"
puts("a sunny day");                  //输出字符串常量"a sunny day"
```

puts 函数的特点是格式简洁,要求末尾必须有结束标志'\0',而且自动将结束标志转换为回车符输出。注意函数 puts()输出字符串与函数 printf()中使用"%s"输出字符串的区别,后者遇到'\0'就停止输出,不会自动输出回车符。

【例 6.16】 输入字符串,将其中的小写字母转换为大写字母并输出。

```
#include <stdio.h>
void main()
{
    char a[20];
    int i;
    printf("Enter a string containing lowercase letters:\n");
    gets(a);
    for(i = 0;a[i]!= 0;i++)
        if(a[i]> = 'a'&&a[i]< = 'z')
            a[i] -= 32;
    printf("After changing lowercase letters to uppercase ones:\n");
    puts(a);
}
```

运行程序,如果输入字符串"asERdf123",则输出结果为"ASERDF123"。

6.3.4 字符串处理函数

为方便字符串的处理,C 语言在标准函数库中提供了一些字符串处理函数。要使用这些字符串处理函数,需要在程序的开头用#include 编译预处理指令包含 string.h 头文件。

1. 求字符串长度函数 strlen()

函数原型:unsigned int strlen(const char * str)

其作用是：返回字符串的长度(不包括结束标志)。例如：

```
char c[10] = "sunny day"; int len = strlen(c);
printf(" %d",len);                    //输出数组 c 中字符串的长度 9
printf(" %d",strlen("Hello!"));       //输出字符串常量"Hello!"的长度 6
```

注意：strlen()从给定的起始地址(由参数 str 给出)开始计算，一直到字符串结束标志为止，只对合法字符串操作有效。例如：

```
char c[10];printf(" %d",strlen(c));
```

这段程序没有错误，但是结果无意义，因为数组 c 没有赋值，结果不可预料。

2. 字符串复制函数 strcpy()

函数原型：char * strcpy(char * str1,const char * str2)

其作用是：将 str2 中的字符串(包括结束标志)复制到 str1 中；str1 中原有内容被覆盖；str2 中的内容不变；函数返回 str1 的地址。例如：

```
char c1[10],c2[10] = {"sunny"};
strcpy(c1,c2);                        //将 c2 中的字符串复制到 c1 中
puts(c1);
```

程序运行结果为：sunny。

注意：

(1) str2 作为复制来源，其中必须是合法字符串，有字符串结束标志。

(2) 要保证 str1 足够大，能够容纳被复制的字符串，否则会和数组下标越界一样造成运行或逻辑错误。

(3) str2 可以是字符串常量、地址常量或地址变量表达式，但是 str1 只能为地址常量或地址变量表达式，不能为字符串常量。例如有如下定义和赋值：

```
char c1[10] = "day",c2[10] = "sunny";
char *p, *q;         //定义了指针变量 p 和 q,p 和 q 都可用来存放字符的地址
p = c1;              //p 里面存放着数组 c1 中第一个元素 d 的地址,即 p 也是数组 c1 的首地址
q = c2;              //q 是数组 c2 的首地址
```

则以下语句中：

“strcpy(c1,"sunny");”是正确的。语句功能是将字符串"sunny"复制到数组 c1 中，c1 里面原有内容被覆盖。

“strcpy(c1,c2);”是正确的。其功能是将数组 c2 中的字符串"sunny"复制到数组 c1 中。

“strcpy(p, "sunny");”是正确的。该语句功能和“strcpy(c1,"sunny");”相同。

“strcpy(c1+1,"sunny");”是正确的。此时 c1+1 表示 c1 数组中第二个元素的地址，复制后 c1 中存放的是"dsunny"。

“strcpy(p,q);”是正确的。该语句功能和“strcpy(c1,c2);”相同。

“strcpy("day","sunny");”是错误的。因为"day"是字符串常量。

3. 字符串连接函数 strcat()

函数原型：char * strcat(char * str1,const char * str2)

其作用是：将 str2 中的字符串连接到 str1 中字符串的尾部，str2 中的内容不变；连接前 str1 和 str2 中必须为合法字符串；函数返回 str1 的地址。例如：

```
char c1[22] = "Today is a",c2[22] = " sunny day!";  //初始化 c2 中第一个字符为空格
strcat(c1,c2);                              //实现将 c2 中的字符串连接到 c1 中字符串的尾部
puts(c1);                                   //运行后在屏幕上显示：Today is a sunny day!
puts(c2);                                   //在屏幕上显示："sunny day!,"第一个字符为空格
```

连接前后的数组 c1 和 c2 的状态变化如图 6.13 所示。

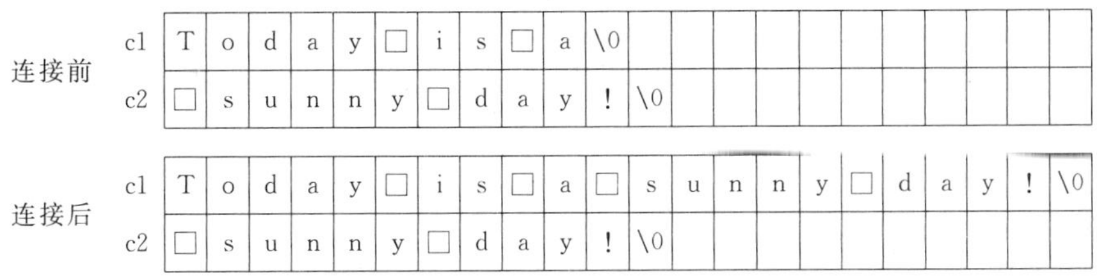

图 6.13 数组 c1 和 c2 连接前后的状态变化对比图

注意：

(1) str1 的长度必须足够大，以便能够容纳连接后的新字符串。

(2) 进行连接操作的两个字符串必须都有字符串结束标志'\0'，连接后 str1 中原结束标记被覆盖，在新字符串尾部保留一个结束标志，如图 6.13 中连接前后的 c1 字符串。如果 str1 中不是合法字符串则会出错，例如下面程序：

```
char a[10];strcat(a, "abc");puts(a);
```

由于数组 a 中元素均未赋值内容不定，编译系统会一直向后寻找字符串结束标志'\0'，这就造成越界并出现运行错误。改正方法：在定义数组之后加上语句"a[0]=0;"即可。

(3) str2 可以是字符串常量、地址常量或地址变量表达式，但是 str1 只能为地址常量或地址变量表达式，不能为字符串常量。下面的程序实现了不同参数方式的连接操作。

【例 6.17】 利用 strcat()采用不同方式的参数进行连接操作。

```
#include <stdio.h>
void main()
{
    char c1[10] = "day",c2[10] = "sunny", *p, *q;  //定义两个数组和两个指针变量
    p = c1;q = c2;                  //通过赋值操作使得 p 是数组 c1 的首地址,q 是数组 c2 的首地址
    strcat(c1,"sunny");
    //strcat(c1,c2);
    //strcat(c1 + 1,"sunny");
    //strcat(p,c2);
    //strcat(p,q);
    //strcat("day","sunny"); //出现错误,str1 不能为字符串常量
    puts(c1);
}
```

前面5种连接操作都是正确的，其结果为在c1中存放了字符串"daysunny"。其中第3种连接操作表示在c1中从第二个元素c1[1]开始的串的尾部连接c2串，连接效果一样。

4. 字符串比较函数 strcmp()

函数原型：int strcmp(const char *str1,const char *str2)

其作用是：比较字符串str1和str2的大小，如果str1小于str2，返回-1；如果str1大于str2，返回1；如果str1等于str2，返回0。

字符串大小的判断规则是：按ASCII值从左到右逐个比较str1和str2中的字符，如果遇到不相同字符，得出比较结果并停止；如果直到遇到结束标志每个相应位置上的字符都相等，则两个字符串相等。例如：

```
char c1[22] = "sunny rain!",c2[22] = "sunny day!";
int i = strcmp(c1,c2);          //字符 r 的 ASCII 值大于字符 d 的 ASCII 值,因此,i 值为 1
```

注意：

(1) strcmp()功能是比较两个字符串的大小而非长短，按ASCII值逐个比较得到结果。

(2) strcmp()只是比较字符串大小，对字符串内容不作任何改变。

(3) 比较两个字符串不能直接用关系运算符。例如：

```
if (str1 >= str2) { … }
```

是判断str1和str2内存地址的大小而非内容。

要想实现两个字符串的比较一般采用如下方法：

```
if (strcmp(str1,str2)>= 0)    { … }
```

下面的程序利用字符串比较函数在输入的字符串中找到最大串并输出。

【例6.18】 输入N个字符串，输出其中最大串。

程序分析：求最大问题的通常做法是先将第一个记录为最大，然后向后搜索并依次比较，若找到更大者则修正最大记录。字符串个数N在主函数main()之前用符号常量定义。字符串输入最好用的是gets()函数，它可以接收空格和Tab键。N个字符串可以存放到二维字符数组中，利用循环结构实现字符串的输入。字符串的比较用strcmp()函数实现，用puts()函数实现输出。

```
#include <stdio.h>
#include <string.h>
#define N 3                                      //定义符号常量 N
void main()
{
    char string[N][50];  int i,max;
    printf("Enter %d strings:\n",N);
    for(i = 0;i<N;i++)                           //输入 N 个字符串
        gets(string[i]);
    max = 0;                                     //先把第一个串记录为最大串
    for(i = 1;i<N;i++)
        if (strcmp(string[max],string[i])< 0)    //如果搜索到新串比记录的串更大
            max = i;                             //记录新串的位置修正最大串
```

```
    printf("The biggest string is:\n");
    puts(string[max]);                        //输出最大串
}
```

程序运行结果如下：

```
Enter 3 strings:
qwe
qwabc
qwzx
The biggest string is:
qwzx
```

6.4 典型例题

【例 6.19】 有定义："char a[]="xyz",b[]={'x','y','z'};",以下叙述中正确的是(   )。

A. 数组 a 和 b 的长度相同　　B. a 数组长度小于 b 数组长度

C. a 数组长度大于 b 数组长度　　D. 上述说法都不对

程序分析：用一组单个字符初始化一个缺省长度的数组时，字符的个数即为数组的长度，因此 b 数组长度为 3；而用字符串初始化一个缺省长度的数组时，除了要存储字符串中的字符，还要存储字符串结束标志，数组长度为字符串长度加 1，因此 a 数组长度为 4。所以，正确答案为 C。

【例 6.20】 有以下程序：

```
main()
{
    int x[3][2] = {0}, i;
    for(i = 0;i < 3;i++)    scanf(" % d",x[i]);
    printf(" % 3d % 3d % 3d\n",x[0][0],x[0][1],x[1][0]);
}
```

若运行时输入：2 4 6 <回车>，则输出结果为(   )。

A. 2 0 0　　B. 2 0 4　　C. 2 4 0　　D. 2 4 6

程序分析：数组 x 为 3 行 2 列的二维数组，x 为二维数组的首地址，x[i]为第 i+1 行的首地址，相当于 &x[i][0]，因此 for 循环接收的 2、4、6 三个数据分别被存放到了 x[0][0]、x[1][0]和 x[2][0]中，而其他元素的值都被初始化为 0。因此，选项 B 为正确答案。

【例 6.21】 下面程序运行后，其输出是(   )。

```
# include < stdio.h >
main()
{
    char s[30] = "abcdefg",t[ ] = "abcd";
    int i = 0, j = 0;
    while( s[i]!= '\0')   i++;
    while(t[j]!= '\0')
    {   s[i + j] = t[j];
        j++;
```

```
    }
    s[i+j]='\0';
    printf("%s\n",s);
}
```

A. abcdabcdefg　　B. abcdefg　　C. abcd　　D. abcdefgabcd

程序分析：第一个 while 循环的功能是寻找数组 s 中字符串的结束标志所在位置，循环结束后 i 值为 7，正好是结束标志所在位置的下标。第二个 while 循环是将数组 t 中的字符串依次存放到数组 s 中原有字符串的后面。存放完毕后在新串的最后加一个结束标志以构成一个合法字符串。因此程序实现了与函数 strcat()相同的字符串连接功能。答案为 D。

【例 6.22】 编程实现用选择法将 5 个整数由小到大排序。

程序分析：选择排序的核心思想是在未排序数据中找出最小值并交换到未排序序列的第一个位置上。如此反复，直到全部数据排序完毕。假定初始序列为 7、3、1、5、9，选择排序的过程如下，实箭头表示应该换到的位置，虚箭头表示最小值位置，如图 6.14 所示。

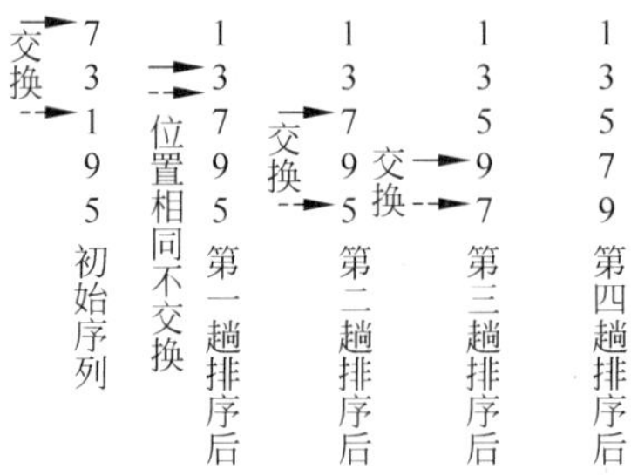

图 6.14 选择排序过程示意图

程序如下：

```
#include<stdio.h>
void main()
{
    int i,j,t,a[5],min;              //定义变量 min 记录未排序序列中最小值的下标
    printf("Enter 5 integers: \n");
    for (i=0;i<5;i++)
       scanf("%d",&a[i]);
    for (i=0;i<5-1;i++)
    {
        min=i;                       //将当前未排序序列的第一个数当作最小值,记录其下标
        for (j=i+1;j<5;j++)          //将最小值与后面的数依次比较
            if(a[min]>a[j])          //若找到更小值
                min=j;               //则记录新的最小值的下标
        if(min!=i)                   //如果求得的最小值下标不是当前未排序序列的第一个位置
        {
            t=a[i];                  //将最小值交换到当前未排序序列的第一个位置上
            a[i]=a[min];
            a[min]=t;
        }
    }
     printf("After sorted :\n");
```

```
    for (i = 0;i < 5;i++)
        printf(" %5d",a[i]);
    printf("\n");
}
```

程序运行结果如下：

```
Enter 5 integers:
7 3 1 5 9<CR>
After sorted :
1  3  5  7  9
```

【例 6.23】 在非递减序列中使用折半查找法查找一个数是否存在。

程序分析：折半查找的思想是取中间数据与给定数据作比较，如果相等则查找成功并输出其位置，程序结束；否则，如果给定数据大于中间数据，则在以中间数据加 1 为起点的后半部分查找；如果给定数据小于中间数据，则在以中间数据减 1 为终点的前半部分查找。如果直到查找范围缩小至小于等于 0 仍未找到，说明原始序列中不存在要查找的数据，程序结束。图 6.15 展示了查找数据“1”的过程。

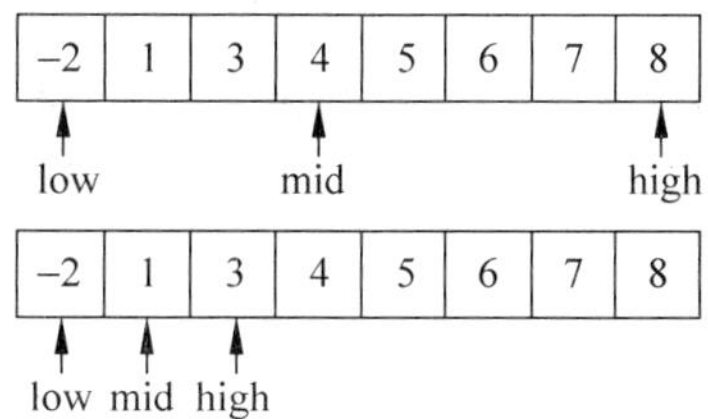

图 6.15 折半查找过程示意图

```
#include <stdio.h>
#define m 8
void main()
{
    int a[m] = { - 2,1,3,4,5,6,7,8};
    int n, low, high, mid, found;
    low = 0;high = m - 1;               //查找范围的上限与下限赋初值
    found = 0;                          //查找标志,0 为没找到,1 为找到
    printf("Enter a number for search:");
    scanf(" %d",&n);                    //输入所要查找的数
    while(low <= high)                  //折半查找过程
    {
        mid = (low + high)/2;           //求出最中间位置下标,即找到最中间的数
        if(n == a[mid])
        {   found = 1;break;   }        //若找到相同值则给查找标志赋值为 1 并退出循环
        else                            //未找到,尚需判断在前半部分还是后半部分继续查找
            if (n > a[mid]) low = mid + 1;//查找范围为后半部分
            else high = mid - 1;        //查找范围为前半部分
    }
    if (found)                          //查找标志为 1 表示查找成功,则输出其位置,即下标
        printf("The index of %d is %d.\n",n,mid);  //输出查找到的数及其下标
    else                                //查找标志为 0 表示查找失败
```

```
        printf("There is no %d.\n",n); //输出查找失败信息
}
```

6.5 综合案例

学习了数组的知识后，学生成绩管理系统中的学生基本信息数据的存储有了较好的解决方案。学生基本信息的具体定义如下：

```
char no[8];                           //学号长度为7,最后一个字符存储字符串结束标志
char name[20];                        //姓名允许添加除名字之外的注释信息,如张伟(大)
char gender;                          //性别,存储字符M或F,如果输入m,则存储时修改为M
float score[NUM_SUBJECT];             //存储SUM_SUBJECT门课程的成绩,
                                      //SUM_SUBJECT是用#define命令定义的正整数
float total;                          //总分
float average;                        //平均分
```

在学生成绩管理系统的功能中，显示所有学生信息、根据学号查询学生信息、根据学号进行排序等功能都可以实现。因为描述同一个学生的不同信息还不能组成一个有机的整体，所以要分别进行存储，简便起见，仅存储学号和姓名两部分信息。下面仅以功能稍复杂的按学号排序为例，说明应用数组的实现方式，读者可自行仿照实现其他功能。按学号排序功能的参考源代码如下：

```
#include <stdio.h>
int main()
{ //以初始化方式确定5个学生的学号和姓名,其中1401001是Wang Min的学号
    char no[5][8] = {"1401001","1401025","1401015","1401003","1401009"};
    char name[5][20] = {"Wang Min","Li Jiayi","Zhi Menya","Ding Ming", "Feng Shuo"};
    char tempno[8],tempname[20];          //存放学号和姓名的临时空间
    int i,j;
    printf("\n原始学生信息顺序:\n");
    for(i=0;i<5;i++)
        printf("%s %s\n",no[i],name[i]);
    //利用选择法进行排序
    for(i=0;i<4;i++)
        for(j=i+1;j<5;j++)
            if(strcmp(no[i],no[j])>0)
            {   //交换学号
                strcpy(tempno,no[i]);
                strcpy(no[i],no[j]);
                strcpy(no[j],tempno);
                //交换姓名,以保持同步
                strcpy(tempname,name[i]);
                strcpy(name[i],name[j]);
                strcpy(name[j],tempname);
            }
    printf("\n排序后的学号顺序:\n");
    for(i=0;i<5;i++)
        printf("%s %s\n",no[i],name[i]);
}
```

在前面章节实现的登录功能中,用户名和密码定义为整型,只能是一串数字,学习完本章内容后,可以将用户名和密码定义为字符数组,用户名和密码也可以是字母、数字或两者的组合。下面仅给出单次登录功能的核心代码,请读者自行改进第5章的登录功能。

```
#include <stdio.h>
#include <string.h>
int main()
{
    char name[] = "admin",pwd[] = "my123";          //正确的用户名和密码
    char username[10],userpwd[10];                  //用户输入的用户名和密码
    //输入用户名和密码
    printf(" ******** 请输入用户名: ");
    gets(username);
    printf(" ******** 请输入密码: ");
    gets(userpwd);
    //如果用户名和密码正确,则显示登录成功
    if(strcmp(name,username) == 0&&strcmp(pwd,userpwd) == 0)
        printf("\n登录成功!\n");
    else                                            //否则显示错误提示信息
        printf("\n用户名或密码错误!\n");
}
```

习 题

一、选择题

1. 下列一维数组初始化语句中,正确的是(   )。
   A. int a[5]={,2,3,4};
   B. int a[5]={};
   C. int a[5]={5*2};
   D. int a[5]={1,2,3,4,5,6};

2. 下列程序段正确的是(   )。
   A. int i,a[5];for(i=0;i<5;i++) a[i]=(i+1)*10;
   B. int a[5];a={10,20,30,40,50};
   C. int a[5];a[1]=10;a[2]=20;a[3]=30;a[4]=40;a[5]=50;
   D. int a[5];a[5]={10,20,30,40,50};

3. 若有说明"int a[3][4];",则对其数组元素的正确引用是(   )。
   A. a[2][1+2]
   B. a(2)(3)
   C. a[2,3]
   D. a[3][4]

4. 下列二维数组初始化语句中,正确的是(   )。
   A. int a[2][3]={{1,2},{3,4},{5,6}};
   B. float a[3][]={1,2,3,4,5};
   C. int a[][3]={1,2,3,4,5};
   D. int a[2][3]={{1,2},{},{3,4}};

5. 有以下定义:

```
int a[] = {0,1,2,3,4};
char c1 = 'b',c2 = '1';
```

则数值为3的表达式是(   )。

A. a[2]　　B. 'e'－c1　　C. a[4－c2]　　D. c2＋2

6. 以下给字符数组 str 定义和赋值正确的是(　　)。

A. char str[10]; str={"China!"};

B. char str[ ]={"China!"};

C. char str[10]; strcpy(str,"abcdefghijkl");

D. char str[10]={"abcdefghijkl"};

7. 下列对字符串的操作不正确的是(　　)。

A. char c[3][5]={"ABCD"};

B. char c[5]={'A','B','C','D', '\0'};

C. char c[4];scanf("%s",c);

D. char c[4];c="ABCD";

8. 请选择以下程序段的输出结果(　　)。

```
#include <stdio.h>
void main()
{int i = 0;
char s[] = "ABCD";
for(;i<4;i++)
    printf("%s\n",s + i);
}
```

A. ABCD
BCD
CD
D　　B. A
B
C
D　　C. D
C
A
B　　D. ABCD
ABC
AB
A

9. 下列叙述中错误的是(　　)。

A. 字符数组中的字符串可以整体输入输出

B. 字符数组可以存放字符串

C. 可以在赋值语句中对字符数组整体赋值

D. 不可以用关系运算符对字符数组中的字符串进行比较

10. 对下面程序叙述正确的是(　　)。

```
char p[] = {'a','b','c'},q[10] = {'a','b','c'};
printf("%d %d",strlen(p),strlen(q));
```

A. 在给 p 和 q 初始化时系统自动添加字符串结束标志,所以输出长度都为 3

B. p 数组没有结束标志长度不定,而 q 数组长度为 3

C. q 数组没有结束标志长度不定,而 p 数组长度为 3

D. p 和 q 数组中都没有结束标志长度不定

11. s1 和 s2 是已经正确定义的两个字符数组,里面分别存储了一个合法字符串;若要求当 s1 串大于 s2 串执行语句 S,正确的是(　　)。

A. if(s1>s2) S;　　B. if(strcmp(s1,s2)) S;

C. if(strcmp(s2,s1)>0) S;　　D. if(strcmp(s1,s2)>0) S;

12. 下面程序运行后的结果为(　　)。

```
#include <string.h>
void main()
{
    char p[20] = { 'a','b','c','d'},q[] = "abc",r[] = "abcde";
    strcat(p,r);
    strcpy(p+strlen(q),q);
    printf("%d\n",strlen(p));
}
```

A. 9　　B. 6　　C. 11　　D. 7

二、填空题

1. 有定义:“float b[20];”,则数组 b 共有________个元素,其中的第一个元素为________,最后一个元素为________,数组 b 的起始地址为________,数组在内存中占用________个字节的连续空间。

2. 以下程序的运行结果是________。

```
#include <stdio.h>
void main()
{int i;
 int a[] = {5,10,15,20,25};
 for(i = 4;i >= 0;i--)
 printf("%3d",a[i]);
}
```

3. 以下程序的执行结果是________。

```
#include <stdio.h>
void main()
{int i;
 int a[3][2] = {5,10,15,20,25};
 for(i = 0;i < 2;i++)
 printf("%d",a[2 - i][1 - i]);
}
```

4. 以下程序的执行结果是________。

```
#include <stdio.h>
#include <string.h>
void main()
{char ch[8] = {'s','u','n','n','y'};
 printf("%d  %d",strlen(ch),strlen(ch + 2));
}
```

5. 以下程序执行时输入 Hello world! <回车>,则程序的结果是________。

```
#include <stdio.h>
void main()
{char ch1[20],ch2[20];
 scanf("%s",ch1);gets(ch2);
```

```
 printf("ch1 = %s\nch2 = %s\n",ch1,ch2);
}
```

6. 运行下面程序,输入 qwe345HJK9,结果是________。

```
#include <stdio.h>
void main()
{ int i = 0,count1 = 0,count2 = 0;
  char s[20];
  printf("请输入由字母和数字组成的字符串: ");
  gets(s);
  while(s[i]!= '\0')
  {    if(s[i]>= 'a'&&s[i]<= 'z'||s[i]>= 'A'&&s[i]<= 'Z')
            count1++;
       else
            if(s[i]>= '0'&&s[i]<= '9')
                count2++;
            i++;
  }
  printf("%d,%d\n",count1,count2);
}
```

7. 运行程序,输入 abcxyz,运行结果是________。

```
#include <stdio.h>
#include <string.h>
void main()
{char s[20],ch;int i = 0;
 printf("请输入字符串: ");
 gets(s);
 while(s[i]!= '\0')
     {s[i] += 3;
      if (s[i]>'z')
          s[i] -= 26;
      i++;
      }
  puts(s);
}
```

8. 下面程序功能是输入 N 个串找出其中最小者,填空。

```
#include <stdio.h>
#include <string.h>
#define N 3
void main()
{    char string[N][50];int i,min;
     printf("Enter %d strings:\n",N);
     for(i = 0;i < N;i++)
         gets(________);
     min = 0;
     for(i = 1;i < N;i++)
         if(strcmp(________,string[i])> 0)
```

```
            min = i;
    printf("The least string is:\n")
    puts(________);
}
```

三、程序设计题

1. 输入10个同学的成绩,统计80分以上和不及格的人数,并输出平均值。

2. N个整数从小到大排列,输入一个新数插入其中,使N+1个整数仍然有序。

3. 在屏幕上显示300以内的素数,并将这些素数存放在一维数组中。

4. 通过键盘分别向一维数组a和一维数组b中输入数据(a和b数组的大小自己定义),把在两个数组中都出现的数据打印出来,并指出其在a和b中的位置(即下标)。

5. 计算一个 $N \times N$ 矩阵的主对角线元素之和。

6. 编写程序形成如下矩阵:

$$\mathbf{A} = \begin{bmatrix} 1 & 1 & 1 & 1 & 1 \\ 2 & 1 & 1 & 1 & 1 \\ 3 & 2 & 1 & 1 & 1 \\ 4 & 3 & 2 & 1 & 1 \\ 5 & 4 & 3 & 2 & 1 \end{bmatrix}$$

7. 已知 $n+1$ 个数 $a_0, a_1, \cdots, a_n$,试将这 $n+1$ 个数排列成一个如下的对称方阵:

$$\begin{bmatrix} a_0 & a_1 & \cdots & a_n \\ a_1 & a_0 & \cdots & a_{n-1} \\ \vdots & \vdots & & \vdots \\ a_n & a_{n-1} & \cdots & a_0 \end{bmatrix}$$

8. 任意给定自然数 n,试用自然数 $1,2,\cdots,n^2$ 构造回旋状方阵。例如,当 $n=5$ 时,回旋方阵如下:

$$\begin{bmatrix} 1 & 2 & 3 & 4 & 5 \\ 16 & 17 & 18 & 19 & 6 \\ 15 & 24 & 25 & 20 & 7 \\ 14 & 23 & 22 & 21 & 8 \\ 13 & 12 & 11 & 10 & 9 \end{bmatrix}$$

9. 编程实现将输入的字符串逆序存放。

10. 编写程序将两个字符串连接起来(要求不使用字符串连接函数strcat())。

11. 编写程序将两个按照字母顺序排列的任意字符串进行合并,合并后的字符串依然按照字母顺序排列。如achk和bfg合并后应为abcfghk。

第7章 函数与变量

在现实生活中，当遇到一个复杂问题时，通常会将大问题分解为若干个独立的小问题，然后各个击破。此思想体现在程序设计中，则是自顶向下、逐步求精和模块化程序设计等原则，即将一个复杂问题分解成若干易处理的简单子问题，一旦解决了所有子问题，则原来的复杂问题便迎刃而解。这种设计方式的好处是：第一，先宏观后微观，程序条理清晰，可读性好；第二，代码之间的耦合性低，一处代码修改不会影响其他代码；第三，实现某一功能的代码只写一次，可多次使用，避免冗余；第四，利于多人协作开发。在C语言中，采用函数的形式体现此设计原则。

前几章的程序功能都比较简单，我们将所有代码均放在main函数中，从本章开始，应该改变编程思想，将独立功能的代码编写成函数。一个C语言源程序一般由一个main函数及若干其他函数组成，每一个函数完成某一特定功能。从用户角度看，函数可以分为标准库函数和用户自定义函数。标准库函数是编译系统提供的函数，其函数原型放在不同的头文件中，如前面用到的printf和scanf函数包含在stdio.h中，srand和rand函数包含在stdlib.h中。如果要使用标准库函数，只需将相应的头文件用#inlcude包含到源文件中即可。而用户自定义函数是指用户根据需要自行编写的函数，必须先定义后使用。

本章主要介绍用户自定义函数的定义、调用，函数参数的类型、递归函数及变量的作用域与存储类型。

7.1 函数定义

函数定义的一般形式如下：

```
[数据类型] 函数名(形式参数列表)
{
    函数体
}
```

例如，下面求两个整数之和的函数add：

```
int add( int a,int b)
{
    int c;
    c = a + b;
    return c;
}
```

其中：

（1）函数定义的第一行称为函数头，如 int add(int a,int b)。它非常明确地告诉用户，这个函数叫什么名字，一共有几个参数，每个参数都是什么数据类型，函数执行完毕后返回一个什么数据类型的值。函数头就像是函数的说明书，使用此函数的用户不必知道函数是如何实现的，只需按照说明书进行调用即可。

（2）函数名是指所定义函数的名字，如 add，函数名原则上只要符合 C 语言标识符构成规则即可，但为提高程序的可读性，最好“顾名思义”，用与程序功能相关的英语单词或组合。如 add，由函数名就知道该函数实现的是相加功能。

（3）形式参数列表（简称形参）用于表明参数的个数、类型和名称，例如 add 函数中有两个参数，第一个为 int 类型的 a，第二个为 int 类型的 b，参数之间用逗号分隔。与形参对应的是实际参数（简称实参），形参没有具体的值，只起到一个占位的作用，具体的值来自于函数调用时对应位置的实参。如果该函数没有形参，则括号内为空或写上 void 均可，但两边的括号必须有。例如打印一行星号的函数 printStar：

```
void printStar()
{
    printf(" ******* ");
}
```

（4）{}中的内容称为函数体。函数体由变量定义语句和执行语句组成。变量定义语句必须在执行语句的前面，所定义的变量只能在该函数内部使用。执行语句中有一条较为特殊的语句，即 return 语句，它的使用格式为：

```
return (表达式);
```

其作用有两个：①结束函数的执行，返回到主调函数；②将一个表达式的值返回主调函数。只要执行到此语句则结束该函数的执行，返回到主调函数继续执行。在一个函数体中可以有多个 return 语句，但是函数执行一次最多有一个 return 会被执行，因为函数一旦执行到一个 return 语句，便返回主调函数，此语句后面的其他任何语句都不会再被执行。在实际应用中表达式两边的括号可以省略。

如果函数体为空，则此函数称为空函数，调用此函数时，不执行任何操作。因此空函数只是在暂时占位时用到，代表函数的具体功能将在以后补充完成。例如：

```
int max(int a,int b)
{}
```

（5）数据类型用于说明该函数返回值的数据类型。函数的返回值是通过函数体中的 return 语句获得的。因此，return 语句中的表达式的数据类型应与函数的返回值类型一致，如 add 函数中 return 语句中的表达式 c 为 int 类型，这是因为 add 函数的返回值类型为 int

类型。如果函数的数据类型与 return 语句中表达式的数据类型不一致，则以函数类型为准，对表达式结果自动进行类型转换。例如，add 函数中的变量 c 如果定义为 float，系统则自动将变量 c 的值转换为整型，然后将其返回主调函数。但编译时会出现一个警告："conversion from 'float' to 'int', possible loss of data"，告诉用户这种隐式类型转换可能会造成数据丢失。

如果函数中没有 return 语句，则表明该函数没有返回值，则函数的返回值类型需定义为 void，例如"void printStar()"。如果数据类型省略，则默认为 int 类型。

(6) 函数的定义是平等的，包括 main 函数。不能在一个函数中定义另外一个函数。如上面的 add 和 max 函数，定义时不能将 add 的定义放在 max 函数的函数体中，反之亦然。

7.2 函数的调用

在程序中使用已经定义好的函数就是函数的调用。标准库函数是编译系统已经封装好的函数，只能被调用，而自定义函数既可以调用其他函数，也可以被其他函数甚至是本身调用。main 函数是一个非常特殊的函数，它是 C 语言应用程序的入口，可以调用其他函数但是不能被其他函数调用。

7.2.1 函数的调用形式

C 语言中，函数调用的一般形式为：

```
函数名(实际参数列表)
```

其中，实际参数列表(简称实参)是用逗号分隔的表达式列表，实参的个数、顺序与参数类型要与函数的形参保持一致。例如：

```
add(2,3 * 4);
```

表明实参有两个，第 1 个实参值为 2，int 类型，第 2 个实参为表达式 3 * 4，即实参值为 12，int 类型，与 add 函数定义时的参数个数、顺序及参数类型均一致。

7.2.2 函数的调用过程

程序在执行时，总是先从 main 函数开始执行，如果遇到某个函数调用，则转到相应的函数中继续执行，而 main 函数暂时停止；当某函数中的语句执行完毕后，再返回 main 函数继续执行。下面举例说明函数的执行过程。

【例 7.1】 编写函数，求两个整数之和。

```
#include <stdio.h>
int add( int a,int b)                    //定义 add 函数,功能为求两整数之和
{
    int c;                               //定义语句
    c = a + b;                           //求两个整数之和,存入变量 c 中
    return c;                            //将和返回主调函数
}
void main()
```

```
{
    int sum,data1 = 10,data2 = 20;
    sum = add(data1,data2);            //利用 add 函数求 data1 和 data2 之和,并将和存入 sum
    printf(" %d + %d = %d\n",data1,data2,sum);
}
```

例 7.1 中程序的执行过程如图 7.1 所示,图中的标号与箭头指明了执行顺序。

(1) 程序从 main 函数开始执行,执行定义语句"int sum,data1=10,data2=20;";

(2) 遇到函数调用 add(data1,data2),则保存返回地址(以便知道被调函数执行完毕后该回到何处继续执行)和当前现场;

(3) 进行形式参数与实际参数结合操作,将 data1 的值给 a,data2 的值给 b;

(4) 执行 add 函数体;

(5) 恢复主调函数现场,将返回值(30)返回主调函数,根据恢复的返回地址继续执行,即将 30 赋给变量 sum;

(6) 继续执行 main 函数中剩下的语句。

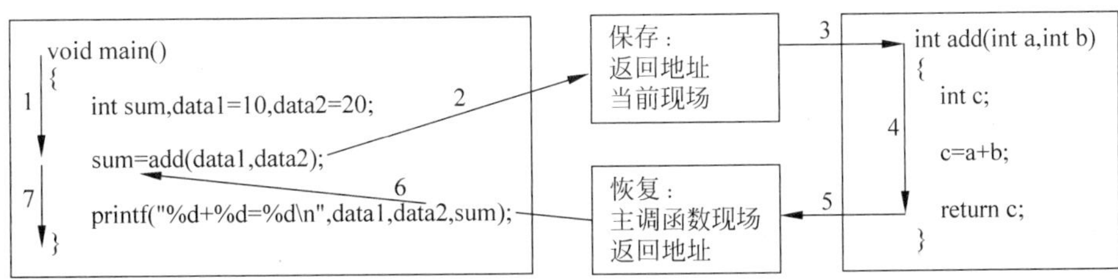

图 7.1　函数执行过程示意图

关于函数调用需要重点强调以下几个问题:

(1) 只有函数被调用时,才会为函数的形参分配内存空间,并将实参的值传递给相应的形参,即形实参结合。当函数执行完毕后,形参所占内存空间被释放。例如,例 7.1 中假如 data1、data2 分别存放整数 10 和 20,则语句 sum=add(data1,data2)的执行过程如图 7.2 所示,将 data1 的值(10)赋给变量 a,data2 的值(20)赋给变量 b,然后执行 add 函数中的各语句;遇到 add 函数中的 return 语句后返回主调函数继续执行,即将表达式 c 的值(30)返回主调函数,将函数的返回值赋给变量 sum,因此,语句执行完毕后,sum 的值为 30。

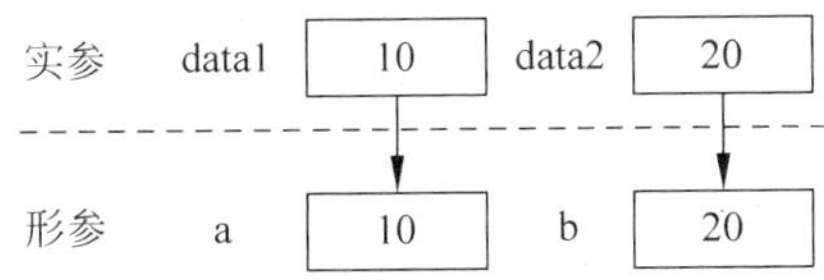

图 7.2　函数形实参结合示意图

(2) 函数的实参可以是各种类型的表达式,但必须具有确定的值。例如,add(3,data1)、add(data1 * 4,data2)均是合法的函数调用。另外,函数调用也可以作为实参,例如 add(3,add(4,5)),即将 add(4,5)的返回值 9 作为 add 函数第 2 个实参,等同于 add(3,9)。

(3) 函数实参和形参的个数、数据类型和顺序必须严格一致,否则会出现语法错误。例如 add(data1)、add(3,4,5)均是错误调用。但 add(3.4,5)是合法调用,因为 3.4 虽然为

double 类型，但调用时会自动进行隐式类型转换，将 3.4 转换为 int 类型的 3。

7.2.3 函数的嵌套调用

用户自定义函数都是平等的、独立的，不能在一个函数内部定义另外一个函数，即不能嵌套定义，但可以嵌套调用。也就是在一个函数体内可以调用一个或多个函数。并且任意一个用户自定义函数都能既可以做主调函数也可以做被调函数，只有 main 函数比较特殊，只能做主调函数。例如，例 7.1 中 main 函数定义中调用了 add 函数和 printf 函数，则此时 main 函数是主调函数，add 与 printf 是被调函数，是两层嵌套调用。而例 7.2 则是三层嵌套调用。

【例 7.2】 编写函数打印指定行列数的星号左倾平行四边形图形。

```
#include <stdio.h>
void pstar(int number)                    //打印指定数量的一行 *
{
    int i;
    for(i = 0;i < number;i++)             //控制一行星号的个数
        printf(" * ");
}
void parallelogram (int rows,int colums)
{
   int i,j;
   for(i = 0;i < rows;i++)                //控制图形的行数
   {
     for(j = 0;j < i;j++)                 //控制每行向右缩进空格个数
       printf(" ");
      pstar(colums);
     printf("\n");                        //每行打印完毕回车换行
   }
}
void main()
{
    int row,col;
    printf("请输入打印平行四边形的行数和列数:");
    scanf(" %d%d",&row,&col);
    parallelogram(row,col);
}
```

运行结果如下：

```
请输入打印星号行数:3 7
*******
 *******
  *******
```

思维拓展：

（1）例 7.2 打印的是左倾平行四边形，你能修改为右倾平行四边形吗？

（2）能编写一个打印指定行数的左直角等腰三角形图形的函数吗？正三角形呢？

（3）分析函数调用过程时需牢记三点：①程序总是先从 main 函数开始执行；②在主调

函数中如果遇到某个函数(被调函数)调用,则转到相应的被调函数中继续执行,而主调函数暂时停止;③当被调函数中的语句执行完毕后,再返回主调函数继续执行。根据上述三原则,仿照图 7.1 的两层嵌套调用执行过程示意图,你能画出例 7.2 的三层嵌套调用执行过程示意图吗?

7.3　函数原型声明

例 7.1 和例 7.2 中的函数都是先定义后调用,而如果函数的定义在函数调用的后面,即 main 函数在前,add 函数在后,编译系统会提示语法错误或警告信息。VC++6.0 在编译时会出现一个函数未定义的警告信息“'add' undefined”。为此,在函数调用之前需要先对被调用函数进行声明,称为函数原型声明。函数原型声明的一般形式为:

```
数据类型　函数名(类型「形参」,类型「形参」…);
```

函数原型声明向编译系统提供了函数必要的信息:函数名,函数的返回值类型,函数参数的个数、类型和顺序等,与函数定义时的函数头提供的信息是一致的,因此读者可以这样记忆函数原型声明:“函数头”加“;”。

形参在函数定义时并不分配内存空间,但在函数调用时要分配内存,而原型声明中的形参却从没有分配空间的机会,因此,原型声明时可以省略形参名称。例如:原型声明语句“void parallelogram(int rows,int colums);”与“void parallelogram(int,int);”等价。但后者并不利于程序的可读性,会给读者带来困惑:两个都是 int 类型,哪个参数是行数,哪个参数是列数呢?因此建议使用前者。

函数原型声明的位置可以位于所有函数之外,也可以位于函数内部。如果位于函数之外,则原型声明之后的任意函数均可以调用此函数;如果位于函数内部,则只能在该函数中调用此函数。

【例 7.3】　输出 2～100 之间的素数,要求编写函数 isprime 判断一个正整数是否为素数。

程序分析:假设函数 isprime 用于判断一个正整数是否为素数,则需要主调函数传递给该函数一个具体整数值,因此 isprime 函数需要一个整型的形参;判断完毕后需要将是否为素数的信息返回给主调函数,如果是素数,可以用 1 表示,否则用 0 表示。0 和 1 均为 int 类型,因此函数的返回值类型确定为 int 类型。

```
#include <stdio.h>
#include <math.h>
int isprime(int);               //在所有函数外进行原型声明,等价于 int isprime(int a);
void main()
{int m;                         //如果没有前面的原型声明,可在此处进行主调函数内原型声明
  for(m = 2;m <= 100;m++)       //产生 2～100 之间的整数
         if (isprime(m))        // isprime(m)的返回值如果是 1(非 0)则说明是素数
           printf("%5d",m);
}
int isprime(int a)
{
```

```
    int i;                          //定义循环变量 i,i 只能在 isprime 函数内部使用
    for(i = 2;i <= sqrt(a);i++)     //注意: for 循环的循环体为 if (a % i == 0) return 0;
      if(a % i == 0)
        return 0;                   //如果 a 能被 i 整除,则 a 不为素数,直接将 0 返回到主调函数
    return 1;                       //如果能执行到此语句,则说明条件 (a % i == 0)从来没有满足过,
}                                   //即没有找到 a 的一个因数,证明 a 是一个素数
```

注意:

(1) 被调函数的定义出现在主调函数之前,则不需要再进行函数原型声明,如例 7.1。

(2) 对库函数的调用不需要原型声明,但必须把包含该函数原型声明的头文件用 # include 命令包含在源文件首部。

7.4 函数的参数传递

函数定义时使用的参数为形式参数(简称形参),函数调用时使用的参数为实际参数(简称实参)。函数每次调用时,在执行函数体语句之前,都会有一个将实参的值赋给形参的过程(简称形实参结合),根据实参传递给形参的数据到底是普通数值还是内存地址可以将参数传递方式分为两种:传数值方式(简称传值)和传地址方式(简称传址)。

7.4.1 传值方式

传值调用的特点是形参和实参各占用不同的内存空间,形实参结合的过程只是将实参的值赋给形参,但形参的改变并不影响实参。

【例 7.4】 函数 swap 的功能是要交换两个变量的值。试运行程序,观察程序运行结果,分析程序运行过程。

```
#include <stdio.h>
void swap(int x,int y)
{
    int temp = x;
    x = y;
    y = temp;
}
void main()
{
    int a = 10,b = 20;
    swap(a,b);
    printf("a = %d,b = %d\n",a,b);
}
```

程序运行结果为:

```
a = 10,b = 20
```

通过运行结果可知:调用 swap 函数前后,变量 a、b 的值并没有发生变化。程序执行过程如图 7.3 所示:

(1) 执行 main 函数,为变量 a、b 分配空间,并赋值为 10 和 20;

(2) 执行 swap 函数,为形参 x、y 分配空间,并将实参的值依次传递给对应的形参;

(3) 执行 swap 函数:交换 x、y 的值;

(4) 形参空间被释放,返回主调函数 main,实参 a、b 的值保持不变。

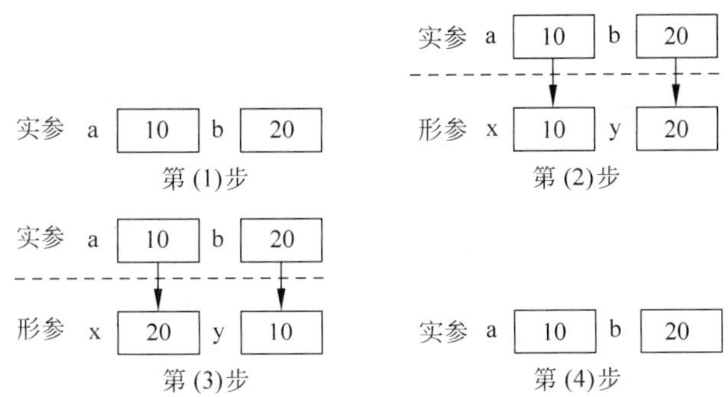

图 7.3　传值方式程序执行过程中形实参示意图

通过例 7.4 可以看出,传值调用是单向传递,即形参和实参各自占用不同的内存空间,形参值的变化对实参没有任何影响。

单个数组元素也可以作为函数实参,这与例 7.4 中 a 做实参是一样的,都是传值的单向传递方式,传递的是单个数组元素的值,这时只需将单个数组元素看成一个简单变量即可。

下面是一个以数组元素为函数实参的例子,示例调用例 7.3 中的函数 isprime,并且以数组元素为实参。

【例 7.5】　利用例 7.3 中的函数 isprime 判断数组中各元素的值是否为素数。

为节约篇幅,下面只给出了 main 函数代码,读者实验时请自行将 isprime 函数补充完整。

```
void main()
{
   int m[] = {7,9,10,13};
   int i;
   for(i = 0;i<4;i++)
     if (isprime(m[i]))        //数组元素为实参,实参 m[i]和形参 a 占用不同内存空间
        printf(" %5d",m[i]);
}
```

思维拓展:你能根据图 7.3 画出例 7.5 的执行过程示意图吗?

7.4.2　传址方式

传址方式降低了主调函数和被调函数之间的耦合性,是值得推荐的一种方式,但因为函数最多只能返回一个值,功能受限,因此 C 语言还提供了传递地址的方式。传址方式就是将实参的地址传递给形参,这样在被调函数中形参的改变对主调函数中的实参也有效。在传址方式中,函数的形参可以采用指针或数组的形式,指针将在第 8 章介绍,此处仅介绍数组形式的形参。

数组作为函数参数时,形参为数组形式,实参为数组名等地址表达式。实参数组和形参数组的数据类型必须相同,形参不用指明数组长度。

之所以数组作参数是传址方式，是因为数组名不仅仅代表数组的名称，重要的是它还代表该数组在内存中的首地址，因此，实参传递给形参的是一个地址，是典型的传址调用。这样，实参和形参因具有相同的内存首地址而共享同一段内存空间。

【例 7.6】 编写函数 reverse，其功能为将一个一维数组中的 n 个整型元素逆序存放，不使用辅助数组。

程序分析：逆序存放是指将第 $i(0\leqslant i\leqslant n-1)$ 个元素放到倒数第 i（即正数第 $(n-1-i)$）个位置上。因此只需用循环将第 i 个元素与第 $(n-1-i)$ 个元素交换即可，i 的取值范围为 $0\leqslant i\leqslant n/2$。本例中的逆序存放功能要求用函数实现，因此，需要声明一个数组类型的形参以便接收存放有 n 个整数的一维数组的首地址。数组类型的形参只是接收数组的首地址，但函数不知道数组中究竟有多少个元素，因此需要第二个 int 类型的形参，用于接收数组中元素的个数。函数的功能是实现逆序存放，不需要返回任何值，因此函数的返回类型为 void。

```
#include <stdio.h>
void reverse( int b[ ], int n)            //数组形式的形参 b[ ],不用指定数组长度
//形参 b[ ]用于接收实参传递过来的地址.n 接收数组元素个数
{
    int i,t;                              //i 为循环变量,t 为交换数据时的临时空间
    for (i = 0;i < n/2;i++)               //实施交换
    {
        t = b[i];
        b[i] = b[n - i - 1];
        b[n - i - 1] = t;
    }
}
void main()
{
   int a[10] = {2,4,6,8,10,12,14,16,18,20}, j;
   reverse(a,10);                         //数组形式的形参所对应的实参为数组名
   for(j = 0;j < 10;j++)                  //将逆序存放后的元素输出
     printf(" %d ",a[j]);
}
```

程序运行结果为：

```
20 18 16 14 12 10 8 6 4 2
```

通过程序运行结果可知：调用 reverse 函数后，数组 a 中的值发生了变化，程序执行过程如图 7.4 所示：

(1) 执行 main 函数，为数组 a 分配空间，并初始化，这时 a 是所分配空间的首地址，假设为 1000。

(2) 执行 reverse 函数，为形参 b 分配空间（当然 n 也要分配，但与传址无关，因此略去），并将实参 a(即 1000)传递给形参 b；需注意，数组形式的形参 b 不是真的要为其分配一个数组，而只是分配 4B 的一段内存空间，形实参结合是将实参的值（只是这个值是一个地址而已）存放到这 4B 的内存空间中。

(3) 执行 reverse 函数，实施交换。reverse 函数中 b[i]所占内存空间的首地址为：b+i * sizeof(int)=1000+4 * i；而主调函数 main 中，a[i]所占内存空间的首地址为：a+i * sizeof(int)=1000+4 * i。因此被调函数中的 b[i]和主调函数中的 a[i]其实是同一段内存

空间，只是使用的名字不一样而已。传址调用正是利用此原理达到改变形参对实参也有效的目的。

（4）形参 b 被释放，返回主调函数 main，实参 a 中的值已经被改变。

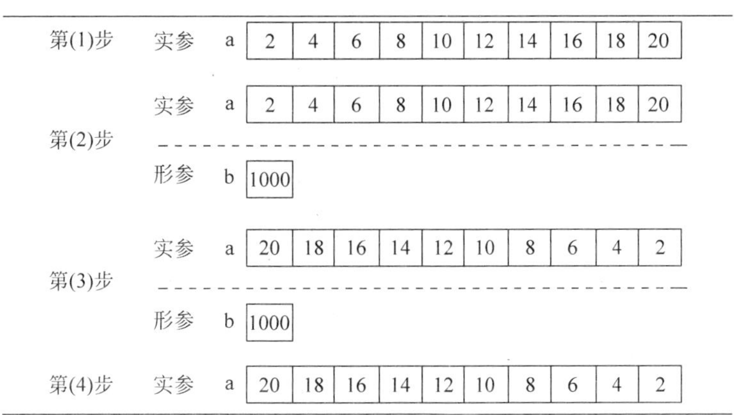

图 7.4　传址方式程序执行过程中形实参示意图

思维拓展：如果函数 reverse 需要逆序存放的是一个字符串，该如何编写程序呢？

【例 7.7】　编写一函数，使用冒泡法将一个整数数组中的若干个整数按从小到大的顺序排序。

程序分析：冒泡法排序的基本思想是，将待排序的元素看作是竖着排列的“气泡”，每趟比较过程中，若发现相邻的两个数据中小的数据在大的数据的后面，则交换相邻两数据，即较小的元素比较轻，从而要往上浮，较大的数据好比石块往下沉，每趟比较都会将本趟参加比较的数据中最大的数据放到最后。图 7.5 以数据“76，38，65，97，49”为例描述了第一趟排序时的比较和交换过程。在下一趟比较时，上一趟比较中最大的那个数据已经排好序，不再参加比较，如此反复，直到未排序数据只有一个为止，如图 7.6 所示。

第一次	第二次	第三次	第四次	第一趟排序结果
76 ← 交换	38	38	38	38
38 ←	76 ← 交换	65	65	65
65	65 ←	76 ← 不交换	76	76
97	97	97 ←	97 ← 交换	49
49	49	49	49 ←	97 ← 该数据已排好

图 7.5　冒泡法排序第一趟排序过程图

初始顺序	第一趟	第二趟	第三趟	第四趟
76	38	38	38	38
38	65	65	49	49
65	76	49	65	65
97	49	76	76	76
49	97	97	97	97

图 7.6　冒泡法排序每趟排序结果图

为进一步帮助读者理解排序过程，特画出冒泡算法流程图如图 7.7 所示，其中，为提高效率，增加了 flag 标志，如果某趟排序中无数据交换，即 flag 值为 1，则表示所有数据已经有序，可以提前结束排序。

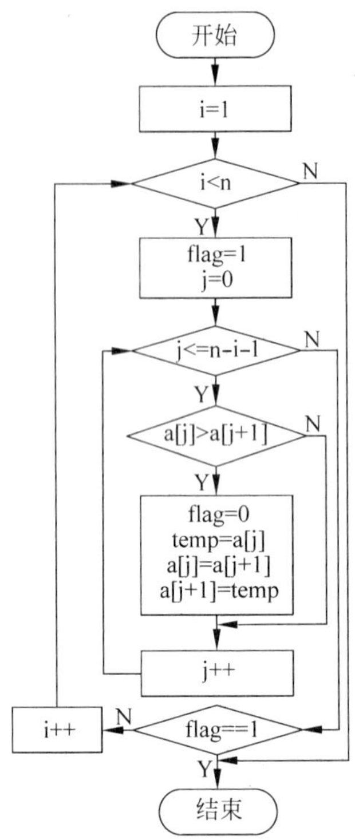

图 7.7 冒泡法排序流程图

```
#include <stdio.h>
#define N 5
void sort(int a[],int n)
{
  int i,j,temp,flag;
  for(i = 1;i <= n - 1;i++)          //i 记录已经有序的数据个数
  {
    flag = 1;                        //标记本趟排序是否有数据交换
    for(j = 0;j <= n - i - 1;j++)    //对剩余的 n - i - 1 个无序数据进行冒泡排序
      if(a[j]> a[j + 1])             //前面数据大于后面数据,交换两数据
      {
        flag = 0;                    //标记本趟排序有数据交换
        temp = a[j];a[j] = a[j + 1];a[j + 1] = temp;
                                     //交换数据
      }
     if(flag == 1)             //如本趟排序无数据交换,表示所有数据已有序,提前结束排序
          break;
  }
}
void main()
{
```

```
    int a[N] = {76,38,65,97,49},i;
    sort(a,N);
    printf("\n 排序后的数据为: ");
    for(i = 0;i < N;i++)
      printf(" %d",a[i]);
}
```

程序运行结果为：

```
排序后的数据为: 38 49 65 76 97
```

多维数组作为函数参数的方式与一维数组相似，也存在两种形式：①数组元素做函数实参，形参为普通变量，是传值调用；②多维数组名做函数实参，多维数组做函数形参，是传址调用。当多维数组做形参时，数组第一维的大小可以省略，但其他维的大小不能省略。例如：二维数组做形参时，int a[][4]或者 int a[8][4]都正确；int a[8][]或者 int int a[][]都不正确。

【例 7.8】 编写程序，完成扫雷游戏中的布雷图。

程序分析：扫雷游戏中的雷区图由若干格组成，格中的信息分两种情况：①雷，本程序中用－1 表示雷；②普通数字，非雷格中的数字表示此格四周共有多少颗雷。因此，生成布雷图时只需先将雷区初始化为 0，然后随机生成若干个雷，每生成一个雷，要将雷所在格的四周格中的数字在原基础上加 1。如图 7.8 所示，小红旗为雷，数字表示其四周雷的数量：

图 7.8　雷区示意图

```
#include <stdio.h>
#include <time.h>
#include <stdlib.h>
#define N 9
void setmine(int mine[][N],int minecount)
{   //mine 为表示雷区的二维数组,minecount 表示要生成雷的个数
    int i,j,count = 0;
    srand((unsigned)time(0));
    while(count < minecount)
    {
        i = rand() % N;                              //随机生成一个雷的行列坐标
        j = rand() % N;
        if (mine[i][j]!= -1)                         //如果此处不是雷
        {
            count++;
            mine[i][j] = -1;                         //当前格设置雷
        //当前格的四周相邻格,共 8 个位置逐一判断,是有效位置且不是雷则值加 1
if (i>0)                                             //当前位置不是最左边
            {
                if (mine[i-1][j]!= -1) mine[i-1][j]++; //上方格
                if (j>0&&mine[i-1][j-1]!= -1)
                    mine[i-1][j-1]++;                //上左方格
                if (j<N-1&&mine[i-1][j+1]!= -1)
                    mine[i-1][j+1]++;                //上右方格
```

```
            }
            if (i<N-1)                                //当前位置不是最右边
            {
                if (mine[i+1][j]!= -1) mine[i+1][j]++; //下方格
                if (j>0&&mine[i+1][j-1]!= -1)
                    mine[i+1][j-1]++;                 //下左方格
                if (j<N-1&&mine[i+1][j+1]!= -1)
                    mine[i+1][j+1]++;                 //下右方格
            }
            if (j>0&&mine[i][j-1]!= -1)
                    mine[i][j-1]++;                   //左方格
            if (j<N-1&&mine[i][j+1]!= -1)
                    mine[i][j+1]++;                   //右方格
        }
    }
}
void main()
{
    int mine[N][N] = {0},i,j;                         //注意布雷前将雷区都初始化为0
    setmine(mine,10);                                 //设置雷区
    for(i=0;i<N;i++)                                  //输出雷区
    {
        for(j=0;j<N;j++)
            printf("%3d",mine[i][j]);
        printf("\n");
    }
}
```

程序执行结果如图 7.9 所示。因为程序中的雷是随机生成的，因此程序每次运行的结果都不一样。

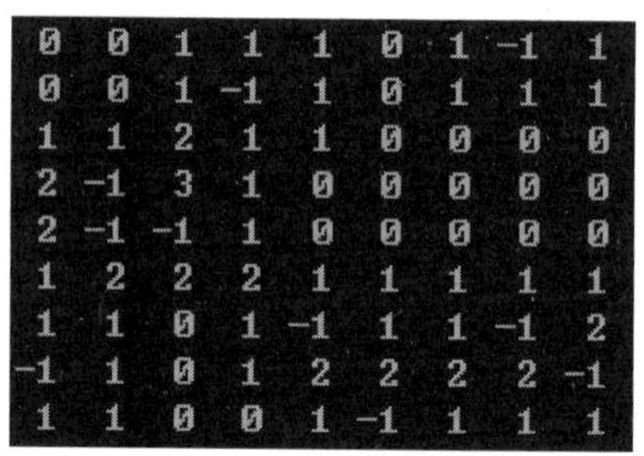

图 7.9　布雷程序执行结果

7.5　递归函数

一个函数在它的函数体内直接或间接地调用它自身称为递归调用（嵌套调用中比较特殊的一种），这样的函数称为递归函数。如果一个函数在其函数体内直接调用自身，则称该函数为直接递归函数；如果一个函数在其函数体内调用了其他函数，其他函数又调用了该函数，则称该函数为间接递归函数。

递归算法的实质是将一个问题一分为二，其中一部分是已知的，另一部分是未知的，但未知部分仍然可以按照类似的方式一分为二。按照这一原则分解下去，直到某个子问题两部分都是已知的，再按照刚才分解的逆过程逐步合二为一，则找到了该问题的解，这种是有限的递归调用。如果问题一直按照一分为二的原则分解下去，始终没有找到某个未知子问题能够分解成都是已知的两部分，则是无限的递归调用。无限递归调用对于程序设计没有实际意义。

因此，递归调用可以分为两个阶段：

(1) 一分为二阶段。将问题分解为已知和未知两部分，逐步分解，最终达到某个子问题能分解成都是已知的两部分。例如，求5!，可以如图7.10所示进行分解。

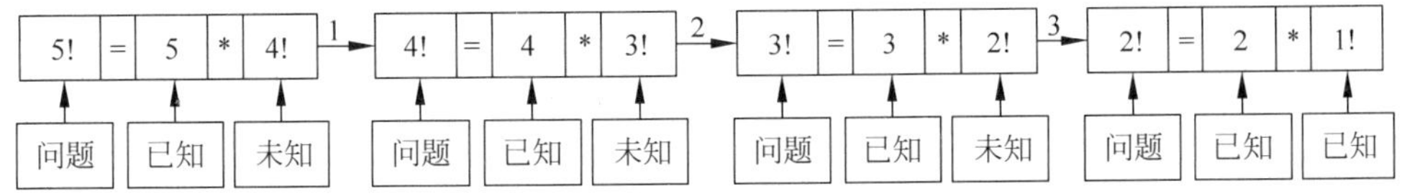

图7.10　一分为二阶段分解示意图

(2) 合二为一阶段。从分解成都是已知两部分的问题出发，按照分解的逆过程，逐渐合二为一，最终达到最原始问题处，即完成了递归调用过程，如图7.11所示。

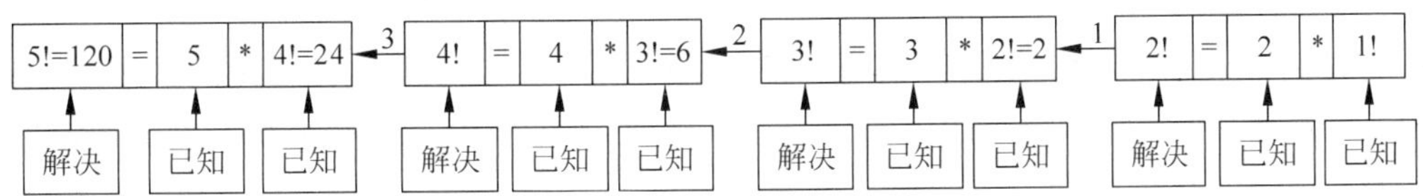

图7.11　合二为一阶段回归示意图

因此，设计递归调用程序时，要将函数的功能语句分为两类：①终止递归的已知条件语句；②将问题分解为已知和未知两部分的语句。因此定义递归函数时实现递归的一般形式可以总结为：

```
if (递归终止条件)
    确定数据;
else
    递归调用;
return 函数返回值;
```

在一般形式中还需注意，定义递归函数时有参数和返回值，函数参数在递归过程中要为递归终止条件为真起积极作用；而返回值应当为主调函数，即上一次调用所使用。

例如，$n!$ 可以用如下公式表示：

$$n! = \begin{cases} 1, & n = 0,1 \\ n*(n-1)!, & n>1 \end{cases}$$

其中，$n=0$ 或1时的公式1属于第一类；$n>1$ 时的 $n*(n-1)!$ 则属于第二类。

【例7.9】 编写递归函数，计算 $n!$。

```
#include <stdio.h>
long fac(int n)
{
```

```
    long f;
    if(n == 0||n == 1)                  //终止递归的已知条件语句
        f = 1;                          //1 为确定数据
    else                    //问题分解为已知和未知两部分的语句,n为已知,fac(n-1)为未知
        f = n * fac(n - 1);             //fac(n-1)的返回结果为fac(n)所用
//fac(n-1)中的参数每调用一次,参数值减一,逐步向终止条件1或0迈进
    return f ;                          //函数返回值
}
main()
{
    int n;
    long y;
    printf("\nInput a integer:\n");
    scanf("%d",&n);
    if (n<0)
        printf("n<0,input error");
    else
    {
        y = fac(n);                     //利用递归函数求n!
        printf("%d!= %ld",n,y);
    }
}
```

以 $n=5$ 为例,函数 fac 的执行过程如图 7.12 所示。

首先执行 fac(5)函数,执行到语句"f=5 * fac(4);"时,暂停 fac(5)的执行转到 fac(4)继续执行;执行到 fac(4)函数中的语句"f=4 * fac(3);"时,暂停 fac(4)的执行转到 fac(3)继续执行;以此类推。

当执行到 fac(1)函数时,f 得到了已知值 1,return 语句结束 fac(1)的执行,并将 1 返回到 fac(1)的主调函数 fac(2)中继续执行;fac(2)中 f 得到已知值 2,继续执行遇到 return 语句结束 fac(2)的执行,并将 2 返回到 fac(2)的主调函数 fac(3)中。以此类推,最终得到 fac(5)返回的函数值为 120。

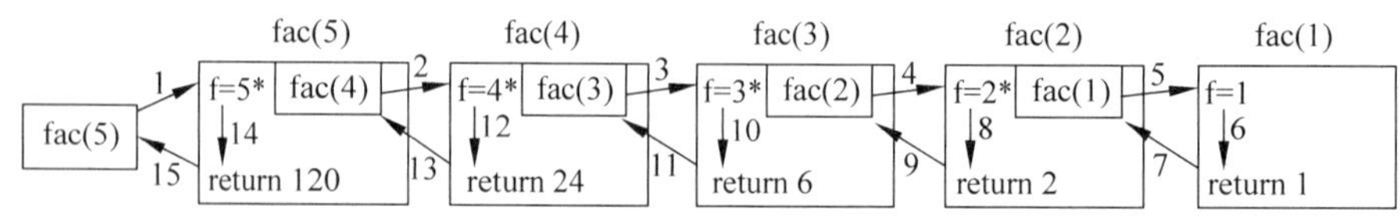

图 7.12 递归函数 fac(5)的执行过程示意图

递归调用优点非常明显:结构清晰,可读性强,与数学公式的表示思想非常一致。但缺点也很突出:函数调用次数多,每次调用都要保存现场,传递参数,时间和空间消耗大,运行效率较低。

7.6 变量的作用域

作用域是指变量的有效范围,即在什么范围内可以使用该变量。存储类型是表示为变量分配内存空间的方式。变量可以从这两个不同的角度进行分类,按变量作用域可以分为局部变量和全局变量;按变量的存储类型可以分为自动变量、静态变量、寄存器变量和外部

变量。

7.6.1　局部变量

局部变量也称为内部变量，是指在一个函数内部定义的变量，其作用域为从块中的声明语句开始，到块结束的右大括号"}"为止，简称块作用域。所谓块，就是程序中一对相应的大括号"{……}"括起来的一组语句。在局部变量的作用域之外使用该变量则是非法的，会出现"undeclared identifier"的错误提示信息。例如：

```
int f1(int c)                          /* 函数 f1 */
{
    int b;
    ...
    {
        int a;
        ...
    }
}
```


使用局部变量需要注意以下几个问题：

(1) main 函数中定义的变量也是局部变量，只能在其定义的块内使用。main 函数不能使用其他函数中的局部变量，其他函数也不能使用 main 函数中定义的变量。因为 main 函数也是一个函数，它与其他函数是平行关系。

(2) 形参变量是属于被调函数的局部变量，其作用域为函数中最大的块——整个函数体；实参变量是属于主调函数的局部变量。

(3) 在不同的作用域内允许使用同一变量名。它们代表不同的对象，分配不同的内存空间，互不干扰。但注意，同一作用域内不能定义同名变量。

(4) 如果一个局部变量未赋初值，则该变量的值为随机数。

(5) 如果在两个或多个具有包含关系的作用域中声明了同名变量，则遵循"外部变量在内部不可见"的原则，如例 7.10 所示。

【例 7.10】 "外部变量在内部不可见"原则示例程序。

```
#include <stdio.h>
void main()
{
int i;
i = 0;
 {
   int a,i;
   a = 1;
   i = 2;
   printf ("\na = %d , i in inner is %d",a,i);
 }
 //printf("\na = %d,i = %d",a,i); 此处如果使用 a 将得到错误提示
 printf("\ni in outer is %d",i);
}
```

程序运行结果如下：

```
a = 1 , i in inner is 2
i in outer is 0
```

在本例中，定义了两个i，由于它们具有不同的作用域，所以编译系统会为它们分配不同的内存空间。在内部i的作用域内，外部i就会被屏蔽掉，因此引用的是内部i的值。而在内部i的作用域外，内部i根本不存在，所以引用的是外部i的值。

7.6.2 全局变量

全局变量是在所有函数之外定义的变量，其作用域为从声明语句开始，到本源文件结束，简称文件作用域。全局变量定义后，如果未进行初始化，则初始值默认为0。

【例7.11】 全局变量使用示例。

```
#include <stdio.h>
int SUM;                                    //定义全局变量 SUM
void add(int a,int b)                       //两个整数相加,结果放在 SUM 中
{
    SUM = a + b;
}
void main()
{
    int x = 10,y = 20;
    add(x,y);
    printf("%d + %d = %d\n",x,y,SUM);       //直接使用 SUM 获取和值
}
```

程序运行结果为：10 + 20 = 30

说明：

(1) 全局变量在整个程序运行期间都占用内存空间，可用于加强函数模块之间的数据联系，但又会增加函数对这些变量的依赖性，使函数的独立性降低。同时，全局变量的值有可能会被意外改变，由此引发的逻辑错误很难查找，因此应尽量避免使用全局变量。

(2) 为增强程序的可读性，全局变量名一般用大写字母表示，如例7.11中的SUM，以区别于局部变量。

思维拓展：在同一源文件中，全局变量和局部变量能同名吗？是否也遵循“外部变量在内部不可见”的原则？试编程验证你的结论。

7.7 变量的存储类型

前面已经多次定义过变量，变量定义的完整格式为：

```
[存储类型]  数据类型  变量名列表
```

其中，存储类型是可选项，用来说明变量存储的类型。在C语言中，用于说明存储类型的关键字有auto(自动类型)、static(静态类型)和register(寄存器类型)和extern(外部类型)。

变量的存储类型是指为变量分配内存空间的方式,它决定变量的生存期。变量的生存期是指从为一个变量分配内存空间到释放这段内存空间的这段时间。在生存期内,变量将一直保持它的值不变,直到被更新为止。变量的生存期可以分为静态生存期和动态生存期。静态生存期是指变量的生存期与程序的运行期相同,只要程序一运行,就为该变量分配内存空间,直到程序运行结束,才释放该变量所占内存空间。动态生存期是指程序运行到块中变量定义语句时为该变量分配内存空间,到块结束时立即释放该变量所占内存空间。所以,具有动态生存期的变量如果其定义语句执行 2 次,则会 2 次为其分配和释放内存空间,并且两次分配的内存空间一般情况下不是同一段内存空间。

在 C 语言中,存放数据的内存可以分为全局/静态存储区、栈区、常量区和自由存储区。具有静态生存期的变量被分配在全局/静态存储区,如果定义语句没赋初始值,则自动初始化为 0;具有动态生存期的变量被分配在栈区,如果定义语句没赋初值,则该变量内为随机数;常量被分配在常量区;而自由存储区是由将在第 9 章介绍的 malloc、free 等函数申请、释放的内存空间。不同存储类型的变量被分配在不同的内存区域,具有不同的生存期。

7.7.1　自动变量

自动变量的类型关键字为 auto,在定义变量时省略存储类型时默认值为 auto。自动变量按其定义时的位置分为全局自动变量和局部自动变量,简称全局变量和局部变量。

(1) 全局变量和 7.6.2 节中的全局变量一致,被分配在全局/静态存储区,具有静态生存期和文件作用域。

(2) 局部变量和 7.6.1 节中的局部变量一致,被分配在栈区,具有动态生存期和块作用域。

【例 7.12】　局部变量示例。

```
#include <stdio.h>
int fun(int x)                          //形参 x 为局部变量
{
    int y = 0;                          //局部变量 y
    y = y + x;
    return(y);
}
void main()
{
    int i = 0;                          //局部变量 i
    for(i = 1;i <= 2;i++)
      printf("%d\n",fun(i));            //两次调用函数
}
```

本例中,main 函数两次调用 fun 函数,其执行过程为:

(1) 第 1 次执行 fun 函数:为形参 x 分配内存空间并赋初值为实参值 1;为 y 分配内存空间,赋初值 0;函数执行完毕后,释放 x(值为 1)、y(值为 1)所占内存空间。

(2) 第 2 次执行 fun 函数:再次为形参 x 分配内存空间并赋初值为实参值 2;为 y 分配内存空间,赋初值 0;函数执行完毕后,释放 x(值为 2)、y(值为 2)所占内存空间。

因此，程序运行结果为：

```
1
2
```

7.7.2 静态变量

静态变量的类型关键字为 static，同样，按其定义时的位置分为全局静态变量和局部静态变量。全局静态变量和局部静态变量的相同点是：都被分配在全局/静态存储区，具有静态生存期；不同点是：全局静态变量具有文件作用域，而局部静态变量具有块作用域。

1. 全局静态变量

全局静态变量和全局自动变量都被分配在全局/静态存储区，具有静态生存期，具有文件作用域，都可以通过 extern 关键字扩展使用范围。两者的不同之处是当程序包含多个源文件时，全局静态变量使用 extern 关键字只能将变量使用范围扩展到本源文件的变量定义前。而全局自动变量可以使用 extern 关键字，将其使用范围不但能扩展到本源文件的变量定义之前，而且能扩展到其他源文件中。具体示例详见例 7.14。

2. 局部静态变量

局部静态变量和局部自动变量都具有块作用域，不同之处是局部自动变量分配在栈区，具有动态生存期；而局部静态变量分配在全局/静态存储区，具有静态生存期。

例如，将例 7.12 中的“int y=0;”修改为“static int y=0;”，则 2 次调用 fun 函数的执行过程为：

(1) 程序一运行就为静态变量 y 分配内存空间并赋初值为 0。

(2) 第 1 次执行 fun 函数：为形参 x 分配内存空间并赋初值为实参值 1；函数执行完毕后，释放 x(值为 1)所占内存空间，y 的值修改为 1。

(3) 第 2 次执行 fun 函数：为形参 x 分配内存空间并赋初值为实参值 2；函数执行完毕后，释放 x(值为 2)所占内存空间，y 的值修改为 3。

(4) 程序执行完毕，释放 y 所占内存单元。

因此，程序运行结果为：

```
1
3
```

注意：

(1) 虽然局部静态变量在整个程序运行期间都存在，并一直保持其值直到被改变为止，但它仍然具有块作用域，在其作用域之外是无法使用的。

(2) 如果不给局部静态变量赋初值，则其值自动初始化为 0；如果不给局部自动变量赋初值，则其值为随机数。

7.7.3 寄存器变量

寄存器变量的类型关键字为 register，该类型的变量被分配在寄存器中。寄存器变量只能定义局部寄存器变量，与局部自动变量一样，具有动态生存期和块作用域；不同之处是它存储在寄存器中。

寄存器变量的存取速度比较快，因为它是直接读取寄存器，不需要访问内存。但寄存器的数目非常有限，一般仅允许定义两个寄存器变量。因此，要尽量缩短寄存器变量的生存期。

【例 7.13】 编写函数，求 1～100 的和。

```
#include <stdio.h>
int sum(int a,int b)
{
    register i,s = 0;                    //声明寄存器变量 i 和 s
    for(i = a;i <= b;i++)
        s = s + i;
   return (s);
}
void main()
{
    printf("s = %d\n",sum(1,100));
}
```

本程序中的 for 循环连续执行多次，i 和 s 都会频繁使用，因此定义为寄存器变量较为合适。

7.7.4 外部变量

无论是全局变量还是全局静态变量，都具有静态生存期，即程序整个运行期间该变量都存在；但具有文件作用域，即只能在本源文件中定义语句之后使用，而不能在之前和其他源文件中使用。为扩展其使用范围，C 语言提供了 extern 关键字定义外部变量。通过使用 extern 关键字，可以将全局变量作用扩展到定义语句之前和其他源文件中，将全局静态变量作用扩展到定义语句之前。

【例 7.14】 全局变量使用示例。

程序分析：本例实现的功能与例 7.11 相同，只是本例将 main 函数和 add 函数分散到两个源文件中，即 7_14_1.c 和 7_14_2.c。主要演示全局变量和外部变量配合使用的方法。

源文件 7_14_1.c 中的内容为：

```
int sub();                               //函数原型声明
void main()
{
    extern int SUM;                      //定义在后，使用在前，要使用 extern 扩展使用范围
    int x = 10,y = 20;
    add(x,y);
    printf("%d + %d = %d\n",x,y,SUM);
}
int SUM;                                 //在文件尾定义全局变量 SUM
```

源文件 7_14_2.c 中的内容为：

```
extern int SUM;                  //将 SUM 使用范围扩展到此文件中.试去掉此语句，查看编译结果
void add(int a,int b)
```

```
{
  SUM = a + b;
}
```

思维拓展：如果将程序中的“int SUM;”修改为“static int SUM;”，程序会出现问题吗？为什么？

说明：

(1) 语句“extern int SUM;”并不会为 SUM 分配内存空间，只是告诉编译系统此变量在本源文件的后面或其他源文件中已经定义。

(2) 如果工程由多个源程序文件组成，若在不同的源文件中定义同名全局变量，虽然它们属于不同的作用域，但链接时仍然会产生“ * already defined in * .obj”的错误信息。因此，最好的方法是在一个.c 文件中定义所需全局变量，而在一个头文件中再用 extern 关键字声明一下，在其他.c 文件头部只需用#include 命令将头文件包含进来即可。

7.7.5 变量汇总

为了便于读者比较记忆，表 7.1 汇总了主要变量的属性。

表 7.1 主要变量属性汇总表

变量	作用域	生存期	所在存储区	是否自动初始化	是否支持 extern
全局变量	文件作用域	静态生存期	全局/静态存储区	自动初始化为 0	支持
全局静态变量	文件作用域	静态生存期	全局/静态存储区	自动初始化为 0	本源文件中支持
局部静态变量	块作用域	静态生存期	全局/静态存储区	自动初始化为 0	不支持
局部变量	块作用域	动态生存期	栈区	不自动初始化	不支持
寄存器变量	块作用域	动态生存期	寄存器	不自动初始化	不支持

(1) 具有静态生存期的变量(全局变量、全局静态变量、局部静态变量)都被分配在全局/静态存储区，如果不赋初值，则会自动初始化为 0。

(2) 局部变量(局部自动变量、局部静态变量、寄存器变量)都具有块作用域。

(3) 只有全局变量支持 extern 关键字，但全局变量在本源文件和其他文件中都支持 extern 关键字，而全局静态变量只支持本源文件中的 extern 关键字。

7.8 典型例题

【例 7.15】 阅读下面程序并写出运行后的输出结果：________。

```
#include <stdio.h>
int f(int n){
if (n == 1)
   return 1;
else
   return f(n - 1) + n;
}
main()
{ int j = 0; j = f(5);
```

```
 printf(" %d\n",j);
}
```

程序分析：函数 f 是一个递归函数，其功能是求 1 至 n 的和，因此输出结果为 15。

【例 7.16】 编写函数实现求 N×N 矩阵中两条对角线上偶数元素之和。

程序分析：一个 N×N 矩阵 A 具有两条对角线，如果 N 为奇数，则对角线的交界点为数据 A[N/2][N/2]；如果 N 为偶数，则对角线的交界点没有数据重合。求和方法为，依次扫描每条对角线上的所有数据，如果扫描到的数据为偶数则参与求和，否则不参与，求和结束后判断 N 是否为奇数，如果是，判断交界点 A[N/2][N/2]处数据是否为偶数，如果是则该数据曾参与 2 次运算，要在最后的数据和中减去该数据。两条对角线上的数据在矩阵的每行都有，位置分别为数据 A[i][i]和 A[i][n－i－1]。

```
#define N 7                                    //N为矩阵最大行数
int fun(int a[][N],int n)                      //n为矩阵的实际行数
{
    int sum = 0;                               //初始对角线数据之和为0
    for(int i = 0;i < n;i++)
{
    //分别判断每行中两条对角线上的数据是否为偶数,是,则相加
    if(a[i][i] % 2 == 0)
        sum += a[i][i];
    if(a[i][n - i - 1] % 2 == 0)
        sum += a[i][n - i - 1];
    }
    if(n % 2!= 0)              //如果n为奇数且交界点数据为偶数,则在和中减去一次交界点数据
     if(a[n/2][n/2] % 2 == 0)
        sum -= a[n/2][n/2];
    return sum;
}
```

【例 7.17】 编写函数将字符串形式存储的正整数转换为数字。如字符串“6543”转换为正整数 6543。

程序分析：将字符串正整数转换为整数时，首先要将数字字符转换为数字，方法是将数字字符的 ASCII 码值与字符 0 的 ASCII 码值相减，如将字符 4 转换为数值 4，方法为'4'－'0'，便得到数值 4。转换方法为：从高位依次将字符串整数的数字字符转换为数值，并与已经转换好的前几位数据乘以 10 后的数据相加。

```
int Dconvert(char a[])
{
  int s = 0,i = 0;
  while (a[i]!= '\0')
      {
       s = s * 10 + a[i] - '0';                //与已经转换好的前几位数据乘以10后的数据相加
       i++;
      }
return s;                                      //返回转换后的整数
}
```

【例 7.18】 编写函数实现将一个十进制数转换为十六进制数。

程序分析：十六进制中高于 10 的数字都为字母，所以，转换时需要将转换后的十六进制数据所有数位上的值都以字符形式存储，如果转换后的数位上的值 n<10，转换方式为 n+'0'，将数值 n 转换为相应的字符 n，如果转换后的数位上的值 n≥10，转换方式为 n−10+'A'，将数值 n 转换为相应的 A～F 的字符。转换后为逆序存放的十六进制数字符串，需要编写另外一个字符串逆转程序，编写原理与整数逆置相同。

```
#include <stdio.h>
#include <string.h>
void reverse( char b[])                    //字符串逆转函数
{
    int i,n;
    char t;                                //i 为循环变量,t 为交换数据时的临时空间
    n = strlen(b);                       //求字符串长度,strlen 函数包含在 string.h 头函数中
    for (i = 0;i < n/2;i++)                //实施交换
      {
        t = b[i];
        b[i] = b[n - i - 1];
        b[n - i - 1] = t;
    }
}
void DtoH(int n ,char c[])                 //将十进制数转换为十六进制数
    {
    int m,k,i = 0;
    m = n;
    while(m > 0)                           //将十进制数转换为逆序存放的十六进制数
    {
      k = m % 16;
      m = m/16;
      if (k < 10)
          c[i++] = k + '0';                //转换后的数位值小于 10
      else
          c[i++] = k - 10 + 'A';           //转换后的数位值大于等于 10
    }
    c[i] = '\0';                           //字符串结束标志
   reverse(c);                             //逆转字符串
}
```

【例 7.19】 有个等比数列 n,2n,4n,8n,…，当数据大于 6000 时不再计算，把数据按照从大到小的顺序打印出来，并且计算过程中不使用其他变量和数组。

程序分析：该数列是个等比数列，后一个数是前一个数的 2 倍，该计算很明显可以使用递归来实现，打印数据是在递归求解等比数据之后。

```
void geometric(int n)
{
    if(n <= 6000)
    {
       geometric( n * 2);
       printf("%d\n",n);
    }
}
```

7.9 综合案例

学习了函数之后，我们已经知道函数的定义、调用的相关知识，最重要的是明确了利用函数进行系统设计的突出优点。遵循自顶向下、逐步求精、模块化的设计原则，结合学生成绩管理系统的功能要求，我们为此案例设计了 12 个函数。为避免存储学生信息的数组在各个函数之间传来传去，特将存储学生信息的数组声明为全局变量。以此为前提，设计如下函数原型：

```
int login()                         //登录函数,登录成功则返回 1,否则返回 0
void menushow()                     //显示菜单选项
void menuselection()                //用户输入操作控制函数
void addstudent()                   //增加学生信息
void modifystudent()                //修改学生信息
void displayall()                   //显示所有学生信息
void querybyno()                    //按学生学号查询学生信息
void delstudent()                   //删除指定学号的学生信息
void sortbyno()                     //按学号进行排序
int loadfromfile()                  //从文件中读取学生信息
int savetofile()                    //将学生信息保存到文件
void quitsystem()                   //退出系统
```

在本章中，仅实现 login、menushow 和 menuselection 函数，每个函数要功能单一，请读者细细体会函数的设计技巧和函数的突出优点。

```
#include <stdio.h>
#include <string.h>
#include <stdlib.h>
int login()
{
    char name[] = "admin",pwd[] = "my123";  //正确的用户名和密码
    char username[10],userpwd[10];          //用户输入的用户名和密码
    int count;                              //用户输入用户名和密码的次数
    for(count = 1;count <= 3;count++)       //给用户三次机会
    {
        printf("\n");
        printf(" ******** 请输入用户名: ");
        gets(username);
        printf(" ******** 请输入密码: ");
        gets(userpwd);
        //如果用户名和密码正确,则登录成功,返回 1
        if(strcmp(name,username) == 0&&strcmp(pwd,userpwd) == 0)
            return 1;
        else//如果输入错误则显示错误提示信息
            if (count < 3)                  //如果不是第 3 次,则输出此错误信息,
            printf(" ****** 用户名或密码输入错误,请重新输入!!! ******* \n");
    }
    printf(" ******* 用户名和密码错误已经超过 3 次,系统自动退出!!! ****** \n");
    return 0;                               //退出循环时则说明已经超过 3 次,登录失败
```

```
}
void menushow()
{//输出主控菜单选项
    printf("\n");
    printf("\t ****************************** \n");
    printf("\t *  欢迎使用  * \n");
    printf("\t *  学生成绩管理系统  * \n");
    printf("\t ****************************** \n");
    printf("\n");
    printf("\t *  1:增加学生信息  * \n");
    printf("\t *  2:修改学生信息  * \n");
    printf("\t *  3:显示学生信息  * \n");
    printf("\t *  4:查询学生信息  * \n");
    printf("\t *  5:删除学生信息  * \n");
    printf("\t *  6:按学号进行排序  * \n");
    printf("\t *  7:从文件中读取学生信息  * \n");
    printf("\t *  8:将学生信息保存到文件  * \n");
    printf("\t *  9:退出系统  * \n");
    printf("\t ****************************** \n\n");
}
void menuselection()
{
    int userselection;
    //提示用户选择序号
    printf("请输入您的选择(1-9):");
    scanf("%d",&userselection);
    printf("你的选择是: ");
    switch(userselection)
    {  //如果 addstudent()函数已经实现,则可以放在 case1 后面
      case 1:printf("1:增加学生信息\n");break;
      case 2:printf("2:修改学生信息\n");break;
      case 3:printf("3:显示学生信息\n");break;
      case 4:printf("4:查询学生记录\n");break;
      case 5:printf("5:删除学生信息\n");break;
      case 6:printf("6:按学号进行排序\n");break;
      case 7:printf("7:从文件中读取学生信息\n");break;
      case 8:printf("8:将学生信息保存到文件\n");break;
      case 9:printf("9:退出系统\n"); exit(0);    //使用 exit 函数正常退出系统
      default:printf("%d,请输入 1-9 之间的数字\n",userselection);
    }
}
int main()                                  //main 函数中的代码变得异常简洁,可读性大大提高
{
    if (login() == 1)                       //如果登录成功
    {
        while(1)                            //死循环,使系统始终显示主控菜单选项
        {
            menushow();                     //显示主控菜单
            menuselection();                //根据用户输入选择不同操作
        }
    }
}
```

习 题

一、选择题

1. 在C语言中，函数返回值的类型最终取决于(　　)。
   A. 函数定义时在函数首部所说明的函数类型
   B. return 语句中表达式值的类型
   C. 调用函数时主调函数所传递的实参类型
   D. 函数定义时形参的类型
2. 凡是在函数中未指定存储类别的变量，其隐含的存储类别是(　　)。
   A. 自动　B. 静态　C. 外部　D. 寄存器
3. 当调用函数时，实参是一个数组名，则向函数传送的是(　　)。
   A. 数组的长度　B. 数组的首地址
   C. 数组每一个元素的地址　D. 数组每个元素中的值
4. 以下只有在使用时才为该类型变量分配内存的存储类说明是(　　)。
   A. auto 和 static　B. auto 和 register
   C. register 和 static　D. extern 和 register
5. C语言中，函数值类型的定义可以缺省，此时函数值的隐含类型是(　　)。
   A. void　B. int　C. float　D. double
6. 在一个C语言程序中，(　　)。
   A. main 函数必须出现在所有函数之前　B. main 函数可以在任何地方出现
   C. main 函数必须出现在所有函数之后　D. main 函数必须出现在固定位置
7. 以下叙述中正确的是(　　)。
   A. 全局变量的作用域一定比局部变量的作用域范围大
   B. 静态(static)类别变量的生存期贯穿于整个程序的运行期间
   C. 函数的形参都属于全局变量
   D. 未在定义语句中赋初值的 auto 变量和 static 变量的初值都是随机值
8. 若已定义的函数有返回值，则以下关于该函数调用的叙述中错误的是(　　)。
   A. 函数调用可以作为独立的语句存在　B. 函数调用可以作为一个函数的实参
   C. 函数调用可以出现在表达式中　D. 函数调用可以作为一个函数的形参
9. 下列叙述中错误的是(　　)。
   A. C程序必须由一个或一个以上的函数组成
   B. 函数调用可以作为一个独立的语句存在
   C. 若函数有返回值，必须通过 return 语句返回
   D. 函数形参的值也可以传回给对应的实参
10. 下列叙述中错误的是(　　)。
    A. 一个C语言程序只能实现一种算法
    B. C程序可以由多个程序文件组成
    C. C程序可以由一个或多个函数组成

D. 一个C函数可以单独作为一个C程序文件存在

11. 下列叙述中正确的是(　　)。

A. 每个C程序文件中都必须要有一个main()函数

B. 在C程序中main()函数的位置是固定的

C. C程序中所有函数之间都可以相互调用,与函数所处位置无关

D. 在C程序的函数中不能定义另一个函数

12. 有以下程序:

```
int fun1(double a){return a* = a;}
int fun2(double x,double y)
{ double a = 0,b = 0;
  a = fun1(x);b = fun1(y);
  return(int)(a + b); }
main( )
{double w;w = fun2(1.1,2.0); … … }
```

程序执行后变量w中的值是(　　)。

A. 5.21　　B. 5　　C. 5.0　　D. 0.0

二、填空题

1. 以下函数findmin返回数组s中最小元素的下标,元素个数由参数t传入,请填空。

```
int findmin(int s[],int t)
{ int i,p;
  for(p = 0,i = 0;________;i++)
     if(s[p]> s[i])________;
  return ________;
}
```

2. 有下列程序:

```
int fun(int x[ ],int n)
{ static int sum = 0,i;
for(i = 0;i < n;i+ + ) sum+ = x[i];
return sum; }
main( )
{ int a[ ] = {1,2,3,4,5},b[ ] = {6,7,8,9},s = 0;
s = fun(a,5) + fun(b,4); printf(" % d\n",s); }
```

程序执行后的输出结果是________。

3. 有以下程序:

```
int fa(int x)
{return x * x; }
int fb(int x)
{return x * x * x; }
int f(int ( * f1)(),int ( * f2)(),int x)
{return f2(x) - f1(x); }
main()
{int i;
```

```
i = f(fa,fb,2); printf(" % d\n",i);
}
```

程序运行后的输出结果是________。

4. 以下函数的功能是计算 s=1+1/2! +1/3! +…+1/n!,请填空。

```
double fun(int n)
{double s = 0.0,fac = 1.0; int i;
for(i = 1;i <= n;i++)
{fac = fac ________;
s = s + fac;
}
return s;
}
```

5. fun 函数的功能是：首先对 a 所指的 N 行 N 列的矩阵,找出各行中最大的数,再求这 N 个最大值中最小的那个数作为函数值返回。请填空。

```
#include <stdio.h>
#define N 100
int fun(int a[][N])
{int row,col,max,min;
for(row = 0;row < N;row++)
{for(max = a[row][0],col = 1;col < N;col++)
if(________) max = a[row][col];
if(row == 0) min = max;
else if(________) min = max;
}
return min;
}
```

6. 函数 sstrcmp()的功能是对两个字符串进行比较。当 s 所指字符串和 t 所指字符串相等时,返回值为 0；当 s 所指字符串大于 t 所指字符串时,返回值大于 0；当 s 所指字符串小于 t 所指字符串时,返回值小于 0(功能等同于库函数 strcmp())。请填空。

```
#include <stdio.h>
int sstrcmp(char s[],char t[])
{ int i = 0;
while(s[i]&&t[i]&&s[i] == ________)
{i++; }
return ________;
}
```

7. 下列程序的运行结果是：________。

```
#include <stdio.h>
int f(int a[ ],int n)
{ if(n > 1)
    return a[0] + f(a + 1,n - 1);
  else
     return a[0];
```

```
}
main( )
{ int aa[10] = {1,2,3,4,5,6,7,8,9,10},s;
  s = f(aa + 2,4);
  printf(" % d\n",s);
}
```

8. 函数 long fun2(char * str)的功能是：自左至右顺序取出非空字符串 str 中的数字字符形成一个十进制整数(最多 8 位)。例如,若字符串 str 的值为"f3g8d5. ji2e3p12fkp",则函数返回值为 3852312。请填空。

```
 long fun2(char str[ ])
{
 int i = 0;
  long k = 0;
 int j = 0;
 while (str[j] != '\0'&& ________) {
  if(str[j] >= '0'&& str[j] <= '9'){
   k = k * 10 + str[j] - '0';
    ++i;
   }
   ________;
 }
    return k;
}
```

9. 函数 chanse(int num)的功能是对四位以内(含四位)的十进制正整数 num 进行如下的变换：将 num 的每一位数字重复一次,并返回变换结果。例如,若 num＝5234,则函数的返回值为 55223344,其变换过程可描述为：(请填空)

```
   (4 * 10 + 4) * 1  +  (3 * 10 + 3) * 100  +  (2 * 10 + 2) * 10000  +  (5 * 10 + 5) * 1000000
 = 55223344
  long change (int num)
  {
   int d, m  = num;
   long result, mul;
   if (num <= 0 ||________)             /* 若 num 不大于 0 或 num 的位数大于 4,则返回 -1 */
    return  -1;
   mul  =  1;
   ________;
   while (m > 0) {
    d  =  m % 10;
    m  = ________;
    result  =  result  +  (________)  *  mul;
    mul  = ________;
   }
   return result;
  }
```

10. 函数 f(char * str, char del)的功能是：将非空字符串 str 中的指定字符 del 删除，形成一个新字符串仍存放在 str 所指内存空间中。例如若 str 的值为“33123333435”,del 的值为'3',调用此函数后,新字符串为:“1245”。请填空。

```
void f(char str[], char del)
{
int i, j ;
i = j = 0;
while(str[i]!= '\0')
{
 if ( str[i]!= del )
       ________ = str[i];
 i++;
}
________;
}
```

二、编程题

1. 编写函数实现在一个有序的整数数组中插入一个整数,并使插入后的数据仍然有序。

2. 编写函数实现在一个字符串中查询是否存在另外一个字符串,如果存在返回子串在父串中的位置,否则返回－1。

3. 编写函数实现将一个正整数中的各个数字以字符形式存放于一个数组中。如正整数 7349,将数字字符 7、3、4、9 存到数组 C[]中。

4. 编写一个函数将给定字符串中的大写字母转换成小写字母。

5. 编写一函数,统计字符串中字母、数字、空格和其他字符的个数。

6. 编写一个子函数,求两个正整数的最大公约数。

7. 古堡算式。

福尔摩斯到某古堡探险,看到门上写着一个奇怪的算式:

ABCDE * ? = EDCBA

他对华生说:“ABCDE 应该代表不同的数字,问号也代表某个数字!”

华生:“我猜也是!”

于是,两人沉默了好久,还是没有算出合适的结果来。

请你利用计算机的优势,找到破解的答案,把 ABCDE 所代表的数字写出来。

8. 猴子吃枣问题。猴子摘了一堆枣,第一天吃了一半,但还嫌不过瘾又吃了一个;第二天又吃了剩下的一半零一个;以后每天如此。到第十天,猴子一看只剩下一个了。问最初有多少个枣?(请用递归完成)

9. 围绕着山顶有 10 个洞,一只狐狸和一只兔子住在各自的洞里。狐狸总想吃掉兔子。一天,兔子对狐狸说:“你想吃我有一个条件,先把洞从 1～10 编上号,你从 10 号洞出发,先到 1 号洞找我;第二次隔一个洞找我,第三次隔 2 个洞找我,以后以此类推,次数不限。若能找到我,你就可以饱餐一顿。不过在没有找到我以前不能停下来。”狐狸满口答应就开始找了,它从早到晚进了 1000 次洞,累得昏了过去也没找到兔子。问兔子有可能躲在几号洞?

10. 编写函数判断字符串 s 是否为回文字符串,若是,则返回 0,否则返回－1。若一个字符串顺读和倒读都一样时,称该字符串是回文字符串,例如:“LEVEL”是回文字符串,而

"LEVAL"不是。

11. 用递归方法求 n 阶勒让德多项式的值，递归公式为

$$p_n(x)=\begin{cases}1, & n=0\\ x, & n=1\\ [(2n-1)x-p_{n-1}(x)-(n-1)\cdot p_{n-2}(x)]/n, & n\geqslant 1\end{cases}$$

12. 编写一个递归函数实现 Fibonacci 数列。

无穷数 1,1,2,3,5,8,13,21,34,…,称为 Fibonacci 数列。它的递归定义为

$$F(n)=\begin{cases}1, & n=0\\ 1, & n=1\\ F(n-1)+F(n-2), & n>1\end{cases}$$

第8章 指　针

在第2章介绍“变量”时曾提到，如果在程序中定义了一个变量，编译时系统会为该变量在内存中分配相应数量的存储空间，因此一个变量实质上代表了“内存中的某段存储单元”，通过变量名可以访问该段内存。在计算机内部，内存空间是以字节为单位的一片连续的存储空间，每个字节都有一个编号，这个编号称为地址，不同的地址对应不同的内存空间。就像我们的每个教室都有一个教室编号一样，通过教室编号可对每个教室进行管理。同样的道理，通过内存字节的编号，即内存空间的地址，系统也可实现对一个内存空间的管理。

指针是内存空间的地址。指针类型是C语言中应用十分广泛的一种数据类型，利用指针可以有效地表示各种数据结构，方便地使用数组和字符串，简洁地实现函数间数据的传递，直接处理内存地址等，从而编写出精练而高效的程序。同时，由于指针使用复杂、灵活，难以理解和容易出错，并且发生错误时检查更困难，因此在学习中除了要正确理解指针的基本概念及其使用规律外，还必须要多思考、多比较、多做题、多上机调试程序来巩固掌握指针的概念及其应用。

本章主要讲解指针变量的定义及基本使用、数组的指针及利用指针访问数组、函数的指针及指向函数的指针变量、指针数组及指向指针的指针变量。

8.1 指针与指针变量

8.1.1 指针变量的基本概念

计算机的内存是以字节为存储单位的一片连续的存储空间，一个字节称为一个内存单元，每个内存单元都有一个编号，内存单元编号从0开始，各单元按顺序连续编号，这些单元编号称为内存单元的地址，使用地址就可以访问相应的内存空间。因为内存的存储空间是连续的，所以内存中的地址号也是连续的，一般用二进制数或十六进制数来表示，为了直观，我们将采用十进制数来描述。

在C语言程序中，若定义了一个变量，在编译时会根据变量类型的不同，为其分配一定字节数的内存空间，如整型占4个字节，字符型占1个字节等，变量的地址为所分配内存空间的首地址。设在函数内部有如下变量定义：

```
int x = 5,y = 15;
float z = 20;
```

则给整型变量 x、y 和实型变量 z 各分配 4 个字节的内存空间，其分配情况如图 8.1 所示。3000 为变量 z 所分配内存空间的首地址。

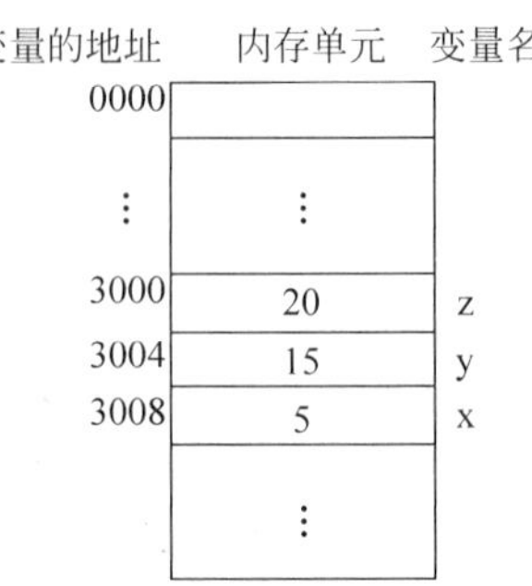

图 8.1 内存单元空间分配示意图

在高级语言中，地址被形象地称为指针。内存单元的指针就是指内存单元的地址，而内存单元的值是指内存单元中存放的数据，两者是完全不同的概念，请注意区分。在 C 语言中，专门用来存放指针的变量称为指针变量。例如，为指针变量 px 分配的内存空间中存放着变量 x 的首地址 3008，如图 8.2(a)所示。这样，指针变量 px 和变量 x 之间就建立起了一种指向关系，即 px 是指向变量 x 的指针变量。读者不必关心 px 和 x 在内存中究竟如何分配，只需关注两者之间的逻辑指向关系即可，如图 8.2(b)所示。

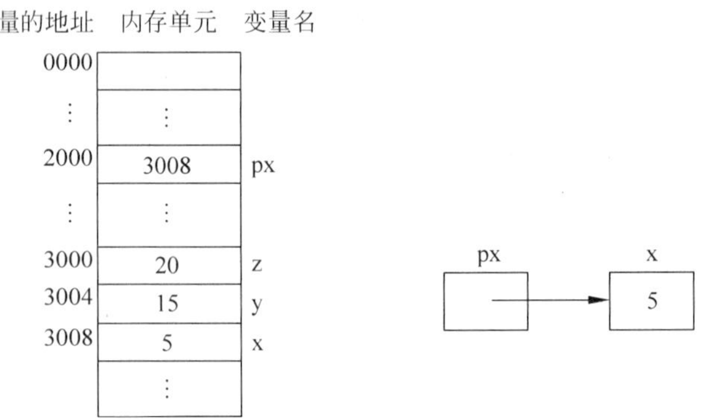

(a) 指针变量内存空间物理分配示意图　　(b) px 与 x 的逻辑关系示意图

图 8.2 指针变量示意图

请注意区分指针与指针变量之间的区别。指针就是地址，是常量；指针变量是变量，变量中存放的值是一个指针。但为了简便，指针变量通常简称为指针，因此需要根据上下文确定指针是指针变量还是地址。

有了指针的概念后，在 C 语言中，存取变量值的方法可以使用直接访问和间接访问两种方式。

(1) 直接访问方式：指在程序中直接使用变量名对内存空间进行存取，如图 8.1 所示，变量 x 所占内存空间的首地址是 3008,直接使用变量名 x 便可实现对这段内存空间进行数据的存取。

(2) 间接访问方式:将一个变量的地址存放在一个指针变量中,然后通过指针变量对变量进行存取。如图 8.2 所示,先从指针变量 px 中取出地址 3008,然后对以 3008 为首地址的内存进行存取。

8.1.2 指针变量的定义与初始化

1. 指针变量的定义

指针变量和普通变量一样,仍遵循先定义、后使用的原则。定义的一般形式为:

```
[存储类型] 数据类型 *变量名;
```

其中:

(1) 存储类型为可选项,含义与第 7 章中的存储类型相同,是指指针变量本身的存储类型。

(2) "*"是指针说明符,表明其后的变量名为指针变量。

(3) 数据类型是指该指针变量所指向变量的数据类型,称为指针变量的基类型。在 VC++6.0 中,所有指针变量本身的类型均默认为 unsigned long int 型。

例如:

```
int x = 10, * px;
```

表示定义了一个整型变量 x 和一个指针变量 px。注意,指针变量名是 px,不是 * px。

2. 相关运算符

在 C 语言中有两个与指针变量密切相关的运算符:"&"和"*"。

(1) "&"是取地址运算符,其功能是取变量的地址。例如:

```
px = &x;
```

其功能是将变量 x 的地址赋给指针变量 px,即建立起指针变量 px 与变量 x 之间的逻辑关系,如图 8.3 所示。

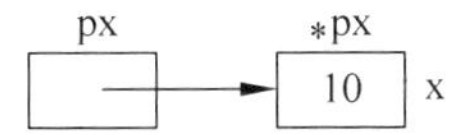

图 8.3 指针运算示意图

(2) "*"是指针运算符,也称为间接运算符,表示间接访问指针变量所指向的内存空间。例如:

```
* px = 5;
```

其功能是将 5 存入到 px 所指向的内存空间(即 x)中,与语句"x=5;"的功能相同。

注意:定义语句与执行语句中的"*"运算符的含义是不同的。例如,定义语句"int x=

10，＊px；”中的“＊”只表示其后的变量为指针变量；而执行语句“＊px=5；”中的“＊”是指针运算符，“＊px”表示 px 所指向的内存空间。

3. 指针变量的初始化

指针变量定义的同时赋初值，称为指针变量的初始化。例如：

```
int x = 5;            //定义一个整型变量
int * px = &x;        //在定义 px 的同时赋初值,使指针变量 px 指向变量 x
int * py = px;        //在定义 py 的同时赋初值,使指针变量 py 也指向变量 x
```

以上三条语句执行后，变量 x、px、py 之间的逻辑关系如图 8.4 所示。此时，x、＊px 和＊py 指同一段内存空间。

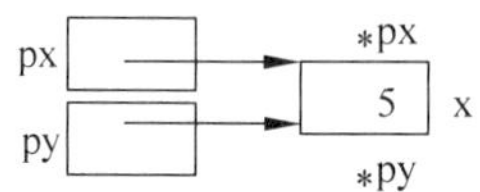

图 8.4 指针运算示意图

8.1.3 指针变量的使用

指针变量和其他变量一样，在程序运行过程中其值是可以改变的。但指针变量在使用前必须赋值，即一个指针变量可以通过不同的“渠道”获得一个确定的地址值，从而指向一个具体的内存空间，以保证应用程序对通过该指针间接访问的内存空间确实具有存取权，否则会导致程序运行时错误或逻辑错误，甚至造成死机。同时需注意，只能将地址赋给指针变量，而不能是任何其他数据，否则将引起语法错误。

（1）指针变量赋地址值。例如：

```
int i;
int * pi;
pi = &i;              //使用赋值语句使指针变量 pi 指向了变量 i
```

即建立起指针变量 pi 与变量 i 之间的逻辑关系。

需要特别注意的是，不能将一个常量赋给指针变量，因为根本无法保证应用程序对以此常量为首地址的这段内存空间具有存取权。例如，以下语句是错误的。

```
pi = 2000;
```

同时，下面语句也是错误的赋值方式：

```
* pi = &i;
```

＊pi 是指以指针变量 pi 中的值为首地址的内存空间，该内存空间里面存放的应该是 int 类型的数据；而 &i 是指变量 i 的首地址，应该赋给指针变量 pi，而不是＊pi。

（2）相同类型指针变量间的赋值。例如：

```
int i = 10, * pi, * pj;
pi = &i;
pj = pi;              //使用赋值语句使指针变量 pj 指向了指针变量 pi 所指向的内存空间
```

上述三条语句执行过程中各变量之间的逻辑关系如图 8.5 所示。三条语句执行完毕后，* pi、* pj 和 i 代表同一段内存空间。

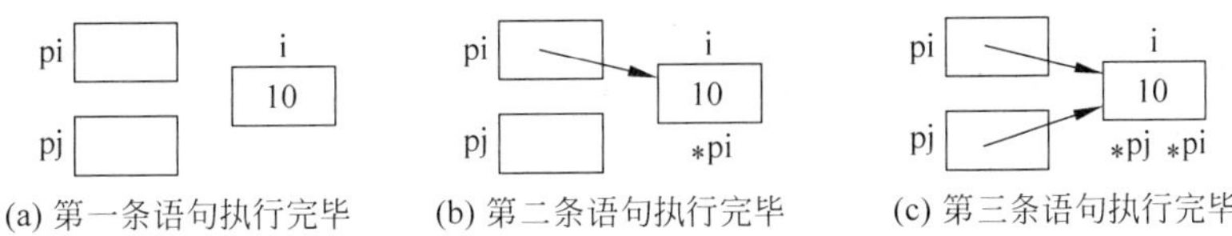

图 8.5 指针变量指向示意图

需要特别注意的是，不同数据类型的指针变量之间不能赋值，例如：

```
int i = 10, * pi;
char * pj;
pj = pi;                //错误,pj 和 pi 不是同一数据类型
```

(3) 指针变量赋"空"值

指针变量在使用前必须赋值，否则会引发运行时错误。例如：

```
int * pi;
* pi = 10;
```

没有给指针 pi 赋值，却要使用 * pi，会导致程序产生运行时错误。因此指针变量在使用前尽量确定它指向的变量；如果暂时不能确定，则可以为指针变量赋 NULL 值，表示指针变量不指向任何地方。例如：

```
pi = NULL;
```

指针变量 pi 被赋值为 NULL(NULL 是在 C 语言标准头文件 stdio. h 中用命令"# define NULL 0"定义的符号常量)，则称 pi 为空指针。C 语言中规定，当指针值为零时，指针不指向任何有效存储空间。即此时，指针 pi 并不是指向地址为 0 的存储单元，而是有了一个确定的值"空"。语句"pi=NULL;"与以下两条语句等价："pi='\0';"和"pi=0;"。

【例 8.1】 阅读下面的程序，理解指针访问方式。

```
#include <stdio.h>
void main()
{ int x,y;
  int * px = &x, * py = &y;                //定义了两个指针变量 px 和 py,并初始化
  x = 10;
  y = 20;
  printf("x + y = %d\n",x + y);
  printf(" * px + * py = %d\n", * px + * py);   //指针引用输出 x 与 y 的和
}
```

程序运行结果为：

```
x + y = 30
* px + * py = 30
```

分析以上例子，间接地址访问符" * "在不同情形下会有完全不同的含义，如例 8.1 中第

4 行的“int * px, * py;”是指定义了两个指针变量 px 和 py,“ * ”表示其后的变量是指针;而后面出现的 * px 和 * py 分别代表指针 px 和 py 所指向的变量。在本例中,因为 px 和 py 分别指向变量 x 和变量 y,所以 * px 就是 x, * py 就是 y。

【例 8.2】 对两个整数 x 和 y,按先小后大的顺序输出。

```
#include <stdio.h>
void main()
{ int x = 20, y = 10;
  int * px, * py, * p;
  px = &x;
  py = &y;                           //px 指向 x, py 指向 y
  if( * px > * py)
      {p = px; px = py; py = p;}     //交换 px 和 py 的值
  printf(" x = %d, y = %d\n", x, y);
  printf(" min = %d, max = %d\n", * px, * py);
}
```

程序运行结果为:

```
x = 20, y = 10
min = 10, max = 20
```

本程序不是通过交换变量 x、y 的值,而是通过改变指针 px 和 py 的指向,实现了输出排序问题,执行过程如图 8.6 所示。借助一个指针 p 过渡,交换了 px 和 py 的值,因此指针 px 和 py 的指向发生了改变,使得指针 px 不再指向变量 x,而是指向了变量 y,因此输出 * px,即是输出 y 的值;同理,输出 * py,即是输出 x 的值。

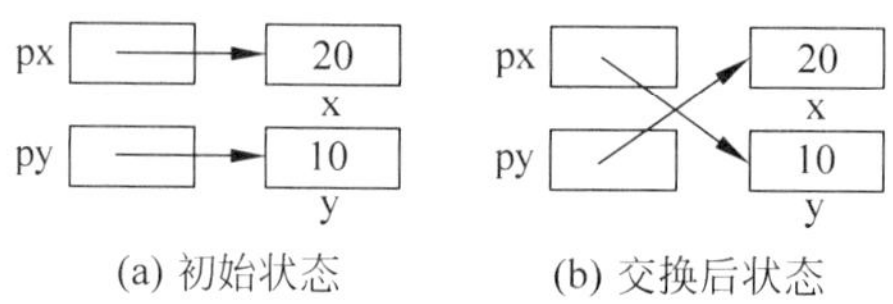

图 8.6 例 8.2 指针变量指向示意图

8.1.4 二级指针

一级指针变量中存放的是一个普通变量的地址,而二级指针变量中存放的是一个一级指针变量的地址,所以二级指针也称为指向指针的指针。

二级指针变量的定义形式如下:

数据类型 ** 指针变量名

前面介绍的,如间接访问、取地址赋值、指针相减等指针操作,都可以应用于二级指针。间接访问运算符“ * ”应用于二级指针得到的是指针,再应用一次“ * ”才能得到存储空间的数据。

例如:

```
float x = 20;
float * px = &x;
float ** ppx = &px;
```

以上程序段表示定义了 3 个变量 x、px 和 ppx,并分别初始化。一级指针 px 指向实型变量 x,二级指针 ppx 指向一级指针 px,如图 8.7 所示。由于 px 指向 x,ppx 指向 px,所以 x 和 * px、** ppx 代表同一段内存空间,px、* ppx 代表同一段内存空间。需要注意的是,二级指针 ppx 只能指向一级指针变量,不能指向普通变量。

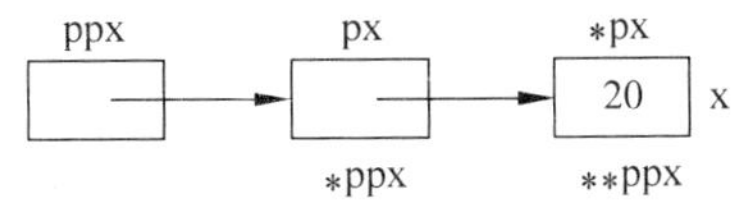

图 8.7 二级指针示意图

【例 8.3】 利用二级指针计算两个实数之差。

```
#include <stdio.h>
void main()
{
  int x,y;
  int * px, * py;
  int ** ppx, ** ppy;
  x = 15; y = 5;
  px = &x;                                    //指针 px 指向 x
  py = &y;                                    //指针 py 指向 y
  ppx = &px;                                  //二级指针 ppx 指向指针 px
  ppy = &py;                                  //二级指针 ppy 指向指针 py
  printf(" x - y = %d\n",x - y);
  printf(" * px - * py = %d\n", * px - * py);          //引用一级指针
  printf(" ** ppx - ** py = %d\n", ** ppx - ** ppy);    //引用二级指针
}
```

程序运行结果为:

```
x - y = 10
* px - * py = 10
** ppx - ** ppy = 10
```

本程序利用二级指针访问整型变量,并采用三种方法输出两个整数之差。

由此例可看出,二级指针的基类型是指针类型,二级指针变量名前面必须通过两个 * 号运算,才能得到数据单元。

8.2 指针与数组

在 C 语言中,数组就是一段内存块,数组名代表这段内存块的首地址,即第一个元素的地址,每个数组元素可以看作一个普通变量,因此可以使用指针变量指向数组所在内存块,

从而方便地访问数组元素。

8.2.1 一维数组和指针

1. 指向一维数组的指针变量

指向一维数组的指针变量的定义方法与前面介绍的指向普通变量的指针变量的定义方法相同。例如,设在函数中有如下定义:

```
float a[10] = {2,4,6,8,10,12,14,16,18,20};        //定义 a 为包含 10 个实型数据的数组
float *p;                                           //定义 p 为指向实型变量的指针
```

则赋值语句:

```
p = a;
```

就可以将数组 a 的首地址赋给指针变量 p,表示 p 指向数组 a。因为一维数组 a 的首地址就是数组元素 a[0]的地址,所以语句"p = a;"与"p = &a[0];"等价,最终效果都如图 8.8 所示。

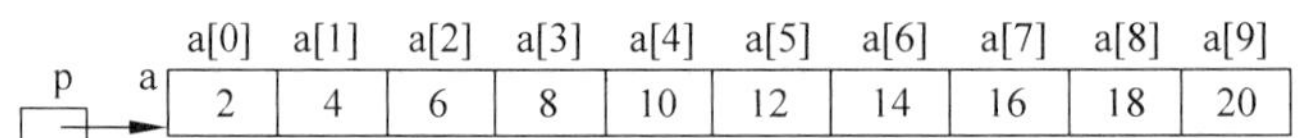

图 8.8 一维数组指针示意图

若有语句: p=&a[3];则表示将数组元素 a[3]的首地址赋给指针变量 p,或者说表示 p 指向数组元素 a[3],如图 8.9 所示。

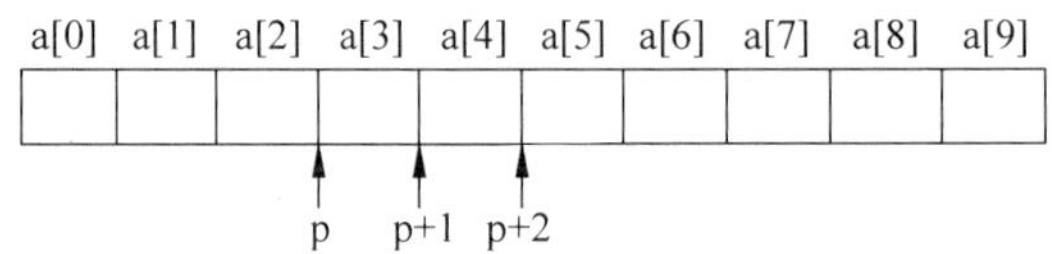

图 8.9 指向数组的指针变量 p

2. 指针的算术运算

指针有意义的算术运算有加法、减法、自增和自减,需要强调的是,只有当指针指向同一段连续的存储区域时,上述这些运算才有实际意义。在此仅以加法和自增为例。

若有以下语句:

```
float a[10] = {2,4,6,8,10,12,14,16,18,20};
float *p;
p = a;                                              //或 p = &a[0];
```

则加法表达式"p+n"(n>=0)的结果也是一个地址值,表示从地址 p 开始向后数 n 个单元的地址。需要特别指出的是,这里的 n 个单元究竟是多少个字节,是由指针变量的基类型决定的。本例中基类型为 float,则是 n*4 个字节;如果基类型为 double,则是 n*8 个字节。

本例中,p 指向了数组 a 的首地址,也就是 a[0]的首地址,则 p+1 就是 a[1]的首地址,

p＋n 就是 a[n]的首地址。∗p 是 p 所指向的内存空间,也就是 a[0],则∗(p＋n)就是 p＋n 所指向的内存空间,也就是 a[n]。

另外,两个基类型相同的指针相减才有意义,结果是两个地址间基类型单元的个数。例如:

```
float a[10] = {2,4,6,8,10,12,14,16,18,20};
float *p, *q;
p = a;                                          //等价于 p = &a[0];
q = a + 4;                                      //等价于 q = &a[4];
```

则 q－p 的值为 4,即 a[4]的首地址比 a[0]的首地址大 4 个 float 类型单元。

再以＋＋p 和 p＋＋为例说明自增、自减运算的含义,仍以"p＝a;",即 p 指向 a[0]为前提。

＋＋p 的含义为:指针 p 先自加 1,即 p 指向 a[1];然后参与运算,即参与运算的＋＋p 表达式的值为 a[1]的首地址。例如语句:

```
printf("%d", *(++p));
```

会输出 a[1]的值,p 最终指向 a[1]。

p＋＋的含义为:先参与运算,即参与运算的 p＋＋表达式的值为 a[0]的首地址;然后自加 1,即 p 指向 a[1]。例如语句:

```
printf("%d", *(p++));
```

会输出 a[0]的值,p 最终指向 a[1]。

3. 指针的比较运算

C 语言中所有的关系运算符均可以用于指针运算。假设 p1、p2 为指针变量,则 p1＝＝p2 或 p1！＝p2 表示判断指针 p1 和 p2 是否指向同一地址;p1＞p2 表示指针 p1 所指向地址是否大于 p2 所指向地址;其他关系表达式依此类推。

但必须注意,并不是所有的地址比较都有意义,例如,表达式 p1＜p2 有意义的前提是 p1 和 p2 指向同一连续的内存单元。如图 8.10 所示,p1 指向 a[2],p2 指向 a[5],则表达式 p1＜p2 为真,即指针变量 p1 所指向的地址值比指针变量 p2 所指向的地址值小。

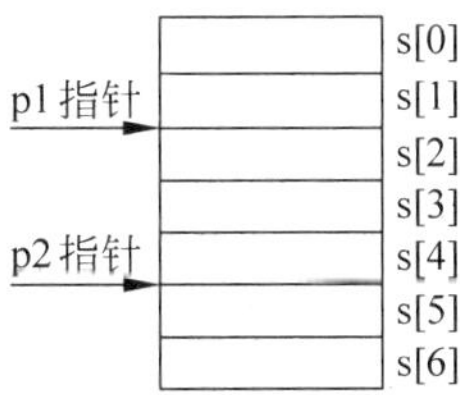

图 8.10 指针变量的关系示意图

任何指针变量和 NULL 或 0 做相等或不相等关系运算,即 p1＝＝NULL 或 p1！＝NULL,其含义是判断指针变量是否为空。

【例 8.4】 为数组 a 输入任意 10 个实数,采用不同的形式访问数组元素。

```
#include <stdio.h>
void main()
{
    float a[10], * p;
    int i;
    printf("Please enter 10 real number:\n ");
    for(i = 0;i < 10;i++)                  //采用最熟悉的下标法引用数组元素
        scanf(" %f",&a[i]);
    printf(" The values of array are:\n");
    for(p = a, i = 0;i < 10;i++)           //指针 p 指向数组 a,p 不动,通过表达式(p + i)中的
        printf(" %.2f", * (p + i));        //i 进行变化,达到引用每个数组元素的目的
    printf("\n");
    for(p = a;p < a + 10;p++)              //指针 p 开始时指向数组 a,通过 p 本身的移动达到
        printf(" %.2f", * p);              //引用每个数组元素的目的
    printf("\n");
    for(i = 0;i < 10;i++)                  //采用数组名法引用数组元素
        printf(" %.2f", * (a + i));        //此语句中, * (a + i)和 a[i]等价
    printf("\n");
}
```

程序运行结果为：

```
Please enter 10 real number:
10  9  8  7  6  5  4  3  2  1
The values of array are:
10.00  9.00  8.00  7.00  6.00  5.00  4.00  3.00  2.00  1.00
10.00  9.00  8.00  7.00  6.00  5.00  4.00  3.00  2.00  1.00
10.00  9.00  8.00  7.00  6.00  5.00  4.00  3.00  2.00  1.00
```

【例 8.5】 求 10 个整数的平均值,并输出大于平均值的整数。

```
#include <stdio.h>
void main()
{
    int i,a[10], * p;
    float ave, sum = 0;
    printf("Please input 10 values: \n");
    for(p = a;p < a + 10;p++)              //循环结束后,p 指向数组 a 最后一个元素后面的地址
    { scanf(" %d",p);
      sum = sum + * p;
    }
    ave = sum/10;
    printf("The average value is: %.2f\n",ave);
    printf("The elements greater than the average value are:\n ");
    p = a;                                 //此语句很重要,使 p 重新指向数组 a 的第一个元素
    for(i = 0;i < 10;i++)
        if( * (p + i)> ave) printf(" a[ %d] = %d",i, * (p + i));
    printf("\n");
}
```

程序运行结果为：

```
Please input 10 values:
10  4  3  2  1  9  6  7  8  5
The average value is:5.50
The elements greater than the average value are:
a[0] = 10  a[5] = 9  a[6] = 6  a[7] = 7  a[8] = 8
```

在例8.5中，表达式"＊(p+i)"的值为p+i所指向存储单元的值，一定要和"＊p+i"区别开，表达式"＊p+i"的值为p所指向存储单元的值加i的和。

另外，也需注意＊p++和(＊p)++的区别。＊和++是优先级和结合性都相同的运算符，＊p++与＊(p++)等价，是先取p所指向存储单元的值参与运算，然后p自加1。而(＊p)++是将p所指向的存储单元的值加1，而p本身不变。

8.2.2 二维数组和指针

本节以指向二维数组的指针变量为例，说明指向多维数组的指针变量的定义与使用。

1. 二维数组和数组元素的地址

在C语言中，一维或多维数组都是占用一片连续的内存空间。二维数组在内存中是按照行优先的原则存放的，二维数组可以看作一个一维数组，只不过这个一维数组的每一个元素又是一个一维数组。例如，若有以下定义：

```
int b[3][4] = {{2,4,6,8},{10,12,14,16},{18,20,22,24}}, *p = b[0];
```

根据二维数组的特性，数组b可看成是由三个一维数组b[0]、b[1]、b[2]组成，而b[0]、b[1]、b[2]又分别是由4个整型元素组成的一维数组，如图8.11所示。例如，b[0]代表的第1行由4个元素组成，分别是b[0][0]、b[0][1]、b[0][2]和b[0][3]。

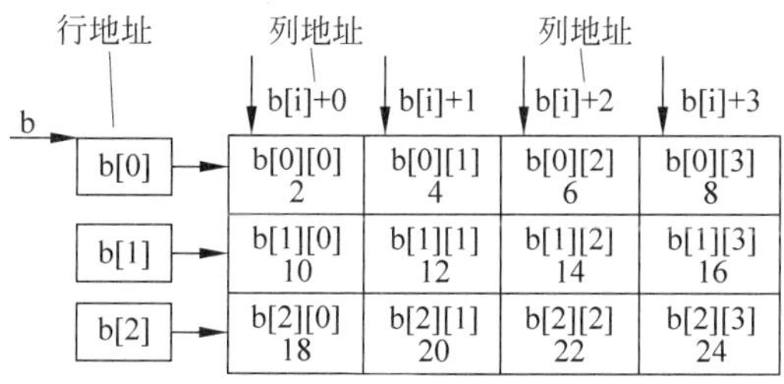

图8.11 二维数组的行地址和列地址示意图

在C语言中，对多维数组而言，数组名同样代表数组的首地址，但其地址表示与一维数组不同。以int b[3][4]为例，b[0]代表第1行的首地址，b[1]代表第2行的首地址，b[2]代表第3行的首地址。二维数组b的第(i+1)行是一个一维数组，其数组名为b[i]，则b[i]+j就是第(i+1)行第(j+1)列元素的地址。假设b的值为3000，则b[i]+j的值为"3000+(i＊4+j)＊4"。因此，元素b[i][j]可以表示为"＊(b[i]+j)"，也可以表示为"＊(＊(b+i)+j)"。

二维数组名b的值虽与b[0]的值相同，但是其基类型为具有4个整型元素的一维数组类型，所以二维数组名b应理解为一个行指针，在表达式b+1中，数值1的单位应是4(4个元素)×4(4B)=16B。虽然 b+i 的值与 b[i]的值相同,但赋值语句“p=b;”是不合法的,因为 p 是指向一维数组的指针变量,其基类型是 int 型,而 b 的基类型是一维数组。而赋值语句“p=b[i];”是合法的,因为指针变量 p 的基类型与 b[i](0≤i<3)相同。因为 b[i]与“*(b+i)”等价,故赋值语句“p=b[i];”也可写成“p=*(b+i);”。另外,二维数组名 b 也是常量,不能做赋值运算,如 b++和 b=b+i 等运算是不合法的。

2. 二维数组的指针引用

通过对二维数组地址特性的分析,我们可以使用以下指针方式来访问二维数组。

(1) 通过指向二维数组元素的指针变量引用二维数组

这种形式的指针变量与普通指针变量的定义形式相同,因此可以通过定义一个与二维数组元素类型相同的指针变量来访问二维数组。

【例 8.6】 通过普通指针变量引用二维数组元素示例。

```
#include <stdio.h>
void main()
{
    int i,j,b[3][3], *p;
    printf("Please input 9 values for the array b:\n");
    p = b[0];
    for(i = 0;i < 3;i++)              //每执行一次循环,表达式 p++则使指针 p 指向下一个元素
      for(j = 0;j < 3;j++)
         scanf(" %d",p++);
    printf(" \n");
    p = b[0];                         //指针重新指向首元素的地址
    printf("Output each element of two dimensional array b:\n");
    for(i = 0;i < 3;i++)
    { for(j = 0;j < 3;j++)
         printf("b[%d][%d] = %-5d",i,j, *(p++));
      printf("\n");
    }
}
```

程序运行结果为:

```
Please input 9 values for the array b:
9 8 7 6 5 4 3 2 1
Output each element of two dimensional array b:
b[0][0] = 9  b[0][1] = 8  b[0][2] = 7
b[1][0] = 6  b[1][1] = 5  b[1][2] = 4
b[2][0] = 3  b[2][1] = 2  b[2][2] = 1
```

【例 8.7】 找出二维数组中的最大值,并输出二维数组及其最大值元素所在的行列号。

```
#include <stdio.h>
void main()
{
    int i,j, *p,max,row,col;
    int b[3][4] = {12,24,16,28, -9,14,17,8,6,34, -12,0};
    p = b[0];
    max = *p;                         //首先定义最大值为数组中第一个元素
```

```
    for(i = 0;i < 3;i++)
      for(j = 0;j < 4;j++)
      { if(max <= *p)
        { max = *p;
          row = i;                      //记录当前最大值元素所在的行
          col = j;                      //记录当前最大值元素所在的列
        }
       p++;                             //注意此语句位置,在内层循环体中
      }
    printf("Output each element of two dimensional array b:\n");
    p = b[0];                           //使 p 重新指向数组 b 的首元素地址
    for(i = 0;i < 3;i++)
    {   for(j = 0;j < 4;j++)
            printf("%-6d", *(p++));
        printf("\n");
    }
    printf("Max is:%d row is:%d column is:%d\n",max,row+1,col+1);
}
```

程序运行结果为：

```
Output each element of two dimensional array b:
 12   24    16   28
 -9   14    17   8
  6   34   -12   0
Max is:34   row is:3   column is:2
```

(2) 通过建立一个“行指针”来引用二维数组元素

行指针变量，是指向包含 m 个元素的一维数组的指针。行指针每移动一个单位将移动一行的位置，其定义形式为：

「存储类型」 类型说明符 (*指针变量名)[元素个数];

其中，元素个数应与所声明指针变量所指向二维数组的第二维长度一致。

例如：

```
int b[3][5];                        //二维数组 b 的第二维长度为 5
int (*p)[5];                        //定义行指针变量 p,指向包含 5 个元素的一维数组
p = b;                              //将指针变量 p 指向二维数组 b
```

注意：说明符(*p)[5]中，因有圆括号，“*”号首先与 p 结合，表明 p 是一个指针变量，然后再与说明符[5]结合，说明 p 所指的对象是具有 5 个元素的一维数组，p 的值是二维数组每行的首地址，而不是二维数组元素的首地址。在这里，p 的基类型与 b 的相同，因此“p=b;”是合法的赋值。p+i 等价于 b+i，即二维数组第 i 行的首地址。p++是将指针变量 p 移动到当前行的下一行。例如，p 指向二维数组 b 的第 1 行，则执行 p++后 p 指向 b 的第 2 行。

例如，当 p 指向二维数组 b 的第 1 行时，则通过以下几种形式都可以引用数组元素 b[i][j]：

① p[i][j] (下标法)

② *(*(p+i)+j)(指针法)

③ *(p[i]+j)(下标指针混合法)

④ (*(p+i))[j](下标指针混合法)

⑤ *(b[i]+j)(下标指针混合法)

⑥ *(*(b+i)+j)(指针法)

在这里仍需注意,p是变量,而数组名b是常量。

【例8.8】 通过行指针引用二维数组元素的方式实现例8.7的功能。

```
#include <stdio.h>
void main()
{   int i,j,max,row,col;
    int b[3][4] = {12,24,16,28, - 9,14,17,8,6,34, - 12,0};
    int ( * p)[4];
    p = b;                      //p指向第1行
    max = * * p;                //将首元素赋给max, * * p等价于 * ( * (p + 0) + 0)和b[0][0]
    for(i = 0;i < 3;i++)
    {
       for(j = 0;j < 4;j++)     //移动p指针指向二维数组的每一行
        if(max <= * ( * p + j))
          { max = * ( * p + j);
            row = i;
            col = j;
          }
        p++;                    //注意此语句位置,在内层循环外,外层循环体中,使p指向下一行
    }
    p = b;                      //使p重新指向第1行
    for(i = 0;i < 3;i++)        //输出二维数组
    {
        for(j = 0;j < 4;j++)
            printf(" % - 6d", * ( * (p + i) + j));
        printf(" \n");
    }
    printf(" Max is: % d row is: % d column: % d\n",max,row + 1,col + 1);
}
```

此例中定义了一个行指针p,p++是指p移到下一行,语句"p++;"放在内层循环外、外层循环体中。而例8.7中采用的指针p是一个普通指针,p++是指p移动到下一个元素,语句"p++;"放在内层循环内。请严格区分两者的含义与使用方法。

(3) 通过指针数组引用二维数组元素

指针数组,就是指数组中的每个元素均为指针变量,且这些指针变量均指向同一数据类型。指针数组定义的一般形式为:

```
[存储类型] 数据类型 *数组名[数组长度]
```

其中数据类型为指针元素所指向变量的类型。例如:

```
int * p[3];
```

定义了一个包含3元素的一维数组p,根据数组的定义,数组中每个元素基类型均为int型的指针变量。

遵照运算符的优先级，一对“[]”的优先级高于“*”号，因此p先与“[]”结合(即*p[3]等价于*(p[3]))，组成p[3]，说明p是一个数组名，系统为其开辟3个连续的逻辑内存空间，前面的“*”号则表明了数组p是指针类型，它的每个元素均为指向int的指针，而每个元素本身为unsigned long类型，即每个逻辑单元占4个字节。请注意和前面指向二维数组的指针(*p)[3]的区别。

若有定义如下：

```
int b[3][4], *p[3],i,j;
```

现通过建立一种指针数组与二维数组之间的关系，可以利用语句“for(i=0;i<3;i++) p[i]=b[i];”实现使每个指针变量p[0]、p[1]、p[2]分别指向二维数组b每一行的开头，如图8.12所示。

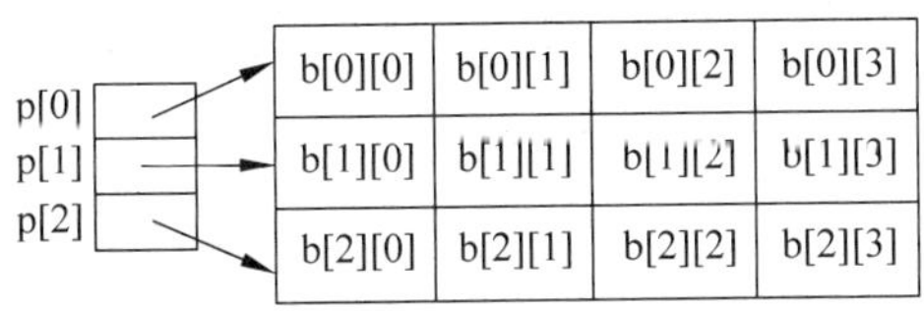

图8.12 指针数组访问二维数组示意图

由图8.12可看出，此时可通过指针数组p来引用二维数组b中的元素。以下几种引用形式等价：

① p[i][j]

② *(*(p+i)+j)

③ *(p[i]+j)

④ (*(p+i))[j]

⑤ *(b[i]+j)

以上五种形式均表示对二维数组元素b[i][j]的访问。

【例8.9】 通过指针数组引用二维数组元素的方法实现例8.7的功能。

```
#include <stdio.h>
void main()
{   int i,j,max,row,col;
    int b[3][4] = {12,24,16,28, -9,14,17,8,6,34, -12,0};
    int *p[3];
    for(i = 0;i < 3;i++)
        p[i] = b[i];          //数组p中每个元素分别指向b数组每行开头
    max = *p[0];              //将首元素赋给max, **p等价于*(*(p+0)+0)和b[0][0]
    for(i = 0;i < 3;i++)
    {
     for(j = 0;j < 4;j++)
        if(max <- *(*(p + i) + j))
        { max = *(*(p + i) + j);
          row = i;
          col = j;
        }
    }
```

```
    printf("Output each element of two - dimensional array:\n");
    for(i = 0;i < 3;i++)
    { for(j = 0;j < 4;j++)
            printf(" % - 6d", * ( * (p + i) + j));
      printf("\n");
    }
    printf("Max is: % d row is: % d column is: % d\n",max,row + 1,col + 1);
}
```

通过本程序可以看出，利用“指针数组”访问二维数组元素和利用“行指针”访问二维数组元素可以达到相同的目的，但要注意它们之间的差别。

8.2.3 指向字符串的指针

第 6 章中已讲述，字符串可以存储在数组中。例如：

```
char str1[] = "Shanghai";
```

说明字符数组 str1 中存放了一个字符串“Shanghai”，其存储结构如图 8.13 所示。

根据前面所述数组与指针的关系可知，字符串也可以用指针表示。指向字符串的指针变量定义形式与指向字符变量的指针变量定义形式相同。例如：

```
char * str2 = "Shanghai";
```

定义了一个指向字符串的指针变量，把字符串的首地址赋给 str2，其存储结构也如图 8.13 所示。此语句与下列两条语句等价：

```
char * str2;
str2 = "Shanghai";
```

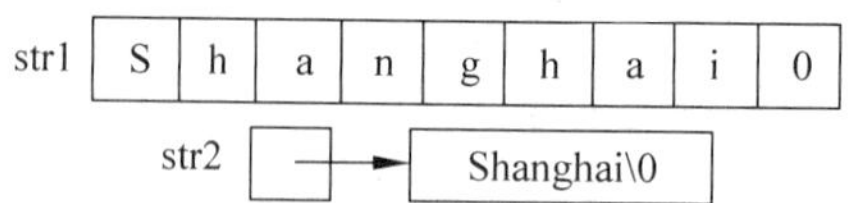

图 8.13 存储结构示意图

从图 8.13 可看出，语句“char str1[]="Shanghai";”是将字符串"Shanghai"存放到数组 str1 中，而语句“char * str2="Shanghai";”是将常量字符串"Shanghai"的首地址赋给 str2。在这里，str1 是一个字符数组，系统为其开辟了刚好能存放 9 个字符(加上'\0')序列的存储空间，此字符数组的内容可以改变，但其存储空间是固定的，最多只能存放 9 个字符；而 str2 是一个指针变量，系统为其分配的空间为 4B，用于存放一个字符串常量的首地址，该指针变量也可以指向另外的字符串，另外的字符串的长度不受限制。

在 C 语言中，字符串指针的使用方式和字符数组的使用方式基本相同。例如，对字符串的整体输出可以用语句“printf("%s",str2);”。其输出过程是从指针 str2 所指向的字符开始逐个输出，直到遇到字符串结束标志'\0'为止。

需要特别注意，语句“char * str2="Shanghai";”的功能是将指针变量 str2 指向被分配在常量区的字符串"Shanghai"。这时使用语句“scanf("%s",str2);”是不合法的，因为此语句的功能是将键盘输入的一串字符存放到以 str2 中的值为首地址的存储空间中，而此时

str2 指向的是常量区，常量区是不能被改变的。下面语句是合法的：

```
char str[20], * str2 = str;
scanf("%s",str2);
```

这时指针变量 str2 指向数组 str，而 str 被分配在变量区，其值可以被改变，如图 8.14 所示。

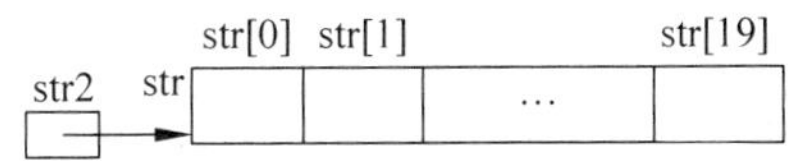

图 8.14 指向字符串的指针示意图

【例 8.10】 将一个字符串中第 n 个字符后的小写字母转换为大写字母。

```
#include <stdio.h>
#include <string.h>
void main()
{ char str[] = "Welcome to Dezhou University!";
  char * sp;
  unsigned n;
  printf("Input an integer:");
  scanf("%d",&n);
  printf("The right characters of the string from %d is:\n",n);
  for(sp = str + n; * sp!= '\0';sp++)          //逐个字符处理，直到字符串结束
  {   if('a'<= ( * sp) && ( * sp)<= 'z')
        printf("%c", * sp - 32);                //若为小写字母，则转换为其相应大写字母
    else
        printf("%c", * sp);                     //若不为小写字母，按原字符输出
  }
  printf("\n");
}
```

程序运行结果为：

```
Input an integer: 8
The right characters of the string from 8 is:
TO DEZHOU UNIVERSITY!
```

【例 8.11】 将多个水果名称按字典顺序排序后输出。

程序分析：首先建立一个指针数组，让它的每个元素都指向一个水果名称。然后通过改变指针指向的方式对多个水果名称进行排序。

```
#include <stdio.h>
#include <string.h>
#define N 6
void main()
{//建立字符指针数组 str，并赋初值，使其每个元素都指向一个字符串常量
    char * str[N] = {"orange","banana","apple","pear","peach","grape"}, * t;
    int i,j;
    for(i = 0;i < N - 1;i++)                    //对水果名称排序
        for(j = i + 1;j < N;j++)
            if(strcmp(p[i],p[j])> 0)            //strcmp 为字符串比较函数，不能用 p[i]> p[j]
```

```
            { t = p[i]; p[i] = p[j]; p[j] = t; }   //交换指针指向
    printf("the array after sorted:\n");
    for(i = 0;i < N;i++)                          //输出排序后的水果名称
      printf(" %s",str[i]);
}
```

排序前、后指针数组各元素的指向关系如图 8.15 所示：

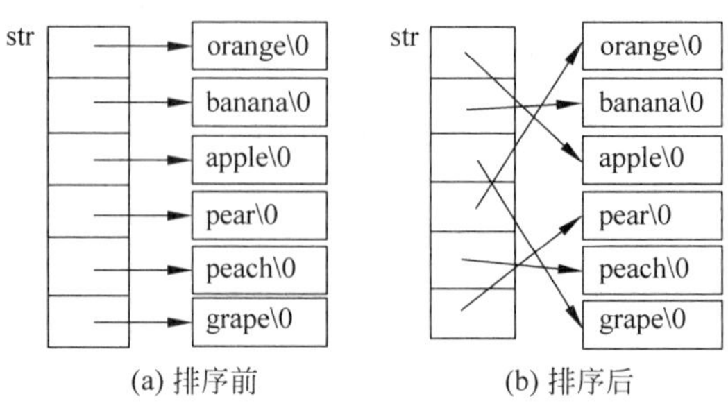

图 8.15 排序前、后数组 str 中各元素指向示意图

8.3 指针与函数

8.3.1 指针变量作为函数参数

在第 7 章中已经学习了函数参数传递分为传值和传址两种方式。其中，传址方式是通过形参为数组形式、实参为数组名的方式实现。其实，传址方式共有以下四种实现方式：①形参为数组形式、实参为数组名等地址常量表达式；②形参为指针变量、实参为数组名等地址常量表达式；③形参为数组形式、实参为指针变量或指针常量表达式；④形参为指针变量、实参为指针变量或指针常量表达式。

形参即使写成数组形式，也不会按一个数组为其分配内存空间，而是和指针变量一样，按 unsigned long int 类型为其分配内存空间。例如，定义函数 sort(int a[5],int n)，也不会为 a 分配 5 个元素的存储空间，因此，形参为数组形式和形参为指针变量实质是一样的，可以统一看成指针变量。

通过函数一章的学习已经知道，函数实参和形参的个数、数据类型和顺序必须严格一致，所以，如果函数形参为指针变量，则相应实参必须为指针。而指针变量、数组名、& 普通变量名等均为指针的不同表现形式，因此都可以做相应实参，换句话说，实参的指针值只要是结果为地址的表达式均可。例如，表达式“p+3”也可作为实参，其中 p 可以是指针变量，也可以是数组名。

由此，可以将上述传址方式的四种实现形式归纳为：形参为指针变量，实参为指针。

【例 8.12】 编写函数 swap，利用指针实现变量 a 和 b 的交换。

```
#include <stdio.h>
void swap(int *p1,int *p2)
{ int t;
  t = *p1;
```

```
    * p1 = * p2;
    * p2 = t;
}
void main()
{
   int a,b, * pa, * pb;
   a = 10;
   b = 20;
   pa = &a;
   pb = &b;
   swap(pa,pb);                              //等价于 swap(&a,&b);
   printf("After exchange of a and b: ");
   printf(" a = %d,b = %d\n",a,b);
   printf("The values of pa and pb pointed are:");
   printf(" %d, %d\n", * pa, * pb);
}
```

程序运行结果为：

```
After exchange of a and b: a = 20,b = 10
The values of pa and pb pointed are:20,10
```

用户自定义函数 swap()，当 swap()函数被调用时，将实参 pa 和 pb 的值(分别是变量 a 和 b 的地址)传递给形参 p1 和 p2。这样 p1 和 p2 中分别存放了 a 和 b 的地址，即 p1 指向 a，p2 指向 b，如图 8.16(a)所示。执行被调函数体时交换了 * p1 和 * p2 的值(即交换变量 a、b 的值)，如图 8.16(b)所示。注意，此时 pa、pb 是不可见的，因为已超出了它们的作用域。返回主调函数后，p1、p2 已经被释放，但又进入了 pa、pb 的作用域，通过它们可以引用已经交换了值的 a、b 所占内存空间，如图 8.16(c)所示，从而达到交换数据的目的。

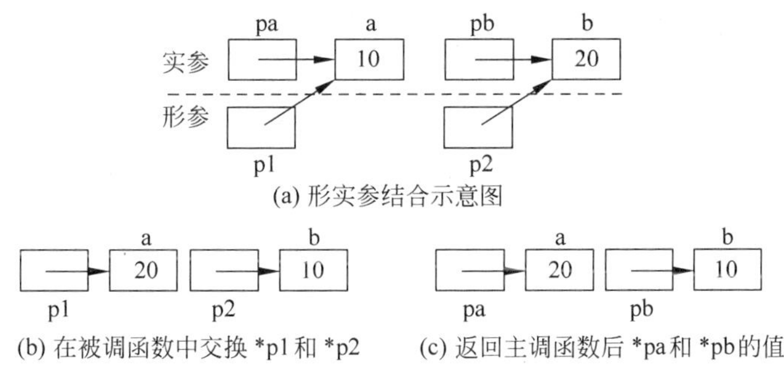

图 8.16　指针作为函数参数的示意图

分析本程序地址值传递的过程，可以看出，当主调函数调用被调用函数时，实参地址传递给形参。通过指针变量使其所指向的变量的值发生变化，函数调用结束后，这些变量值的变化依然保留了下来，这样就达到了“在主调函数中使用这些改变了的值”的目的。

思维拓展：请思考一下能否利用下面的函数实现 a 和 b 互换？

```
void swap(int * p1,int * p2)
{    int * p;
     p = p1;
     p1 = p2;
```

```
    p2 = p;
}
```

【例 8.13】 编写函数,实现一维数组的输出打印功能。

```
#include <stdio.h>
void myprint(int *arr,int n) //int *arr 等价于 int arr[]
{
    int *p;
    for(p = arr;p < arr + n;p++)
        printf(" %-4d", *p);
}
void main()
{   int a[6] = {1,3,5,7,9,11}, *p = a;
    myprint(p,6);                          //等价于 myprint(a,6);
    printf("\n");
}
```

程序运行结果为:

```
1  3  5  7  9  11
```

主函数中实参数组名为 a,赋以各元素初值。函数 myprint 中形参 arr 为指针变量,它接收从实参传来的数组 a 的首地址。在执行 for 循环时,指针变量 p 的初值为 arr,也就是主函数中数组 a 的首地址,这时 p 就指向 a[0],以后每次执行 p++,即使 p 指向下一个元素,从而输出数组各元素的值。

【例 8.14】 用函数调用实现两个字符串的连接。

程序分析:自定义函数 con_str 的形式参数 str1、str2 可以是数组形式,也可以是指针形式,但调用时,第一个实参一般是字符数组名,且数组 str1 的长度要足够大,以便于存放连接后的新字符串,第二个实参可以是字符数组名、指向字符串的指针变量或字符串常量。

```
#include <stdio.h>
void con_str(char str1[ ],char str2[ ]) //与 void con_str(char *str1,char *str2) 等价
{ int i,k;
  i = 0;
  while(str1[i]!= '\0')                  //求 str1 数组的长度
        i++;
  for(k = 0;str2[k]!= '\0';k++)          //将 str2 连接在 str1 后面
        str1[i++] = str2[k];
  str1[i] = '\0';                        //加字符串结束标志
}
void main()
{ char a[50] = "Welcome to Dezhou";
  char b[ ] = "University!";
  con_str(a,b);
  printf("The string after connected is: %s\n",a);
}
```

程序运行结果为:

```
The string after connected is: Welcome to Dezhou University!
```

需注意的是，采用数组名作为函数参数，不是传送整个数组数据，而是通过把实参数组的首地址传给形参数组，这样形参数组和实参数组共用一段内存单元，形参数组中各元素值的变化直接影响到实参数组元素值的变化。

多维数组名也可以作为函数的实参和形参。如果实参为多维数组名，则形参指针变量的声明格式必须和实参相对应，例如，实参数组声明为“int a[3][4];”，则相应形参指针可以声明为 int p[][4]或 int (*p)[4]。注意，二维数组形式中第二维长度和行指针变量 p 指向的一维数组元素个数必须和实参数组的二维长度一致，且不能省略。

【例 8.15】 找出矩阵中每列的最大元素及其所在的行号，并输出矩阵及每列最大元素。

```
#include <stdio.h>
#define M 3
#define N 4
void arrayinput(int (*array)[N])                  //输入二维数组各元素的值
{   int i,j;
    for(i=0;i<M;i++)
    { for(j=0;j<N;j++)
            scanf("%d", *(array+i)+j);
     }
}
void arrayprint(int (*array)[N], int count[]) //输出二维数组各元素的值
{   int i,j;
    for(i=0;i<M;i++)
    { for(j=0;j<N;j++)
            printf("%5d", *(*(array+i)+j));
      printf("\n");
    }
}
void findmax(int array[ ][N],int count[])        //查找每列中的最大值,下标放在 count[i]中
{   int i,j,k;
    for(i=0;i<N;i++)                             //i 作为列下标
    { k=0;
      for(j=0;j<M;j++)
            if(array[j][i]> array[k][i]) k=j;
      count[i]=k;
    }
}
void printmax(int (*array)[N], int count[])     //输出每列最大元素及其所在行号
{ int i;
  printf("The largest number and its row index is:\n");
  for(i=0;i<N;i++)
    printf("The max element %3d row: %-2d\n",array[count[i]][i],count[i]+1);
}
void main()
{ int a[M][N];
  int col[M];                                     //存放每列最大元素所在行号
  printf("Input each element of two dimensional array:\n");
  arrayinput(a);
  arrayprint(a,col);
  findmax(a,col);
```

```
  printmax(a,col);
}
```

程序运行结果为：

```
Input each element of two dimensional array:
26  -9  34  13  28  43  -12  29  56  27  60  30
26  -9  34  13
28  43  -12  29
56  27  60  30
The largest number and its row index is:
The max element 56 row:3
The max element 43 row:2
The max element 60 row:3
The max element 30 row:3
```

在函数 main 中，调用 findmax 函数找出每列的最大元素，用数组 count[]存放每列最大元素所在的行号；函数 arrayinput 用于输入二维数组各元素、函数 arrayprint 用于输出二维数组各元素的值、函数 printmax 用于输出每列最大元素及其所在的行号，形参 array 被声明为一个行指针，为了得到 a[i][j]的值，可以用 *(*(array+i)+j)表示，在函数中输出各元素的值，故函数无需返回值。

8.3.2 指向函数的指针

1. 用指向函数的指针变量调用函数

一个函数占用一段连续的内存空间，而函数名就是这段内存空间的首地址，因此，可以定义一个指向函数的指针变量，通过该指针变量调用该函数。一旦指针变量指向了某个函数，就可以通过这个指针变量调用此函数，完成与通过使用函数名调用此函数相同的功能。

指向函数的指针变量定义的一般形式为：

```
数据类型 (*指针变量名)([形式参数列表]);
```

例如：

```
int (*p)();
```

定义了指针变量 p，使其指向返回值为整型的函数。

指向函数的指针变量在使用之前也必须赋值，使其指向一个已经存在的函数。一般赋值形式为：

```
指针变量名 = 函数名;
```

用指针变量调用函数的一般形式为：

```
(*指针变量名)(实参表)
```

【例 8.16】 指向函数的指针变量使用示例。

```
#include <stdio.h>
```

```
long fac(int x)
{ int i;
  long f = 1;
  for(i = 1;i <= x;i++)
       f = f * i;
  return f;
}
void main()
{ int n;
  long jie1,jie2;
  long ( * p)(int x);                       //定义 p 为指向函数的指针,该函数有一个参数
  p = fac;                                  //函数首地址赋给指针 p
  printf("Input an integer:");
  scanf(" %d",&n);
  jie1 = ( * p)(n);                         //用函数指针变量形式调用函数
  jie2 = fac(n);                            //用函数名形式调用函数
  printf("The value of the first function call is: %d!= %ld\n",n,jie1);
  printf("The value of the second function call is: %d!= %ld\n",n,jie2);
}
```

程序运行结果为：

```
Input an integer: 7
The value of the first function call is: 7! = 5040
The value of the second function call is: 7! = 5040
```

需要注意的是,函数指针变量不能进行算术运算,因为函数指针的移动毫无意义。另外,函数指针定义时“(* 指针变量名)”两边的括号不可少,其中的“ * ”是指针说明符,不应该理解为求值运算。

2. 指向函数的指针作为函数参数

前面介绍到函数的参数可以是指针变量、数组名等,指向函数的指针也是指针变量,因而指向函数的指针也可以作为函数参数。这时,形参为指向函数的指针变量,接收从实参传来的函数首地址。

【例 8.17】 在 main 主函数中输入 a 和 b 两个数,求它们的乘积与差。

```
#include <stdio.h>
int mul(int x,int y)                        //函数 mul 计算两个整数之积
{ int tim;
  tim = x * y;
  return(x * y);
}
int sub(int x,int y)                        //函数 sub 计算两个整数之差
{
  int diff;
  diff = x - y;
  return(diff);
}
int result(int a,int b,int ( * p)(int,int))   //p 是指向函数的指针
```

```
{
   int val;
   val = ( * p)(a,b);                    //形参p接收从实参传来的函数入口地址
   return(val);
}
void main()
{
   int a,b,s1,s2;
   printf("Input two integers: ");
   scanf(" % d, % d",&a,&b);
   s1 = result(a,b,mul);
   s2 = result(a,b,sub);
   printf("a × b = % d\n",s1);
   printf("a - b = % d\n",s2);
}
```

程序运行结果为：

```
Input two integers: 36,10
a × b = 360
a - b = 26
```

8.3.3 返回值为指针的函数

函数的返回值类型除了整型、实型和字符型外，还可以是一个指针(即地址)。返回值为指针的函数定义形式为：

```
数据类型   * 函数名(形参表)
{
    函数体
}
```

【例 8.18】 返回值为指针的函数示例。

```
# include < stdio. h >
int  * fun(int  * p1, int  * p2)                //返回两个整数中较大的那个数
{ if( * p1 > * p2)
     return p1;
  else
     return p2;
}
void main()
{
  int a,b, * p;
  printf("Input two integers: ");
  scanf(" % d, % d",&a,&b);
  p = fun(&a,&b);
  printf("a = % d,b = % d, * p = % d\n",a,b, * p);
}
```

8.3.4 main 函数的参数

在 C 语言中，main 函数有两个参数，其一般形式为：

```
数据类型  main(int argc,char * argv[])
```

其中，argc(第一个形参)是整型变量，用于存放操作系统命令行参数(包括命令)的个数；argv 是指向字符串的指针数组，用于存放以字符串常量形式存放的命令行参数(包括命令本身)。main 函数的这两个形参可以使用任意合法的标识符，但一般习惯使用 argc 和 argv。

main 函数不能被其他函数调用，但可以在命令行方式下获取实参。可执行文件在命令行方式下一般执行形式为：

```
可执行文件名  参数1  参数2  …  参数n
```

其中，可执行文件名和各参数之间用一个或多个空格分隔，参数多少不限。

假设一个工程文件 project，经编译和链接后生成可执行程序 project.exe，则在命令行方式下输入：

```
project Pascal Basic<CR>
```

在这里，CR 代表回车。该命令包括一个文件名 project 和两个参数 Pascal、Basic，因此 argc 的值为 3(argc 的值是在输入命令行时由系统按实际参数的个数自动赋给的，文件名本身也算一个参数)。argv[0]指向文件名 project，argv[1]指向参数 Pascal，argv[2]指向参数 Basic，如图 8.17 所示。

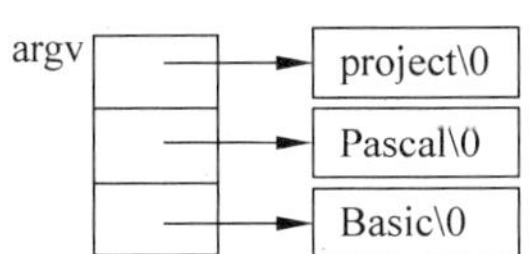

图 8.17 main 函数参数值示意图

【例 8.19】 将以下程序放在 project.c 中，经编译和链接后生成 project.exe，输出 argc 和 argv 中的数据。

```
#include<stdio.h>
int main(int argc,char * argv[])
{
  int i;
  printf("argc = %d\n",argc);
  for(i = 0;i<argc;i++)
     printf("argv[%d] = %s\n",i,argv[i]);
  return(0);
}
```

若在命令行中输入：

```
project to Dezhou University
```

程序运行结果为：

```
argc = 4
argv[0] = project
argv[1] = to
argv[2] = Dezhou
argv[3] = University
```

注意：在 VC++6.0 中，源程序 project.c 编译、组建后产生的可执行文件 project.exe 一般放在程序当前目录的下一级目录 Debug 中。假设程序当前目录为 C:\Users\Admin，则运行界面如图 8.18 所示。

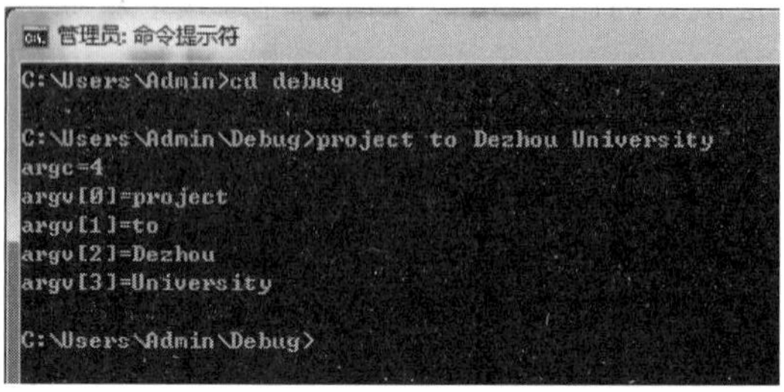

```
管理员: 命令提示符
C:\Users\Admin>cd debug

C:\Users\Admin\Debug>project to Dezhou University
argc=4
argv[0]=project
argv[1]=to
argv[2]=Dezhou
argv[3]=University

C:\Users\Admin\Debug>
```

图 8.18　例 8.19 的运行界面图

8.4 典型例题

【例 8.20】 下列程序的输出结果是(　　)。

```
point(char *p) { p += 3; }
void main( )
{ char arr[4] = {'b','l','u','e'}, *p = arr;
  point(p);
  printf("%c\n", *p);
}
```

A. b　　B. l　　C. u　　D. e

程序分析：本程序的执行过程如图 8.19 所示。函数调用前实参 p 指向数组 arr，如图 8.19(a)所示；调用 point 函数时，形实参结合的过程是将实参的值(即数组 arr 的首地址)赋给形参 p，结果如图 8.19(b)所示；执行 point 函数体，形参 p 后移，结果如图 8.19(c)所示；point 函数执行结束后返回到 main 函数，实参 p 位置并不发生变化。

本例主要考察在调用函数时实参和形参之间的值传递问题。在本例中，形参为指针变量，实参也为指针变量，形参和实参各占用不同的内存空间，属于单向的值传递。因此在 main 函数中调用 point 函数时，形实参结合的过程只是将实参的值(即数组 arr 的首地址)赋给形参，但形参值的改变并不影响实参。所以在 main 函数中输出 *p 的值仍为 b，正确答案为 A。

【例 8.21】 输入 10 个整数，将其中最小的数与第一个数对换，把最大的数与最后一个数对换。编写 3 个函数：(1)输入 10 个数；(2)进行交换处理；(3)输出 10 个数。

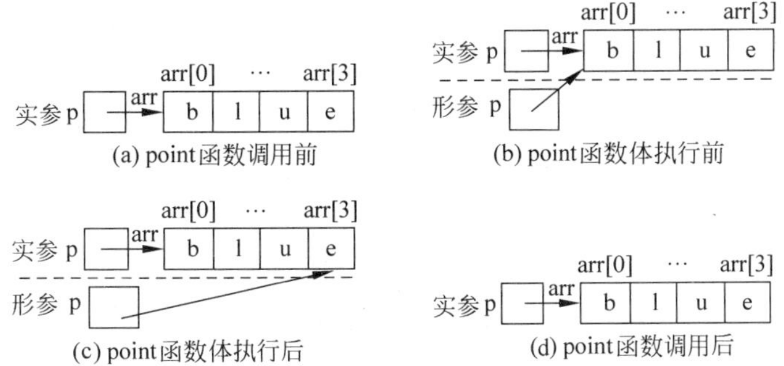

图 8.19　例 8.20 指针变量指向示意图

程序分析：本程序要求实现输入、处理、输出三个函数。在处理函数中要求对输入的数据进行遍历，确定最大值和最小值的位置，然后分别对相应的数据进行交换。

```
#include <stdio.h>
void input(int * number)            // 定义输入函数
{
    int i;
    printf("please input 10 numbers:\n");
    for(i = 0;i < 10;i++)
        scanf(" %d",number + i);
}
void max_min_value(int * number)    // 定义交换函数
{
    int * max, * min, * p,temp;
    max = min = number;
    for(p = number + 1;p < number + 10;p++)
     {
        if( * p > * max)
            max = p;
        else
            if( * p < * min)
               min = p;
     }
    //将最小数与第一个数对换
      temp  =  * number;
      * number  =  * min;
      * min  =  temp;
      if (max == number)            //如果最大数是在原来第一个位置上,则此时已经被换到了最
          max = min;                //小数所在位置,因此需要重新定位
    //将最大数与最后一个数对换
      temp = * (number + 9);
      * (number + 9) = * max;
      * max = temp;
}
void output(int *  number)          // 定义输出函数
{
    int * p;
    printf("Now ,they are: ");
```

```
    for(p = number;p < number + 10;p++)
        printf(" %3d", *p);
    printf("\n");
}
void main()
{
    int number[10];              //变量定义
    input(number);               // 调用输入函数
    max_min_value(number);       // 调用交换函数
    output(number);              // 调用输出函数
}
```

【例 8.22】 将 N 行 N 列的二维数组中每一行的元素进行排序,第 1 行从小到大排序,第 2 行从大到小排序,第 3 行从小到大排序,第 4 行从大到小排序,例如:

$$\text{当 } \boldsymbol{A}=\begin{vmatrix} 2 & 3 & 4 & 1 \\ 8 & 6 & 5 & 7 \\ 11 & 12 & 10 & 9 \\ 15 & 14 & 16 & 13 \end{vmatrix}\text{,则排序后 } \boldsymbol{A}=\begin{vmatrix} 1 & 2 & 3 & 4 \\ 8 & 7 & 6 & 5 \\ 9 & 10 & 11 & 12 \\ 16 & 15 & 14 & 13 \end{vmatrix}\text{。}$$

程序分析:本程序对 N×N 数组中每一行中的元素进行排序,因下标从 0 开始,第 0 行即第 1 行。偶数行(行下标为 0,2,…)是从小到大排序,奇数行(行下标为 1,3,…)从大到小排序。因此本程序首先要确定当前操作的是偶数行还是奇数行,然后针对相应的行进行相应的排序操作。

```
#include <stdio.h>
#define N 4
void sort(int a[ ][N])
{
    int i,j,k,t;
    int (*p)[N];                 //定义 p 为指向一个有 4 个元素的一维数组的指针变量
    p = a;                       //p 指向第 1 行
    for(i = 0;i < N;i ++)
    {
        for(j = 0;j < N - 1;j ++)
        {
            for(k = j;k < N;k++)
                if(i % 2 == 1 ? *(*(p+i) + j)< *(*(p+i) + k): *(*(p+i) + j)> *(*(p+
i) + k))
                {                //根据行号判断是递增排序还是递减排序
                    t = *(*(p+i) + j);
                    *(*(p+i) + j) = *(*(p+i) + k);
                    *(*(p+i) + k) = t;
                }
        }
    }
}
void outarr1(int a[ ][N])        //输出函数,用指向数组的指针处理矩阵的输出
{
```

```
    printf("this array is :\n");
    int *p=a[0];
    for(int i=0;i<N;i++)
   {
      for(int j=0;j<N;j++)
            printf(" %4d ",*(p+i*N+j));
      printf(" \n");
    }
}
void outarr2(int a[N][N])          //输出函数,用指向一维数组的行指针处理矩阵的输出
{
    printf("this array is :\n");
    int (*p)[N];                   //定义 p 为指向一个有 4 个元素的一维数组的指针变量
    p=a;                           //p 指向第 1 行
    for(int i=0;i<N;i++)
    {
        for(int j=0;j<N;j++)
            printf(" %4d ",*(*(p+i)+j));
        printf(" \n");
    }
}
int main()
{
    int arr[N][N]={{2,3,4,1},{8,6,5,7},{11,12,10,9},{15,14,16,13}};
    outarr1(arr);                  //用指向数组的指针处理矩阵的输出
    sort(arr);                     //用一维数组指针对矩阵的数据进行排序
    printf("the array has been sorted\n");
    outarr2(arr);                  //用指向一维数组的行指针处理矩阵的输出
    return 1;
}
```

【例 8.23】 有 n 个人围成一圈,顺序排号,从第一个人开始报数(从 1～3 报数),凡是数到 3 的人退出圈子,问最后留下的是原来的几号的那个人。

程序分析:本程序需要注意的有三个方面,一是人员报数的计数,需要用一个变量来记住,当到达规定的数字时重新进行计数。二是一个循环圈的表示,当一次循环结束时,需要重新进行新一轮的循环报数。三是确定报数结束的条件,当人数为一个人时,报数结束,同时确定相应的位置。

```
#include <stdio.h>
void main()
{
    int n,i,count,quitperson;
    int array[50],*p;
    printf("please input the number of persons: n =\n");
    scanf("%d",&n);
    p=array;
    for(i=0;i<n;i++)
        *(p+i)=i+1;
    i=0;                           //i 为每次循环计数变量
    count=0;                       //count 为按 1,2,3 报数时的计数变量
```

```
    quitperson = 0;                  //quitperson 为退出人数计数变量
    while(quitperson < n - 1)        //当退出人数比 n - 1 少时执行循环体
    {
        if( * (p + i)!= 0)
            count++;
        if(count == 3)               //对退出的人编号置为 0
        {   * (p + i) = 0;
            count = 0;
            quitperson++;
        }
        i++;
        if(i == n)
            i = 0;
    }
    while( * p == 0)
        p++;
    printf("The last one is No. %d\n", * p);
}
```

【例 8.24】 有一个字符串,包含 n 个字符。编写一个函数,将此字符串中从第 m 个字符开始的全部字符复制到另一个字符串。

程序分析:本程序中需要解决两个问题,一是从一个字符串中截取部分字符串,二是把一个字符串复制到另外一个字符串中去。

```
#include <stdio.h>
#include <string.h>
void copystr(char * dest,char * source,int m)     //定义函数实现从源串复制到目标串
{
    source = source + m - 1;            //指针指向第 m 个字符,因下标从 0 开始,所以加 m - 1
    while( * source)
    {
        * dest = * source;              //依次复制每个字符
        dest++;
        source++;
    }
    * dest = '\0';                      //字符串复制结束
}
void main()
{
    unsigned int m;                     //定义从源串复制开始的位置
    char str1[20],str2[20];
    printf("please input a string: ");
    gets(str1);                         //输入字符串
    printf("Please input the position that begin to copy?");
    scanf("%d",&m);                     //输入从源串复制开始的位置
    if( m > strlen(str1))               //检查输入起始位置的有效性
        printf("input error!");
    else
    {   copystr(str2,str1,m);           //从起始位置复制字符串
        printf("result: %s\n",str2);    //输出复制后的结果
    }
}
```

【例 8.25】 对一段英文文字进行加密、解密，本题采用最简单的字符替代法，譬如将 a 替换为 b,b 替换为 c,…,z 替换为 a。其中标点符号和空格不进行加密处理。

程序分析：本程序中，对英文文字进行加密、解密。要加密的文字存放在字符串中，加密密钥采用最简单的顺序替代方法，存在一个字符变量 key 中，key 表示当前待加密字符用其后面的第几个字符来替代，如果密钥 key=1，则加密数据中依次是 a(A)→b(B),b(B)→c(C)…z(Z)→a(A)；如果密钥 key=2，则加密数据中依次是 a(A)→c(C),b(B)→d(D)…z(Z)→b(B)，依此类推。解密过程反之。

```
#include <stdio.h>
#include <string.h>
#include <stdlib.h>
void encode(char *szBuff,int nBuffSize,char key)     //定义字符加密函数
{
    char szkey = key ;
    for(int i = 0; i<nBuffSize; i ++)
    {  //只对 a～z 或者 A～Z 中的字符进行加密
       if('a'<= *(szBuff + i) && *(szBuff + i)<= 'z'||
                     'A'<= *(szBuff + i) && *(szBuff + i)<= 'Z')
       {
          if( 'a'<=( *(szBuff + i) + szkey) && ( *(szBuff + i) + szkey)<= 'z'
                     ||'A'<=( *(szBuff + i) + szkey) && (szBuff[i] + szkey)<= 'Z')
             *(szBuff + i) += szkey;
          else
             *(szBuff + i) += szkey - 26;          //保证循环加密正确
       }
    }
}
void decode(char *szBuff,int nBuffSize,char key)     //定义字符解密函数
{
    char szkey = key;
    for(int i = 0; i<nBuffSize; i++)
    {  //只对 a～z 或者 A～Z 中的字符进行解密
       if( 'a'<= *(szBuff + i) && *(szBuff + i)<= 'z'||
                     'A'<= *(szBuff + i) && *(szBuff + i)<= 'Z')
       {
          if('a'<=( *(szBuff + i) - szkey) && ( *(szBuff + i) - szkey)<= 'z'||
                     'A'<=( *(szBuff + i) - szkey) && ( *(szBuff + i) - szkey)<= 'Z')
             *(szBuff + i) -= szkey;
          else
             *(szBuff + i) -= szkey - 26;          //保证循环解密正确
       }
    }
}
void main()
{
```

```
    char szBuff[256];
    char ckey;
    //加密部分
    printf("\nPlease input the string will be encryped:\n");
    scanf("%s",szBuff);
    getchar();
    printf("\nPlease input the secret key:\n");
    scanf("%d",&ckey);
    ckey = ckey % 26;                        //保证密钥 key 数值在 0～25 之间
    encode(szBuff, strlen(szBuff),ckey);
    printf(" \nThe encryped string is: %s \n" ,szBuff);
    //解密部分
    getchar();
    printf(" \nPlease input the string will be decrypted:\n");
    scanf(" %s",szBuff);
    getchar();
    printf(" \nPlease input the secret key\n");
    scanf("%d",&ckey);
    ckey = ckey % 26;
    decode(szBuff, strlen(szBuff),ckey);
    printf(" \nThe decrypted string is : %s \n" ,szBuff);
}
```

8.5 综合案例

指针是C语言中广泛应用的一种数据类型,指针的灵活性给了编程人员很大的发挥空间,指针能够直接操作内存空间,效率较高。但掌握指针有一定难度,并且指针的使用存在潜在的危险性,因此建议初学者谨慎使用。在学生成绩管理系统案例中,为降低难度,尽量减少使用指针,在此仅给出两个与指针有关的简单定义。

```
char *subject[] = {"高等数学","大学英语","计算机基础","程序设计"};
```

此语句定义了指向4门课程名称的指针数组,即每个元素都是一个指针,每个指针指向一个常量字符串。

第7章中的用户名和密码的定义语句为:

```
char name[] = "admin",pwd[] = "my123";
```

也可以将上述语句修改为:

```
char *name = "admin", *pwd = "my123";
```

此语句定义了两个指针变量,分别指向两个不同的常量字符串。这与原来的实现方式使用方法基本相同,但含义不同,*name 中 name 为指针,只占4个字节的内存,存放的是常量字符串的首地址;而 name[]中 name 为数组,数组长度和赋的初值有关,此处是"admin",字符串长度为5,再加上字符串结束标志,则数组长度为6。使用时请严格区分两者的不同。

习　题

一、选择题

1. 设已有定义“int a, * pa;”,则以下正确的赋值表达式是(　　)。

A. pa=a;　　B. pa=&a;

C. * pa=&a;　　D. float * pa= * a;

2. 有定义“int a=1,b, * p1=&b, * p2=&a;”,以下赋值语句中与“b=a;”语句等价的是(　　)。

A. * p1= * p2;　　B. p1=p2;

C. * p1=&a;　　D. * p2= * p1;

3. 若有定义“int x=2, * p=&x;”,则语句“printf("%d\n", * p);”的输出结果是(　　)。

A. 随机值　　B. p 的地址

C. x 的地址　　D. 2

4. 若有以下定义:“int x[10], * pt=x;”,则对 x 数组元素的正确引用是(　　)。

A. * (x+3)　　B. * &x[10]

C. * (pt+10)　　D. pt+3

5. 有下列程序:

```
void main( )
{ int a[5] = {10,20,30,40,50}, * p = &a[1];
   * p++;
  printf(" % d\n", * p);
}
```

程序运行后的输出结果是(　　)。

A. 20　　B. 30　　C. 21　　D. 31

6. 有下列程序:

```
main( )
{ int a[5] = {10,20,30,40,50}, * p = &a[1];
  printf(" % d, % d\n", * ++p, ++ * p);
}
```

程序运行后的输出结果是(　　)。

A. 20,21　　B. 30,31　　C. 30,21　　D. 20,30

7. 有下列程序:

```
main( )
{ int a[ ] = {1,3,5,7,9}, y = 0, x, * p;
  p = &a[1];
  for(x = 1;x < 3;x++) y += p[x];
  printf(" % d\n", y);
}
```

程序运行后的输出结果是(　　)。

A. 10　　B. 11　　C. 12　　D. 13

8. 有下列程序：

```
void prtx(int *x)
{ printf("%d\n",++ *x) ; }
void main()
{ int a = 20;
  prtx(&a);
}
```

程序运行后的输出结果是(　　)。

A. 18　　B. 19　　C. 20　　D. 21

9. 有下列程序：

```
void sum(int a[ ])
{ a[0] = a[-1] + a[1];
}
void main( )
{ int a[6] = {10,15,20,25,30,35};
  sum(&a[3]);
  printf("%d\n",a[3]);
}
```

程序运行后的输出结果是(　　)。

A. 30　　B. 40　　C. 50　　D. 60

10. 有下列程序：

```
void swap1(int x[ ],int y[ ])
{ int t;
  t = x[0]; x[0] = y[0]; y[0] = t;
}
void swap2(int *x,int *y)
{ int t;
  t = *x; *x = *y; *y = t;
}
void main( )
{ int a[2] = {2,4}, b[2] = {2,4};
  swap1(a,a + 1); swap2(&b[0],&b[1]);
  printf("%d %d %d %d\n",a[0],a[1],b[0],b[1]);
}
```

程序运行后的输出结果是(　　)。

A. 4 2 4 2　　B. 2 4 2 4　　C. 4 2 2 4　　D. 2 4 4 2

11. 有下列程序：

```
int f1(int n)
{ return n * n;
}
int f2(int n)
{ return 2 * n;
```

```
}
void main( )
{ int (*p1)(int),(*p2)(int),(*t)(int),y1,y2;
  p1 = f1; p2 = f2;
  y1 = p2(p1(2));
  t = p1; p1 = p2; p2 = t;
  y2 = p2(p1(2));
  printf("%d,%d\n",y1,y2);
}
```

程序运行后的输出结果是(　　)。

A. 8,16　　B. 8,8　　C. 16,16　　D. 4,8

12. 有下列程序：

```
void swap(char *x,char *y)
{ char *t;
  t = x; x = y; y = t;
}
void main( )
{ char *s1 = "red", *s2 = "green";
  swap(s1,s2); printf("%s,%s\n",s1,s2);
}
```

程序执行后的输出结果是(　　)。

A. green,red　　B. red,green　　C. red,red　　D. green,green

13. 下列程序的输出结果是(　　)

```
void main( )
{ int a[3][3], *p,i;
  p = &a[0][0];
  for(i = 0;i<9;i++) p[i] = i+2;
  for(i = 0;i<3;i++) printf(" %d",a[1][i]);
}
```

A. 6 7 8　　B. 1 2 3　　C. 2 3 4　　D. 5 6 7

14. 下列程序的输出结果是(　　)。

```
void prt(int *m,int n)
{ int i;
  for(i = 0;i<n;i++) m[i]++;
}
void main( )
{ int a[ ] = {1,2,3,4,5},i;
  prt(a,5);
  for(i = 0;i<5;i++) printf("%-3d",a[i]);
}
```

A. 5 4 3 2 1　　B. 1 2 3 4 5　　C. 4 5 6 1 2,　　D. 2 3 4 5 6

15. 有下列函数：

```
int fun(char *s)
```

```
{ char *t=s;
  while(*t++);
  return(t-s);
}
```

该函数的功能是(　　)。

A. 比较两个字符串的大小

B. 计算 s 所指字符串占用内存字节的个数

C. 计算 s 所指字符串的长度

D. 将 s 所指字符串复制到字符串 t 中

16. 下列语句或语句组中，能正确进行字符串赋值的是(　　)。

A. char *sp; *sp="blue";　　B. char *sp="blue";

C. char s[10]; *s="blue";　　D. char s[10];s="blue";

17. 有下列程序：

```
void f(int *arr)
{ int i=0;
  for(;i<5;i++) (*arr)++;
}
void main( )
{ int a[5]={2,4,6,8,10},i;
  f(a);
  for(i=0;i<5;i++) printf(" %d ",a[i]);
}
```

程序运行后的输出结果是(　　)。

A. 5 4 6 8 10　　B. 4 4 6 8 10　　C. 7 4 6 8 10　　D. 3 4 6 8 10

18. 已定义下列函数：

```
int fun(int *p)
{ return *p; }
```

该函数的返回值是(　　)。

A. 一个整数　　B. 不确定的值

C. 形参 p 中存放的值　　D. 形参 p 的地址值

19. 设有定义语句“int (*pt)(int);”，则以下叙述正确的是(　　)。

A. pt 是基类型为 int 的指针变量

B. pt 是指向 int 类型一维数组的指针变量

C. pt 是指向函数的指针变量，该函数具有一个 int 类型的形参

D. pt 是函数名，该函数的返回值是基类型为 int 类型的地址

20. 以下叙述正确的是(　　)。

A. C 语言允许 main 函数带形参，且带形参个数和形参名均可由用户指定

B. 语言允许 main 函数带形参，形参名只能是 argc 和 argv

C. 当 main 函数带有形参时，传给形参的值只能从命令行中得到

D. 若有说明“main(int argc,char *argv)”，则形参 argc 的值必须大于 1

二、填空题

1. 已知"int a[4]={2,4,6,8}，* p=a;"，则"*(p+1)"的值为________，"* p+1"的值为________。

2. 下列程序的功能是：借助指针变量找出数组元素中的最大值及其元素的下标值。请填空。

```
#include <stdio.h>
void main()
{ int a[10], *p, *s;
  for(p = a;p - a < 10;p++)
      scanf("%d",p);
  for(p = a,s = a;p - a < 10;p++)
      if( *p > *s)
          s = ________
  printf("下标 = %d\n",s - a);
  }
```

3. 下列函数"fun(char *s)"的功能是：把字符串中的内容逆置。例如，字符串中原有的字符串为 english，则调用该函数后，串中的内容为 hsilgne。请填空。

```
#include <string.h>
void fun(char *s)
{    int i,n = strlen(s) - 1;
     char t;
     for(i = 0;i < n;i++, ________)
     { t = s[i];
       ________;
       ________;
     }
}
```

三、编程题(均要求用指针实现)

1. 从键盘输入 3 个数，按由小到大的顺序排列并输出。

2. 求一个 3 行 4 列二维数组每行元素中的最大值。

3. 编写函数"void sort(int arr[],int n)"对整型数组元素进行排序，并在主函数中调用，输出排序后的数组各元素的值。

4. 请编写函数"fun(int a[][N])"，该函数的功能是：对已定义的 $N \times N$ 的二维数组左下半三角元素中的值全部置成 0，并在主函数中调用输出。例如，

a 数组中的值为：

```
1  2  3
4  5  6
7  8  9
```

则返回主程序后 a 数组中的值应为：

```
0  2  3
0  0  6
0  0  0
```

5. 编写函数 strcpy2( )实现字符串两次复制，即将 t 所指字符串复制两次到 s 所指内存空间中，形成一个新字符串。例如，若 t 所指字符串为“Dezhou”，调用 strcpy2 后，s 所指字符串为“DezhouDezhou”。

6. 编写一个函数，功能是判断一个字符串是否是回文。当字符串是回文时，函数返回字符串“yes!”，否则函数返回字符串“no!”，并在主函数中输出。(所谓回文即正向与反向的拼写都一样，例如：字符串 aadgdaa 为一回文字符串。)

7. 写一函数，输入一行字符，将此字符串中最长的单词输出。

第9章 结构体与共用体

在实际应用中，经常会遇到这样的情况，多个数据之间有着密切的联系，它们用来刻画同一事物的几个方面，但并不属于同一种数据类型。例如，学生成绩登记表中每个学生的数据信息包含学号、姓名、性别、成绩等数据项。显然，这些数据项是相互联系的，应该组成一个有机的整体。如果将它们分别定义为独立的基本变量，则不能反映它们之间的内在联系，如果用一个数组来存放这一组数据，它们又不属于同一种数据类型。针对这种情况，C 语言提供了另一种构造数据类型——结构体，利用结构体将属于同一对象的不同类型的数据组成一个有联系的整体。如学生成绩登记表中，可以将属于同一个学生的各种不同类型的数据组合在一起，构造结构体类型，然后利用结构体类型变量存储、处理学生的信息。

本章主要介绍结构体、共用体类型和枚举类型的定义与使用，以及结构体的典型应用——链表的相关操作。

9.1 结构体类型

结构体是一种构造类型，即自定义类型。因此，结构体的使用要分为三个步骤：①定义结构体类型；②定义结构体变量；③使用结构体变量及结构体成员。

9.1.1 定义结构体类型

结构体由若干成员组成，各成员可以是不同的数据类型。在程序中要使用结构体类型，必须先对结构体的组成进行描述。例如，学生成绩登记表中的学生信息可用结构体描述为：

```
struct stu                                  //struct 是关键字,stu 是结构体名
{ //该结构体类型由 4 个成员组成,每个成员分别属于不同的数据类型
    char num[10];
    char name[20];
    char sex;
    float score;
};     //结构体类型定义必须以分号";"结束
```

上例说明结构体类型 struct stu 有 4 个不同类型的成员，分别表示学生

的学号、姓名、性别和成绩,命名为 num、name、sex 和 score。

结构体类型定义的一般形式为:

```
struct 结构体名
{成员列表};
```

其中,struct 是关键字,用以定义结构体类型。花括号内的内容是该结构体类型的成员说明,每个成员的说明形式为:

```
数据类型   成员名;
```

注意:

(1) 结构体名是结构体类型的名称,其命名规则与标识符的命名规则相同。

(2) 成员列表表示若干不同类型数据的集合,各成员的类型既可以是基本数据类型,也可以是已经定义的结构体类型,成员之间用分号";"分开。

例如,由年、月、日组成的结构体类型定义为:

```
struct date
{
    int year;
    int month;
    int day;
};
```

又如,职工信息结构体类型定义为:

```
struct person
{
    char num[10];                          //工号
    char name[20];                         //姓名
    char sex;                              //性别
    float salary;                          //工资
    struct date hiredate;                  //聘任时间
};
```

其中,num、name、sex、salary 为基本数据类型,hiredate 是一个结构体类型。该例说明结构体类型可以嵌套,即一个结构体类型中的成员可以是其他结构体类型。

(3) 结构体类型定义必须以分号";"结束。

(4) struct 定义的数据类型是程序设计者自己定义的类型,定义以后与系统中预定义的标准类型(如 int、char 等)一样,可以用来定义变量,具体定义见 9.1.2 节。

(5) 结构体类型定义既可以在函数外,也可以在函数内。如果定义在函数外,则定义后的程序均可使用此结构体类型;如果定义在函数内,则只能在该函数内使用。

9.1.2 结构体变量的定义

结构体类型只是定义了数据的一种结构,是一种数据类型,要想在程序中使用它,还需要定义结构体类型的变量,并在其中存放具体数据。结构体变量的定义有以下两种方法。

(1) 先定义结构体类型,再定义结构体变量。

一般形式为:

```
struct 结构体名  变量名列表;
```

如 9.1.1 节已经定义了一个结构体类型 struct stu,可以用它来定义变量,例如:

```
struct stu student1,student2;
```

定义 student1 和 student2 为 struct stu 类型的变量。

注意:struct 关键字不可省略。

为了使用方便,可以用一个符号常量代表一个结构体类型。在程序开头,加上命令:

```
#define STU struct stu
```

这样在程序中,STU 与 struct stu 完全等效。例如,先定义结构体类型:

```
STU
{
    char num[10];
    char name[20];
    char sex;
    folat score;
};
```

然后就可以直接使用 STU 定义变量。例如:

```
STU student1,student2;
```

用这种方法定义变量就和用标准类型定义变量的形式类似,不必再写关键字 struct。

(2) 在定义结构体类型的同时定义结构体变量。

一般形式为:

```
struct「结构体名」                    //「 」中的内容是可选项
{
  成员列表;
}变量名列表;
```

例如:

```
struct stu
{
    char num[10];
    char name[20];
    char sex;
    float score;
}student1,student2;
```

其作用与第一种方法相同,即定义了两个 struct stu 类型的变量 student1 和 student2。结构体类型名 stu 可以省略,但若省略结构体名 stu,则无法在程序的其他地方再使用此结构体类型。

注意：

(1) 类型和变量是不同的概念，编译时只对变量分配空间，对类型不分配空间，赋值、存取或运算只能针对变量，不能针对类型。

(2) 成员名可与程序中其他变量同名，二者不代表同一对象，互不干扰。例如，程序中可以定义一个变量 num，它与 struct stu 中的 num 是不同对象。

(3) 结构体变量定义以后，系统为其分配存储空间，在 VC++6.0 环境下分配存储空间的大小与所设置的字节对齐有关，这是 VC++6.0 对变量存储的一个特殊处理，为了提高 CPU 的存储速度，VC++6.0 对一些变量的起始地址做了“对齐”处理。在默认情况下，VC++6.0 规定各成员变量存放的起始地址相对于结构体变量的起始地址的偏移量必须为该变量的类型所占用字节数的倍数。若字节对齐设置为一个字节，则分配的存储空间为结构体中各分量所占字节数的和。下面用一个例子来说明字节对齐设置问题。

【例 9.1】 字节对齐设置举例。

```
#include <stdio.h>
#pragma pack(1)                          //设置为 1 字节对齐
main()
{
    struct test
    {   char a;
        int b;
        double c;
    }m;
    printf("变量 m 所占字节数为: %d",sizeof(m));
}
#pragma pack()                           //恢复对齐状态
```

程序输出结果为：

```
变量 m 所占字节数为: 13
```

注意：在默认情况下，即去掉“#pragma pack(1)”命令，字节对齐方式为 8 字节对齐，程序输出结果为：

```
变量 m 所占字节数为: 16
```

9.1.3 结构体变量的使用

结构体变量定义以后，就可以使用了，但需注意以下几个问题。

首先定义 student1 和 student2 为 struct stu 类型的结构体变量，person1 和 person2 为 struct person 类型的结构体变量。

(1) 结构体变量的使用方式是分别使用变量中的各个成员，而不能整体使用。例如，结构体变量 student1 已经定义，则语句

```
strcpy (student1.num,"11301");
scanf("%s",student1.name);
```

为正确的，其中 student1.num 和 student1.name 分别表示 student1 中的 num 和 name 成

员，即学生的学号和姓名。

使用结构体变量中一个成员的形式为：

```
结构体变量名.成员名
```

其中，“.”运算符是成员运算符，它在所有的运算符中优先级最高。

而语句：

```
scanf("%s,%s,%c,%f",&student1);
printf("%s,%s,%c,%f",student1);
```

都是错误的，对结构体类型变量的输入、输出、运算处理(赋值除外)等只能对结构体变量中的成员分别进行使用。

(2) 如果成员本身又是结构体类型，则需使用成员运算符逐级访问，且只能对最低级的成员进行操作。

例如，person1 中 birthday 成员中 year 成员的引用方式如下：

```
person1.hiredate.year
```

(3) 同一种类型的结构体变量之间可以整体赋值。

例如，语句

```
student2 = student1;
```

的作用是把 student1 中的成员值依次赋给 student2 中的相应成员。

(4) 结构体变量的成员可以像普通变量一样参与相应的运算。例如，person1 和 person2 中的成员 salary 可以进行以下运算：

```
person1.salary + person2.salary;          //算数运算
person1.salary = person2.salary;          //赋值运算
```

(5) 可以使用结构体变量成员的地址，也可以使用结构体变量的地址。例如：

```
scanf("%s",student1.num);                 //从键盘输入一个字符串赋给 student1.num
printf("%o",&student1);                   //输出 student1 的首地址
```

9.1.4 结构体变量的初始化

和其他类型变量一样，结构体变量也可以在定义时赋初值，即初始化。初始化数据用{}括起来，其顺序与结构体中的各成员顺序保持一致，数据之间用英文半角下的“,”分开。

【例 9.2】 结构体变量的初始化。

```
#include <stdio.h>
struct stu                                //结构体的定义可以在函数外，也可以在函数内
{
    char num[10];
    char name[20];
    char sex;
    float score;
```

```
}student = {"11301","Wang Lin",'M',87};     //定义结构体变量 student 并初始化
void main()
{    //输出结构体变量各成员的值
    printf("num = %s,name = %s,sex = %c,score = %f\n",student.num,student.name,
        student.sex,student.score);
}
```

程序输出结果为：

```
num = 11301,name = Wang Lin,sex = M,score = 87.000000
```

9.1.5 结构体变量的赋值

结构体变量也可以在定义以后再赋值，这时只能对各成员单独赋值或者在同一种类型的结构体变量之间进行整体赋值。

【例 9.3】 结构体变量赋值。

```
#include <stdio.h>
#include <string.h>                             //包含字符串运算的头文件
struct stu                                      //定义结构体类型
{
    char num[10];
    char name[20];
    char sex;
    float score;
};
void main()
{
    struct stu student,student1;                //定义结构体变量
    strcpy(student.num, "11201");               //利用字符串复制函数对成员 num 赋值
    strcpy(student.name, "Li Ping");
    student.sex = 'M';
    student.score = 87;
    //输出结构体变量各成员的值
    printf("num = %s,name = %s,sex = %c,score = %f\n",student.num,
            student.name,student.sex,student.score);
    student1 = student;                         //同一种类型的结构体变量之间进行整体赋值
    printf("num = %s,name = %s,sex = %c,score = %f\n",student1.num,
            student1.name,student1.sex,student1.score);
}
```

则程序输出结果为：

```
num = 11201,name = Li Ping,sex = M,score = 87.000000
num = 11201,name = Li Ping,sex = M,score = 87.000000
```

9.2　结构体数组

一个结构体变量可以存放一个学生的一组数据，如果要管理一个班级的学生信息，可以用数组，即结构体数组。结构体数组中的每个元素都是一个结构体类型的变量，它们都分别包含各个成员分量。

9.2.1　结构体数组的定义

结构体数组的定义方法和结构体变量相似，也有两种方法。

(1) 先定义结构体类型再定义结构体数组。例如，struct stu 是已经定义的结构体类型，则语句

```
struct stu student[5];
```

就定义了一个可以存放 5 个元素的结构体数组 student。

(2) 在定义结构体类型的同时定义结构体数组。例如：

```
struct stu                    //stu 可以省略，此处若省略结构体名 stu 则构成无名结构体
{
    char num[10];
    char name[20];
    char sex;
    float score;
}student[5];
```

这种方式同样是定义了一个结构数组 student，共有 5 个元素，分别为 student[0]～student[4]。

9.2.2　结构体数组的初始化

和其他数据类型的数组一样，结构体数组可以在定义时进行初始化。初始化时要将每个元素的数据分别用{}括起来；当对全部元素赋初值时，可以省略数组长度。例如：

```
struct stu
{
    char num[10];
    char name[20];
    char sex;
    folat score;
}student[3] = {{ "11001","Li Ping",'M',87},
              {"11002", "Zhang Ping",'M',65},
              {"11003","He Fang",'F',92}};
```

在编译时，将第一对花括号中的数据赋给 student[0]，第二对花括号中的数据赋给 student[1]，第三对花括号中的数据赋给 student[2]。数组中各元素在内存中连续存放，具体如图 9.1 所示。

如果初始化数据的个数少于数组元素的个数，则方括号中的元素个数不能省略，具体初

始化情况与一般数组相同。

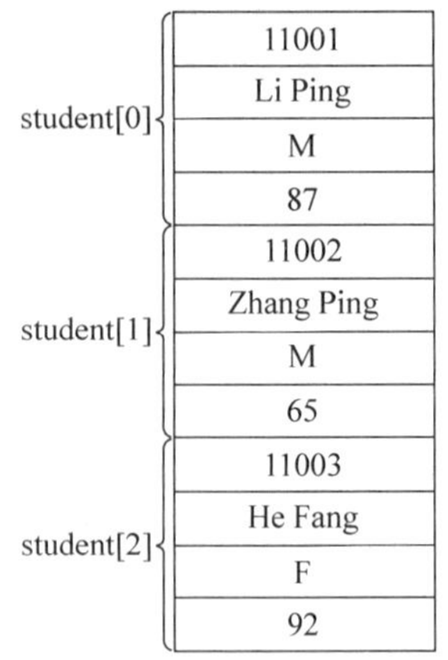

图 9.1 结构体数组内存存放结构图

9.2.3 结构体数组的使用

结构体数组中的每一个元素相当于一个结构体变量，结构体数组元素使用时要遵循以下规则。

(1) 引用结构体数组中某一元素中成员的方式为：

结构体数组名[下标].成员名

例如，student 为已经定义的 struct stu 类型的结构体数组且已经赋值，则

```
student[1].name
```

就是取 student 数组中第二个元素中 name 这个成员的值，即学生的姓名，值为 Zhang Ping。

(2) 不能把结构体数组元素作为一个整体进行输入或输出，只能以单个成员的形式进行输入输出。例如：

```
scanf("%s",student[0].num);
printf("%f",student[1].score);
```

(3) 可以将一个结构体数组元素赋给同一个结构体数组中的另一个元素，或赋给同一结构体类型的变量。例如：student 和 student1 分别定义为 struct stu 类型的结构体数组和结构体变量，数组的长度为 3，则下面的赋值是合法的。

```
student1 = student[0];
student[0] = student[1];
student[1] = student1;
```

【例 9.4】 输出一个班级中每个学生的基本信息和所有学生的平均成绩以及不及格人数。

```
#include <stdio.h>
#include <string.h>
struct stu                                    //定义一个有 5 个元素的结构体数组并初始化
{
```

```
    char num[10];
    char name[20];
    char sex;
    float score;
}student[5] = {{ "11001","Li Lin",'M',45},
              {"11002","Zhang Ping",'M',62.5},
              {"11003","He Longfei",'F',92.5},
              {"11004","Chen Bing",'F',87},
              {"11005","Wang Xiaona",'M',58}};
void main()
{
    int i,n = 0;
    float sum = 0,ave = 0;                    //定义变量 sum 和 ave,分别存放总分和平均分
    printf("num name sex score \n");
    for(i = 0;i < 5;i++)
    {
        printf(" % - 8s % - 12s % - 6c % - 4.2f\n",student[i].num,student[i].name,
           student[i].sex,student[i].score);  //输出每个学生的基本信息
        sum += student[i].score;              //计算所有学生的总分
        if(student[i].score < 60) n += 1;     //统计不及格的人数
    }
    ave = sum/5;                              //求平均分
    printf("平均分 = %4.2f\n 不及格人数 = %d\n",ave,n);          //输出平均分和不及格人数
}
```

程序输出结果为：

```
num     name          sex   score
11001   Li Lin        M     45.00
11002   Zhang Ping    M     62.50
11003   He Longfei    F     92.50
11004   Chen Bing     F     87.00
11005   Wang Xiaona   M     58.00
平均分 = 69.00
不及格人数 = 2
```

9.3　结构体类型指针

指向结构体类型数据的指针变量，称为结构体指针变量。结构体指针变量中的值是所指向的结构体变量所占内存的首地址，通过结构体指针可以间接访问该结构体变量的各成员。

9.3.1　指向结构体变量的指针

下面介绍结构体指针变量的定义以及变量成员的引用。

1. 结构体指针变量定义的一般形式

```
struct 结构体名 * 结构体指针变量名;
```

例如："struct stu ＊p;"定义了一个结构体指针变量，它指向一个 struct stu 类型的结构体变量。

2. 通过结构体指针变量访问结构体变量成员的形式

结构体指针变量访问结构体成员的方式有以下两种：

(1) (＊结构体指针变量名).成员名。注意：这里的圆括号不能省略，因为"."运算符的优先级比"＊"运算符高。

(2) 结构体指针变量名->成员名，其中：->是指向成员运算符，很简洁，更常用。

例如，可以使用(＊p).num 或 p->num 访问 p 指向的结构体变量的 num 成员。

下面用一个具体的实例说明指向结构体变量的指针的具体使用情况。

【例 9.5】 用指向结构体变量的指针输出结构体各成员的值。

```
#include <stdio.h>
#include <string.h>
void main()
{
    struct stu                                  //定义结构体变量并初始化
    {   char num[10];
        char name[20];
        char sex;
        float score;
    }student = {"11001","Li Lin",'M',45};
    struct stu *p;                              //定义指向结构体变量的指针 p
    p = &student;                               //将结构体变量 student 的起始地址赋给指针 p
    //用结构体变量输出各成员的值
    printf("num = %s, name = %s, sex = %c, score = %.2f\n", student.num, student.name,
student.sex, student.score);
    //用指向结构体变量的指针输出各成员的值
    printf("num = %s, name = %s, sex = %c, score = %.2f\n", (*p).num, (*p).name, (*p).sex,
(*p).score);
    printf("num = %s, name = %s, sex = %c, score = %.2f\n", p->num, p->name, p->sex,
    p->score);
}
```

程序输出结果为：

```
num = 11001, name = Li Lin, sex = M, score = 45.00
num = 11001, name = Li Lin, sex = M, score = 45.00
num = 11001, name = Li Lin, sex = M, score = 45.00
```

从程序的输出结果可以看出三个输出语句的输出结果是相同的，即以下三种变量成员的引用形式是等价的：

(1) student.成员名

(2) (＊p).成员名

(3) p->成员名

其中，student、＊p 和 p 的逻辑关系如图 9.2 所示。

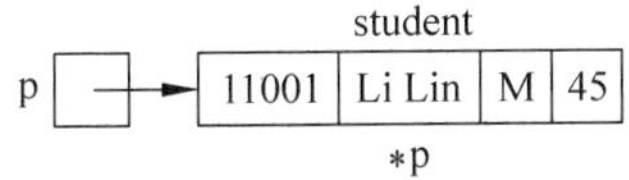

图 9.2 指向结构体变量的指针与结构体变量的关系

9.3.2 指向结构体数组的指针

指针变量可以指向一个数组,同样可以指向一个结构体数组,下面通过例子说明其应用。

【例 9.6】 用指向结构体数组的指针输出结构体数组中各成员的值。

```
#include <stdio.h>
#include <string.h>
struct stu                                  //定义结构体数组 student 并初始化
{
    char num[10];
    char name[20];
    char sex;
    float score;
}student[5] = {{ "11001","Li Lin",'M',45},
              {"11002","Zhang Ping",'M',62.5},
              {"11003","He Longfei",'F',92.5},
              {"11004","Chen Bing",'F',87},
              {"11005","Wang Xiaona",'M',58}};
void main()
{
    struct stu *p;                          //定义指针 p 指向结构体数组
    printf("num name sex score \n");
    for(p = student; p < student + 5; p++)  //用指针输出数组中各成员的值
      printf("%-8s %-12s %-6c %-4.2f\n", p->num, p->name, p->sex, p->score);
}
```

程序输出结果为:

```
num    name         sex  score
11001  Li Lin       M    45.00
11002  Zhang Ping   M    62.50
11003  He Longfei   F    92.50
11004  Chen Bing    F    87.00
11005  Wang Xiaona  M    58.00
```

注意:

(1) 如果 p 的初值为 student,即指向第一个元素(即 student[0]),则 p 加 1 后就指向下一个元素(即 student[1]),具体如图 9.3 所示。

(2) 注意(++p)-> num 和(p++)-> num 的不同,同时注意它们与++p-> num 的不同。

例如,若 p 的初值为 student,(++p)-> num 先使 p 加 1,指向 student[1],然后得到它

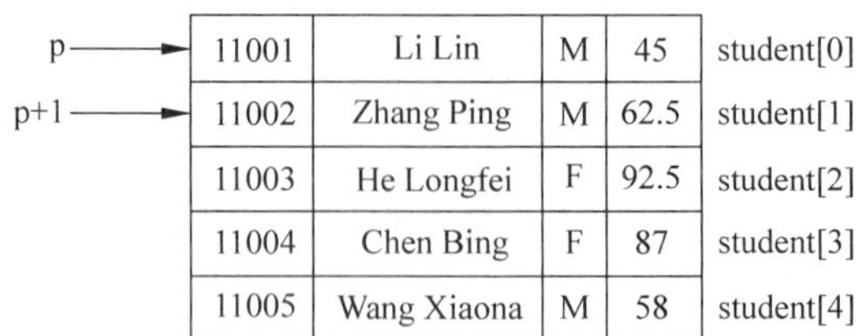

图 9.3　指向结构体数组的指针与数组元素的关系

指向的元素中 num 成员值(即 student[1]. num);(p++)-> num 先得到 p 指向元素的 num 成员值(即 student[0]. num),然后使 p 自加 1,指向 student[1];++p-> num 是对成员 num 的值加 1,相当于++(p-> num)。

(3) 一个结构体指针变量虽然可以用来访问结构体变量或结构体数组元素的成员,但是不能指向其中一个成员。也就是说,若 p 是一个指向 struct stu 类型的一结构体指针变量,则不允许 p=&student[1]. num,只能是 p=student 或者 p=&student[0]。

9.4　结构体与函数

结构体变量、结构体指针变量都可以像其他类型变量一样作为函数的参数,同样也可以将函数定义为结构体类型或结构体指针类型,即函数返回值类型为结构体或结构体指针。

9.4.1　结构体变量作函数参数

用结构体变量作为函数实参时,采取的也是“传值”方式,即分别为形参和实参分配内存空间,“形实参结合”是将实参各成员值依次传递给形参所对应成员。此外,由于采用“传值”方式,如果在执行被调用函数期间改变了形参(即结构体变量)的值,则实参的值不受影响。其优点是函数之间的耦合性低,缺点是占用存储空间过大,形实参结合时需复制各个成员,效率较低。因此一般较少使用这种方法。

【例 9.7】 输出结构体各成员的值,输出功能用一个函数实现。

```
#include <stdio.h>
#include <string.h>
struct stu                                  //结构体类型定义
{
    char num[10];
    char name[20];
    char sex;
    float score;
};
void main()
{
    void print(struct stu);                 //函数声明
    struct stu student1 = {"11001","Li Lin",'M',45};
                                            //变量初始化
    print(student1);                        //调用输出函数,实现输出功能
}
```

```
void print(struct stu student)                    //输出结构体 student 中各成员值
{
    printf("num = %s,name = %s,sex = %c,score = %4.2f\n",student.num,student.name,
        student.sex,student.score);
}
```

程序输出结果为：

```
num = 11001,name = Li Lin,sex = M,score = 45.00
```

传值调用是单向传递，即形参和实参各自占用不同的内存空间，形参值的变化对实参没有任何影响，具体执行过程如图 9.4 所示。

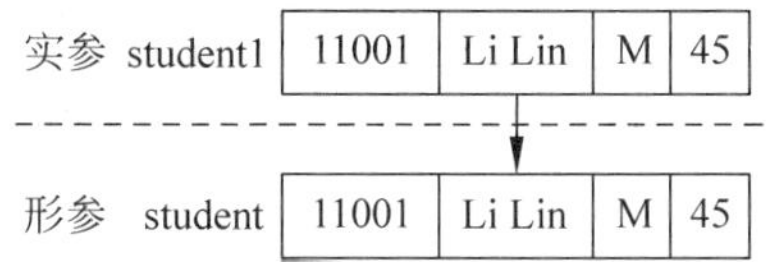

图 9.4　例 9.7 程序执行中函数参数传递示意图

9.4.2　指向结构体变量(或数组)的指针作函数参数

用指向结构体变量(或数组)的指针作为实参，通过指针来传递结构体变量(或数组)的地址给形参，再通过形参指针变量引用结构体变量中成员的值。结构体指针变量作为函数参数是采用“传址”方式，“形实参结合”是指将实参值(一个结构体变量的地址)传递给形参指针变量，形参值改变，实参也跟着改变。其优点是节约时间和空间，程序执行效率高。

【例 9.8】 将例 9.6 中的输出功能用一个函数实现。

```
#include <stdio.h>
#include <string.h>
struct stu                                        //定义结构体数组并初始化
{
    char num[10];
    char name[20];
    char sex;
    float score;
}student[5] = {{ "11001","Li Lin",'M',45},
              {"11002","Zhang Ping",'M',62.5},
              {"11003","He Longfei",'F',92.5},
              {"11004","Chen Bing",'F',87},
              {"11005","Wang Xiaona",'M',58}};
void main()
{
    void print(struct stu *);                     //函数原型声明
    struct stu *p1;                               //定义指针 p1 指向结构体数组
    p1 = student;                                 //指针 p1 指向结构体数组 student
    print(p1);                                    //输出函数调用
}
void print(struct stu *p)
{   //输出结构体数组各元素的值,与 void print(struct stu p[])等价
```

```
    printf("num name sex score \n");
    for(; p<student+5; p++)                   //输出数组中各元素的值
        printf("%-8s %-12s %-6c %-4.2f\n", p->num, p->name, p->sex, p->score);
}
```

程序输出结果与例 9.6 相同。函数调用是通过传址的方式,具体过程如图 9.5 所示。

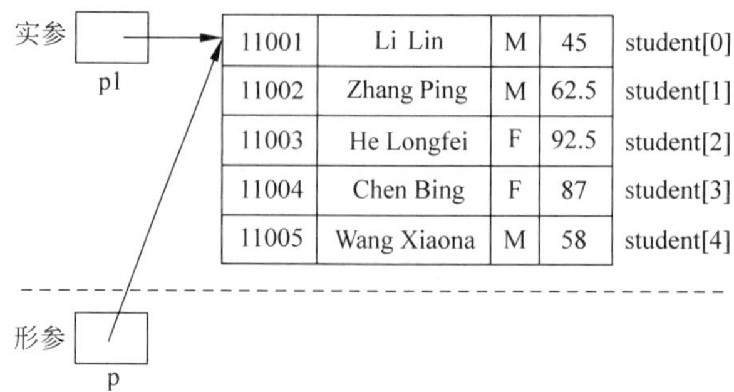

图 9.5 例 9.8 程序执行中函数参数传递示意图

9.4.3 函数的返回值为结构体类型

函数的返回值可以是标准数据类型,同样可以是结构体类型。

【例 9.9】 用函数实现学生信息的输入。

```
#include <stdio.h>
#include <string.h>
struct stu                                  //结构体定义
{
    char num[10];
    char name[20];
    char sex;
    float score;
};
void main()
{
    struct stu input();
    void print(struct stu student[],int);
    struct stu student[5];                  //定义结构体数组
    int i;
    for(i=0;i<5;i++) student[i]=input();    //用 input 函数输入 5 个学生的数据
    print(student,5);                       //用 print 函数输出结构体数组中的数据
}
struct stu input()
{                   //输入结构体数据,并将输入结构体数据作为返回值,返回给第 i 个学生记录
    struct stu stud;
    printf("输入学号\n");
    gets(stud.num);                         //在键盘上输入学号
    printf("输入姓名\n");
    gets(stud.name);                        //输入姓名
    printf("输入性别\n");
```

```
    stud.sex = getchar();                       //输入性别
    printf("输入成绩\n");
    scanf("%f",&stud.score);                    //输入成绩
    getchar();                                  //接收键盘缓冲区中的字符
    return stud;                                //返回结构体数据
}
void print(struct stu stud[],int n)             //输出结构体数组各元素的值
{
    int i;
    printf("num name sex score \n");
    for(i = 0; i<n; i++)
    printf("%-8s %-12s %-6c %-4.2f\n", stud[i].num, stud[i].name,stud[i].sex,
      stud[i].score);
}
```

9.5 链　表

9.5.1 链表概述

数组可以存放一组数据，但数组在存放数据时，长度(即可以存放元素的个数)必须预先设定，在使用期间长度不能改变。因此，用数组存放一个班所有学生的数据，如果事先难以确定班级的人数，则必须把数组定义得足够大，以便能存放所有学生数据。显然这样会浪费内存空间。而动态数据结构可以根据需要动态分配内存空间。

链表是一种最简单、最常用的动态数据结构，它是对动态获得的内存进行组织的一种结构。链表有单向链表、双向链表、循环链表等形式，图 9.6 所示是最简单的单向链表。表中有一个“头指针”变量，图中以 head 表示，它存放的是链表中第一个元素的起始地址。链表中每一个元素称为“结点”，每个结点都包含两部分：数据域和指针域。数据域存放用户需要使用的数据，指针域存放下一个结点的起始地址。链表中最后一个结点称为“表尾”，它的指针域为空，用 NULL 表示。

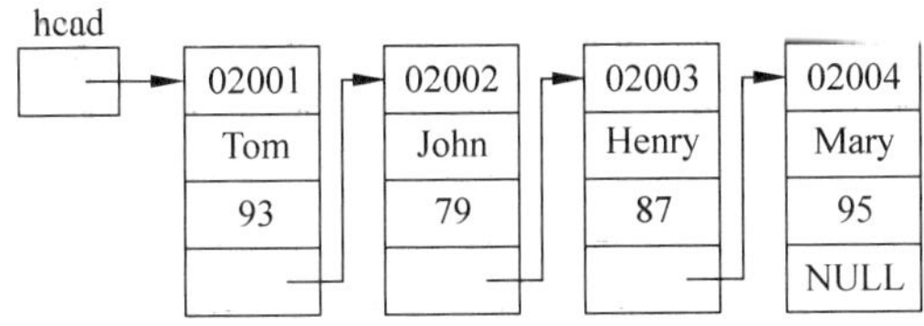

图 9.6　单向链表结构示意图

由于链表中的每个结点都有一个指针域指向下一个结点，因此各元素在内存中分配的地址可以是不连续的。这样可以根据需要分配内存空间，并且添加、删除结点时不用移动任何结点，只需修改指针的值即可。但是要找某一个元素，必须知道链表的“头指针”，由表头开始依次查找。因此可以用结构体变量表示链表中的结点，一个结构体变量包含若干个成员，这些成员可以是 C 语言中除 void 以外的任何数据类型，但必须有一个指向本结构体类型的指针成员用于存放下一个结点的起始地址。图 9.6 中所示的链表中的结点可定义

如下：

```
struct stu
{   char num[10];
    char name[20];
    float score;
    struct stu * next;
};
```

其中成员 num、name 和 score 用来存放结点中的数据，next 是指向 struct stu 类型的指针类型成员。图 9.6 所示的每一个结点都是 struct stu 类型，它的成员 next 存放下一个结点的起始地址，程序设计人员可以不必具体知道各结点的地址，只要保证将下一个结点的地址放到前一个结点的 next 中即可。

9.5.2 动态存储分配函数

要处理动态数据结构，需要在程序执行的过程中动态分配内存空间。C 语言提供了相关函数，下面仅介绍其中最常用的几个函数，这些函数包含在头文件“malloc.h”中。

(1) malloc 函数。其函数原型为：

```
void * malloc(unsigned int size)
```

作用是在内存动态存储区中申请一段长度为 size 的连续空间，如果申请成功，则函数返回所分配内存空间的首地址，否则返回 NULL。

(2) calloc 函数。其函数原型为：

```
void * calloc(unsigned n, unsigned size)
```

作用是在内存动态存储区中申请 n 段长度为 size 的连续区间。如果申请成功，则函数返回所分配内存空间的首地址，否则返回 NULL。

(3) realloc 函数。其函数原型为：

```
void * realloc(void * mem_address, unsigned int newsize)
```

作用是将 mem_address 所指内存空间的大小修改为 newsize。如果重新分配成功则返回所分配内存空间的首地址，否则返回 NULL。

(4) free 函数。其函数原型为：

```
void free(void * ptr)
```

作用是将指针变量 ptr 指向的存储空间释放，以便系统可以重新分配使用，free 函数无返回值。

9.5.3 链表的基本操作

链表的操作最常用的有建立链表、输出链表、插入和删除结点以及查找等操作。为了操作方便，可以在链表的第一个结点之前增加一个结点，称为头结点，它的指针域存放第一个结点的起始地址，数据域一般为空，也可以存放一些诸如链表的长度等辅助信息。这样，即使空链表也会有一个结点，处理起来就可以不分链表是否为空等情况。带头结点的单链表结构如图 9.7 所示。

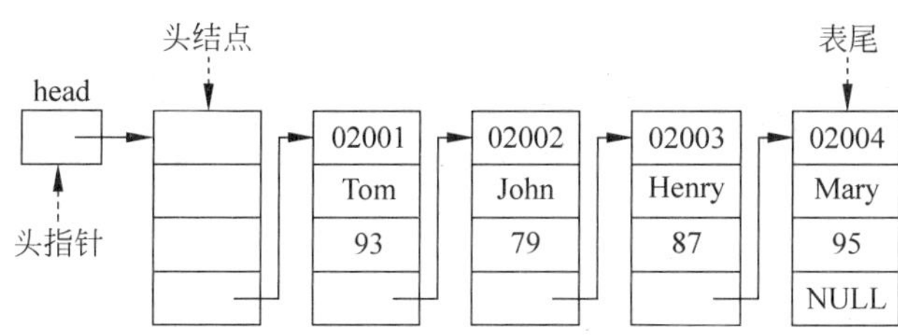

图 9.7　带头结点的单链表

1. 建立链表

建立链表是指逐个添加结点，即建立结点和输入结点数据，并建立起结点之间的前后逻辑关系。

【例 9.10】　编写函数建立一个存储学生数据的带头结点的单向链表。

建立带头结点单向的链表的步骤为：

(1) 先建立一个头结点，并让 head 指针指向它，头结点上的指针域初始值为 NULL，然后将建立的结点依次插入到链表中，指针 p1 始终指向链表中的最后一个结点。

(2) 用 malloc 函数建立第一个结点，并让 p2 指向它。

(3) 从键盘读入一个学生的数据赋给 p2 所指的结点。约定学号不为字符串"0"，如果学号为字符串"0"说明链表建立完毕；如果输入的 p2-> num 不等于字符串"0"，则将 p2 插入到 p1 之后（语句为“p2-> next＝p1-> next;p1-> next＝p2;”），然后 p1 指针后移指向新插入的结点（语句为 p1＝p2）。若建立的结点为链表中第一个结点，过程如图 9.8(a)所示；若不是第一个结点，过程如图 9.8(b)所示。但始终不变的是，p2 始终指向新插入结点，而 p1 始终指向最后一个结点。

(4) 重复步骤(2)、(3)直到学号为字符串"0"。

建立链表程序如下：

```
#include <stdio.h>
#include <malloc.h>
#define LEN sizeof(struct stu)
struct stu                                  //结构体定义
{
    char num[10];
    char name[20];
    float score;
    struct stu * next;
};
struct stu * create()
{
    struct stu * head;                      //声明头指针
    struct stu * p1, * p2;
    head = (struct stu * )malloc(LEN);      //建立头结点
    head -> next = NULL;
    p1 = head;
```

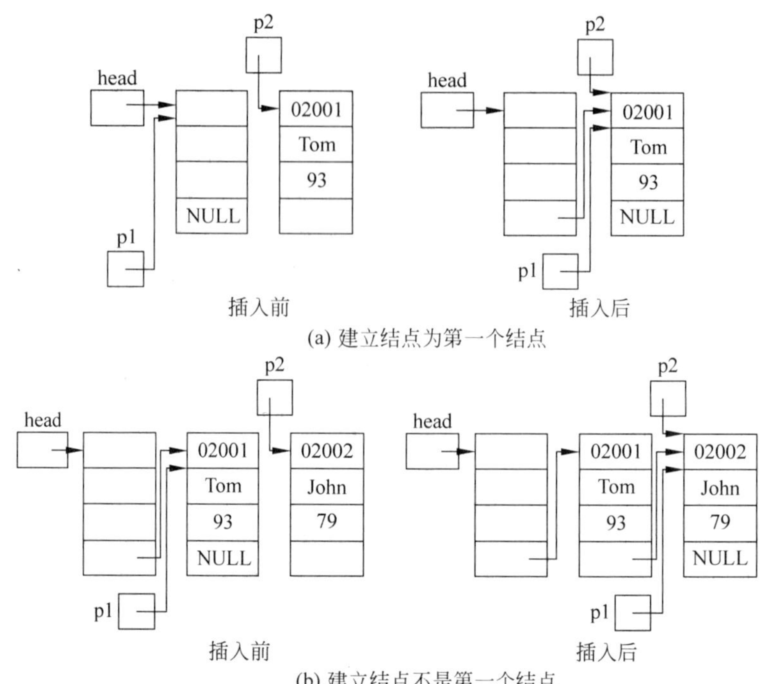

图 9.8 链表的建立

```
    p2 = (struct stu * )malloc(LEN);          //建立第一个结点
    printf("输入结点信息: 学号、姓名和成绩\n");
    scanf("%s%s%f",p2->num,p2->name,&p2->score);
    getchar();                                //接收键盘缓冲区中的字符
    while(strcmp(p2->num,"0")!= 0)            //学号为字符串"0"作为输入结束的标志
    { //将建立的结点依次插入到链表中
        p2->next = p1->next;
        p1->next = p2;
        p1 = p2;                              //p1 始终指向表尾结点
        p2 = (struct stu * )malloc(LEN);      //p2 始终为新建立的结点
        printf("输入结点信息: 学号、姓名和成绩\n");
        scanf("%s%s%f",p2->num,p2->name,&p2->score);
        getchar();
    }
    free(p2);                                 //最后一个结点并没有加入到链表中,需要释放
    return head;
}
void main()
{
    struct stu *h;                            //声明表头指针
    h = create();                             //调用 create 函数建立链表
}
```

调用 create 函数后,函数的返回值是所建立的链表的头结点的起始地址,学生的数据从第一个结点开始存储。若输入数据如图 9.9 所示,则可以建立如图 9.7 所示的链表。

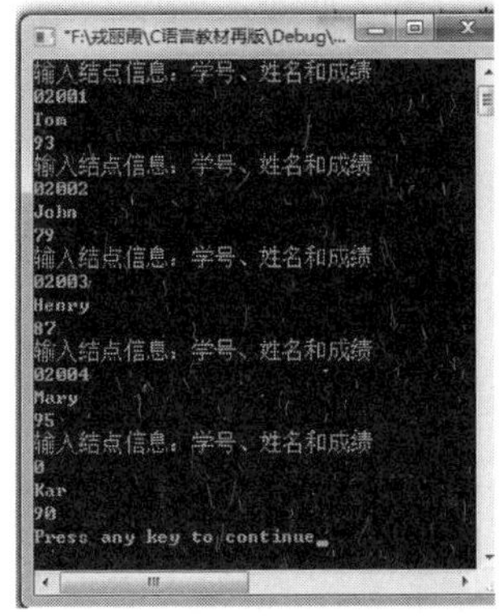

图 9.9　例 9.10 数据输入示意图

2. 输出链表

输出链表是指将链表中各结点的数据依次输出。

【例 9.11】　编写函数 print，输出链表中各结点的值。

分析：要输出链表首先要知道链表头结点的地址，也就是要知道头指针 head 中的值，定义一个指针变量 p，先指向第一个结点，输出各成员的值，然后将 p 后移一个结点，再输出，直到链表的末尾。

输出链表函数如下：

```
void print(struct stu * head)
{
    struct stu * p;
    printf("num name score\n");
    p = head -> next;                          //指针 p 指向第一个结点
    while(p!= NULL)
    { //依次输出链表中各结点的值
        printf("% -10s % -20s % -4.1f\n",p -> num,p -> name,p -> score);
        p = p -> next;                         //p 指针后移
    }
}
```

调用 print 函数后，从第一个结点开始，顺序输出结点中各成员的值。通过以下主函数的调用，就可以实现链表的建立和输出过程。

```
void main()
{
    struct stu * h;
    printf("建立链表: \n");
    h = cteate();                              //建立链表
    printf("输出链表: \n");
    print(h);                                  //输出链表
}
```

以图 9.9 的输入数据为例，程序的输出结果为：

```
输出链表:
num     name    score
02001   Tom     93.0
02002   John    79.0
02003   Henry   87.0
02004   Mary    95.0
```

3. 插入结点

将一个结点插入到链表中的某个位置，需要知道待插入结点的前一个结点的位置，即插入结点分为查找插入点和插入结点两个步骤。

【例 9.12】 若已有一个学生链表，各结点按学号由小到大排列，现要插入一个新生结点，要求插入后保持学号由小到大的顺序。

假设 head 为链表的头指针，p0 指向待插入结点，链表中已存在结点 02001 和 02003，现需将 02002 结点插入链表中。

插入结点的算法步骤为：

(1) 查找插入结点的位置。首先令 p1 指向第一个结点，p2 指向待插入结点的前驱结点，初始 p2=head。将 p0->num 与 p1->num 进行比较，如果 p0->num > p1->num，将 p1 后移，并将 p2 指向 p1 所指结点。继续比较，直到 p0->num <= p1->num 或 p1 所指的已经是表尾结点为止。查找结束后，p2 指向待插入结点的前一个位置，状态如图 9.10(a)所示。

(2) 插入结点。找到插入位置后，将 p0 所指结点插到 p2 所指结点之后。插入语句为："p0->next=p2->next;p2->next=p0;"，插入后的状态如图 9.10(b)所示。

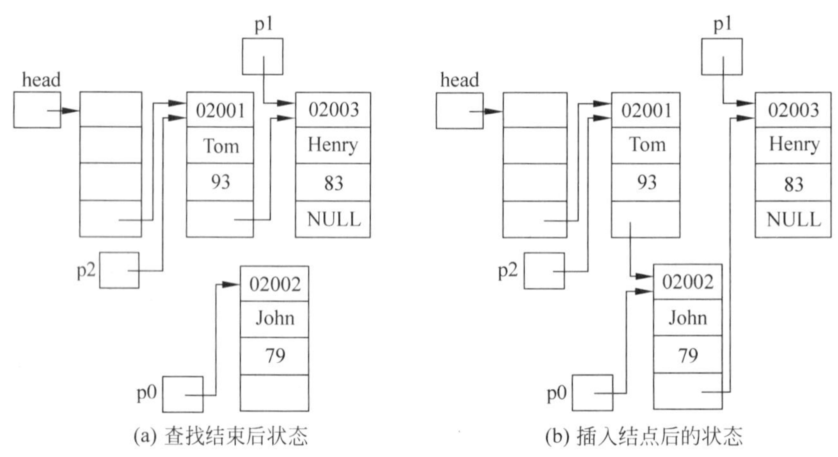

图 9.10 插入结点

插入结点函数如下：

```
void insert(struct stu * head, struct stu * p0)
{    //插入函数,head 为表头指针,p0 为待插入结点
    struct stu * p1, * p2;
    p1 = head -> next;                          //p1 指向第一个结点
    p2 = head;                                  //p2 为待插入结点的前驱结点
    while((p1!= NULL) &&( strcmp(p0 -> num,p1 -> num) == 1))          //查找插入点
```

```
    {p2 = p1; p1 = p1 -> next;}
    p0 -> next = p2 -> next;                    //插入结点
    p2 -> next = p0;
}
```

此函数中参数为 head 和 p0,p0 也是一个指针变量,从实参将待插入结点的地址传递给 p0。结合前面的建立链表和输出链表函数,主函数调用过程如下:

```
void main()
{
    struct stu *h, *p0;
    printf("建立链表: \n");
    h = create();                              //建立链表
    p0 = (struct stu *)malloc(LEN);            //申请新的结点空间
    printf("输入待插入结点信息: 学号、姓名和成绩\n");
    scanf("%s%s%f",p0 -> num,p0 -> name,&p0 -> score);
    getchar();                                 //接收键盘缓冲区中的字符
    if(strcmp(p0 -> num,"0")!= 0)              //当输入学号不为"0"字符串时执行插入函数
    insert(h,p0);
    printf("输出链表: \n");
    print(h);                                  //输出链表
}
```

4. 删除结点

从链表中删除一个结点,与插入结点类似,需要确定删除结点的前一个结点,因此,删除结点也分为查找删除结点和删除结点两个步骤。

【例 9.13】 编写函数删除链表中指定的结点。

设 head 为链表的头指针,删除结点的算法步骤为:

(1) 查找待删除结点 02002。设两个指针 p1 和 p2,先使 p1 指向第一个结点,p2 为 p1 的前驱结点。如果 p1 不是要删除的结点,将 p1 的值赋给 p2,然后使 p1 后移,重复上述过程直到找到待删除结点或到链尾为止。找到删除结点后的状态如图 9.11(a)所示。

(2) 删除结点。将 p1-> next 赋给 p2-> next。删除后状态如图 9.11(b)所示。

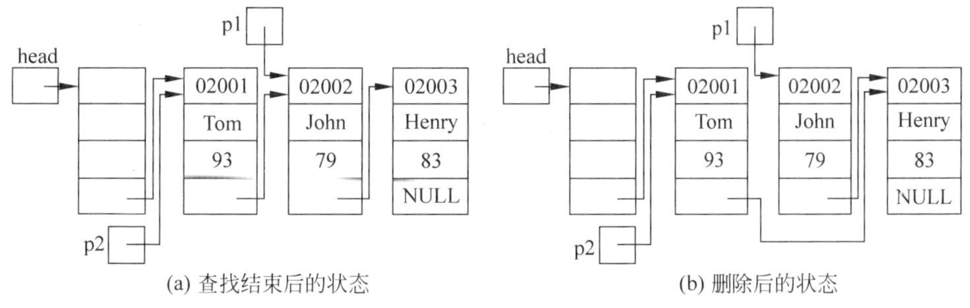

图 9.11 删除结点

删除结点函数如下:

```
int delete(struct stu *head, char num[])
```

```
{    //删除函数,head为表头指针,num为待查找学生的学号
    struct stu *p1, *p2;
    p1 = head->next;                              //p1指向第一个结点
    p2 = head;                                    //p2为待删除结点的前驱结点
    while(p1!= NULL && strcmp(num,p1->num)!= 0)   //查找删除结点
    { p2 = p1; p1 = p1->next;}
    if(!p1)                                       //删除结点不存在
       return 0;
    p2->next = p1->next;                          //将删除结点从链表中摘除
    free(p1);                                     //释放删除结点
    return 1;
}
```

综合以上链表的相关操作,主函数调用过程如下:

```
void main()
{
    struct stu *h, *p0;
    char num[10];
    printf("建立链表:\n");
    h = create();                                 //建立链表
    p0 = (struct stu*)malloc(LEN);                //申请新的结点空间
    printf("输入待插入结点信息:学号、姓名和成绩\n");
    scanf("%s%s%f",p0->num,p0->name,&p0->score);
    getchar();                                    //接收键盘缓冲区中的字符
    if(strcmp(p0->num,"0")!= 0)                   //当输入学号不为"0"字符串时执行插入函数
        insert(h,p0);
    printf("输入待删除结点的学号\n");
    scanf("%s",num);
    if(strcmp(num,"0")!= 0)                       //当输入学号不为"0"字符串时执行删除函数
        delete(h,num);
    printf("输出链表:\n");
    print(h);                                     //输出链表
}
```

9.6 共 用 体

在程序编写过程中,有时需要将几种不同类型的变量存放到同一段内存空间中,如编译程序的符号表处理。假设有三种不同类型的数据,分别是 char 型、int 型和 float 型,它们在内存中占的字节数不同,但都从同一地址开始存放。这种几个不同的变量共占同一段内存的结构,称为“共用体”类型。

9.6.1 共用体类型的定义

共用体类型定义的一般形式为:

```
union 共用体类型名
{
    成员列表;
```

```
};
```

例如：

```
union data
{
    char cval;
    int inal;
    float fval;
};
```

定义了一种共用体类型 union data，三种类型的数据共用一段存储空间。

9.6.2　共用体类型变量的定义

共用体类型变量的定义和结构体类型变量的定义一样也有两种方式。

(1) 先定义共用体类型，后定义变量。具体定义如下：

```
共用体类型名　变量列表;
```

例如，union data 是已经定义的共用体类型，"union data a,b,c;"定义了三个 union data 类型的共用体变量 a、b、c。

(2) 定义类型的同时定义变量。例如：

```
union data                              //此处若省略共用体名 data 则构成无名共用体
{   char cval;
    int inal;
    float fval;
}a,b,c;
```

共用体也是一种自定义数据类型，与结构体类型的定义、变量定义、引用等都相似，但它们有着本质的区别：结构体变量的每个成员都拥有自己的内存空间，可以同时使用，互不干扰；而共用体变量的各成员是共同拥有一段内存空间，在某一时刻只能有一个成员起作用。在字节对齐方式为一个字节的情况下，分配给共用体变量的存储空间大小为成员中所占字节数最大的一个，字节对齐方式设置同例 9.1。

9.6.3　共用体变量的使用

共用体变量的使用方式和结构体变量相同，都是用"变量名.成员名"的形式引用变量中的成员，而不能作为整体使用。例如：

```
union data a, *p = &a;
printf("%c, %d, %f",a.cval,a.inal,a.fval);
```

或

```
printf("%c, %d, %f",p->cval,p->inal,p->fval);
```

【例 9.14】　为共用体各成员赋值，并输出各成员的值。

```
#include <stdio.h>
```

```
main()
{   union
    {
        char cval;
        int ival;
        float fval;
    }temp;
    temp.cval = 'a';
    temp.ival = 12;
    temp.fval = 25.6;
    printf("输出共用体中各成员的值: \n");
    printf("temp.cval = %c\ntemp.ival = %d\ntemp.fval = %f\n",temp.cval,temp.ival,
temp.fval);
}
```

程序输出结果为：

```
输出共用体中各成员的值:
temp.cval = ?
temp.ival = 1103940813
temp.fval = 25.600000
```

从程序运行结果可以看出，尽管对共用体变量的成员赋予了不同的值，但它只保留了最后一个赋值，前面的赋值已经被后面的赋值所覆盖，即只有成员 fval 的值是确定的，而成员 cval 和 ival 的值是不可预料的，使用的时候需要注意。

9.7 枚举类型

在实际应用中，有时一个变量只有几种可能的取值，例如，一年只有 12 个月，一周只有 7 天，取值都是有限的几个，这时可以定义为枚举类型。所谓枚举是指将变量可能的取值一一列举出来，变量值只限于此范围内。只能取预先定义值的数据类型则是枚举类型。

1. 枚举类型定义

枚举类型定义格式为：

```
enum 枚举类型名{枚举元素列表};
```

例如：

```
enum weekday{sun,mon,tue,wed,thu,fri,sat};
```

2. 枚举变量定义

枚举变量的定义也有两种方式：

(1) 先定义类型后定义变量

格式为：

```
enum  枚举类型名  枚举变量列表;
```

例如：enum weekday 是已经定义的枚举类型，则

```
enum weekday week1,week2;
```

定义了 enum weekday 枚举类型的变量 week1、week2，其取值范围：sun，…，sat。

（2）定义枚举类型的同时定义变量

格式为：

```
enum「枚举类型名」{枚举常量列表}枚举变量列表;
```

例如：

```
enum weekday{sun,mon,tue,wed,thu,fri,sat}week1,week2;
```

同样定义了枚举变量 week1 和 week2。

可以用枚举常量给枚举变量赋值，例如：week1 = wed; week2 = fri。

注意：

（1）enum 是标识枚举类型的关键词。

（2）枚举元素（枚举常量）由程序设计者自己指定，命名规则同标识符。这些名字是符号，可以提高程序的可读性。

（3）枚举元素在编译时，按定义时的排列顺序取值 0，1，2，…（类似整型常数）。

（4）枚举元素是常量，不是变量，可以将枚举元素赋值给枚举变量。但是不能给枚举常量赋值。在定义枚举类型时可以给这些枚举常量指定整型常数值（未指定值的枚举常量的值是前一个枚举常量的值加 1）。例如：

```
enum weekday{sun = 7,mon = 1,tue,wed,thu,fri,sat};
```

（5）枚举常量不是字符串。

（6）枚举变量和常量一般可以参与整数能参与的运算，如算术、关系、赋值等运算。例如：要打印 sun，…，应该用：if(week1 = = sun)printf("sun")。切记不要用“if(week1 = sun)printf("%s",week1)”。

3. 枚举变量的使用

枚举变量定义以后，可以用枚举常量给枚举变量赋值，例如：“week1 = wed; week2 = fri”。枚举类型变量一般用于循环控制变量，枚举常量多用于多路选择控制情况。

【例 9.15】 枚举类型应用。

```
# include < stdio.h>
void main()
{   enum weekday{ Sun,Mon,Tue,Wed,Thu,Fri,Sat};
    enum weekday week;
    printf("Input an integer between 0 and 6: \n");
    scanf(" % d",&week);
    switch(week)
    { //根据输入的数字选择输出的英文星期
      case Sun:printf("Sunday\n");break;
      case Mon:printf("Monday\n");break;
```

```
            case Tue:printf("Tuesday\n");break;
            case Wed:printf("Wednesday\n");break;
            case Thu:printf("Thursday\n");break;
            case Fri:printf("Friday\n");break;
            case Sat:printf("Saturday\n");break;
            default:printf("Error\n");
        }
}
```

若输入数字为4,则程序输出结果为:Thursday。

9.8 typedef类型定义

除了可以直接使用C提供的标准类型名(如int、char、float等)和自己声明的结构体、共用体、指针和枚举类型外,还可以用typedef声明新的类型名来代替已有的类型名。具体有以下几种方式。

1. 简单名字替换

```
typedef int INTERGER;
typedef float REAL;
```

分别用INTERGER和REAL代表int和float类型。这样定义以后,以下两种定义方式是等价的:

(1) `int i,j; float a,b;`

(2) `INTERGER i,j; REAL a,b;`

如果在一个程序中,一个整型变量用来计数,则可以定义:

```
typedef int COUNT;
COUNT i,j;
```

变量i、j定义为整型,但用COUNT来表示,可以增强程序的可读性,使读者一看便知i、j是用于计数的变量。

2. 定义一个类型名代表一个结构体类型

typedef还可以为结构体类型重命名,例如:

```
typedef struct
{   int year;
    int month;
    int day;
}DATE;
```

声明了新类型DATE,表示定义了一个无名结构体类型,这时就可以使用DATE定义变量,例如:

```
DATE birthday;                          //定义了一个结构体变量birthday
```

```
DATE *p;                                  //定了一个指向结构体变量的指针 p
```

3. 定义数组类型、字符指针类型、指向函数的指针类型等。

例如：

```
(1) typedef float SCORE[50];              //声明 SCORE 为数组类型
    SCORE a;                              //定义实型数组变量 a

(2) typedef char *STRING;                 //声明 STRING 为字符指针类型
    STRING p,str[20];                     //定义字符指针变量 p 和指针数组 str

(3) typedef int(*POINTER)()         //声明 POINTER 为指向函数的指针类型,该函数返回整型值
    POINTER p1,p2;                        //定义 p1,p2 为指向 POINTER 类型的指针变量
```

习惯上常以大写字母表示 typedef 声明的类型名，以便与系统提供的标准类型标识符相区别。

注意：

(1) 用 typedef 可以声明各种类型名，但不能用来定义变量。

(2) 用 typedef 只是为已经存在的类型增加一个类型名，而没有创造新的类型。例如，前面声明的整型类型 COUNT，它只是 int 类型的一个新的名字，与 int 定义变量的方法是等价的。

(3) typedef 与 define 的异同点。例如：

```
typedef int COUNT;
#define COUNT int
```

它们的作用都是用 COUNT 代表 int。但原理是不同的，#define 是在预编译时处理，它只能作简单的字符串替换，而 typedef 是在编译时处理的，它不是简单地字符串替换。例如：

```
typedef int NUM[50];
```

并不是用"NUM[50]"去代替"int"，而是采用如同定义变量的方法那样来声明一个类型。

(4) 当不同源文件中用到同一数据类型(尤其是数组、指针、结构体、共用体等类型)时，常用 typedef 声明一些数据类型，把它们单独放在一个文件中，然后在需要用到它们的文件中用#include 命令把它们包含进来。

(5) 使用 typedef 有利于程序的通用与移植。有时程序会依赖硬件特性，用 typedef 便于移植。例如，有的计算机系统 int 型数据占 2 个字节，而有的占 4 个字节。把一个 C 程序从一个以 4 个字节存放整数的计算机系统移植到以 2 个字节存放整数的系统，按一般方法需要将定义变量中的每一个 int 改为 long。如果程序中有多处用到 int 定义变量，则要改动多处，为了方便就可以用一个 INTERGER 来声明 int，例如：

```
typedef int INTERGER;
```

在程序中所有整型变量都用 INTERGER 定义，在移植时只需要改动 typedef 定义即可，例如：

```
typedef long INTERGER;
```

9.9 典型例题

【例 9.16】 以下程序中函数 fun 的功能是：统计 person 所指结构体数组中所有性别(sex)为 M 的记录个数，存入变量 num 中，并作为函数值返回。请填空。

```
#include <stdio.h>
#define N 5
typedef struct
{   int num;
    char nam[10];
    char sex;
 }SS;
int fun(SS person[])
{   int i,num = 0;
    for(i = 0; i < N; i++)
      if(________ == 'M') num++;
    return num;
}
main()
{   SS W[N] = {{1,"AA",'F'},{2,"BB",'M'},{3,"CC",'M'},
              {4,"DD",'F'},{5,"EE",'M'}};
    int n;
    n = fun(W);
    printf("n = %d\n", n);
}
```

程序分析：此题目主要考查结构体中成员的引用，因为题目中要求统计性别为 M 的记录的个数，每次循环时都要判断结构体变量数组中元素成员 sex 的值是否等于 M，因此 if 语句判断的条件应该为 person[i]. sex=='M'。

【例 9.17】 学生记录由学号和成绩组成，M 名学生的数据已在主函数中放入结构体数组 student 中，请编写函数 proc()，其功能是：按分数的高低排列学生的记录，高分在前。

部分源程序给出如下：

```
#include <stdio.h>
#define M 8
struct stu
{   char num[10];
    int score;
};
void main ()
{   struct stu student[M] = {{ "GA005",85},{"GA003",76},{"GA002",69},
          {"GA004",81},{"GA001",91},{"GA007",72},{"GA008",64},{"GA006",87}};
   int i;
   proc(student);
   printf("The data after sorted: \n");
   for(i = 0;i < M;i++)
   {   if(i % 4 == 0)                              //每行输出 4 个学生记录
         printf("\n");
```

```
    printf("%s,%d",student[i].num,student[i].score);
  }
  printf("\n");
  }
```

程序分析：函数的功能主要是按照学生的成绩对结构体数组进行排序，对于排序算法在前面章节已经有相关介绍，这里主要考察结构体以及结构体数组的使用。用冒泡排序方法实现的函数功能如下，当然也可以用其他排序方法。

```
void proc(struct stu a[])
{   int i,j;,
    struct stu t;
    for(i = 1;i < M;i++)              //用冒泡法按成绩从高到低排序
        for(j = 0;j < M - 1;j++)      //比较的是成员 score,而交换的是结构体数组元素整体
         if(a[j].score < a[j + 1].score)
           {t = a[j];a[j] = a[j + 1];a[j + 1] = t;}
}
```

【例 9.18】 链表的结点信息包括学号、姓名、成绩，结点定义如下：

```
struct list
{   char num[10];
    char name[20];
    float score;
    struct list * next;
};
```

设已经建立两个具有上述结构的带头结点的链表，且两个链表都是以成绩降序排列的，要求编写一个函数，将两个链表按成绩降序合并。

算法分析：

（1）设两个链表的头指针为 h1、h2，作为函数的形参。

（2）新链表的头指针为 head，生成一个新的表头结点，令 head 指向它，设指针 p 指向新链表的表尾，初始 p=head。

```
head = (sruct list * )malloc(sizeof(struct list));
p = head;
```

（3）设两个指针 p1、p2 分别指向链表 h1 和 h2 的第一个结点，比较 p1 和 p2 所指向结点的成绩的大小，将成绩大的一个链接到新链表，同时指针后移。

```
p1 = h1 -> next;p2 = h2 -> next;
if(p1 -> score > p2 -> score)
   {p -> next = p1;p = p -> next;p1 = p1 -> next;}
else{ p -> next = p2;p = p -> next;p2 = p2 -> next;}
```

（4）当某一个链表已经到表尾，则另一个链表的剩余部分直接连接到新链表的表尾。

```
if(p1!= NULL) p -> next = p1;
else   p -> next = p2;
```

具体实现如下：

```
struct list * merge(struct list * h1,struct list * h2)
{  struct list * head, * p, * p1, * p2;
   head = (struct list * )malloc(sizeof(struct list));              //生成新链表的表头结点
   head -> next = NULL;
   p = head;
   p1 = h1 -> next;p2 = h2 -> next;
   while(p1&&p2)
    {  if(p1 -> score > p2 -> score)
      //比较两个链表中结点成绩的大小,将值大的结点插入到新的链表中
          {p -> next = p1;p = p -> next;p1 = p1 -> next;}
       else{ p -> next = p2;p = p -> next;p2 = p2 -> next;}
    }
   if(p1!= NULL) p -> next = p1;    //将不为空的链表的剩余部分链接到新链表中
   else p -> next = p2;
   return head;
}
```

9.10 综合案例

在第 6 章中,我们已经实现了按学号进行排序的功能,但当时的学号和姓名是分别进行存储的,不仅给实现带来麻烦,而且也无法体现数据项之间的有机联系。学习了本章关于结构体的知识之后,可以定义一个结构体,将描述同一学生的不同类型的数据项组合在一起。因此,我们首先定义一个结构体 student_info,并重命名为 stuinfo;,并声明一个全局结构体指针 records,用来指向存储多个学生的基本信息的数组。records 这个全局指针变量各个函数都可以共享,可以避免函数之间参数的传递。下面给出了系统所需常量及全局变量的定义,添加学生信息 addstudent 函数、显示学生信息 displayall 函数等,函数实现参考附录 C。另外 menuselection 函数和 main 函数也稍作修改,具体实现参考附录 C,或随书附带的源码文件。建议读者利用随书附带的源码文件,仿照已经写好的 addstudent 函数和显示学生信息 displayall 函数,自行编写实现其他函数。

```
#include <stdio.h>
#include <string.h>              //要使用字符串比较函数
#include <stdlib.h>              //要使用 exit 函数
//定义系统中常用的几个常变量
int const INITIAL_SIZE = 100;    //存储学生信息的数组的初始大小
int const INCR_SIZE = 10;        //数组每次增加的大小
int const NUM_SUBJECT = 4;       //科目的数量
struct student_info              //定义学生基本信息结构体
{
    char no[8];                  //学号
    char name[20];               //姓名
    char gender;                 //性别
    float score[NUM_SUBJECT];    //分别为该学生 4 门课的成绩
    float sum;                   //总分
    float average;               //平均分
};
```

```
typedef struct student_info stuinfo;        //对结构体 student_info 重命名
int studentnum = 0;                          //学生数
stuinfo * records = NULL;                    //学生信息数组的首地址
int arraysize;                               //数组的长度
//定义 4 门课程名称
char * subject[] = {"高等数学","大学英语","计算机基础","程序设计"};
```

习　　题

一、选择题

1. 设有如下说明：

```
struct ST
{ long a; int b; char c[2]; } NEW;
```

则下列叙述中正确的是(　　)。

A. 以上的说明形式非法　　B. ST 是一个结构体类型

C. NEW 是一个结构体类型名　　D. NEW 是一个结构体类型

2. 设有定义：struct {char mark[12];int num1;double num2;} t1,t2;,若变量均已正确赋初值,则以下语句中错误的是(　　)。

A. t1=t2;　　B. t2.num1=t1.num1;

C. t2.mark=t1.mark;　　D. t2.num2=t1.num2;

3. 有下列结构体说明、变量定义和赋值语句：

```
struct STD
{  char name[10];
   int age;
   char sex;
} s[5], * ps;
ps = &s[0];
```

则下列 scanf 函数调用语句中错误引用结构体变量成员的是(　　)。

A. scanf("%s",s[0].name);　　B. scanf("%d",&s[0].age);

C. scanf("%c",&(ps->sex));　　D. scanf("%d",ps->age);

4. 已知有如下结构体：

```
struct sk
{  int a;
   float b;
}data, * p;
```

若有 p=&data,则对 data 的成员 a 引用正确的是(　　)。

A. (* p).data.a　　B. (* p).a

C. p->data.a　　D. p.data.a

5. 下列程序的运行结果为(　　)。

```
#include <stdio.h>
```

```
main()
{   struct date
    { int year,month,day;
    }today;
    printf("%d\n",sizeof(struct date));
}
```

A. 8　　B. 6　　C. 10　　D. 12

6. 有下列程序：

```
#include <string.h>
struct STU
{   int num;
    float TotalScore;
};
void f(struct STU p)
{   struct STU s[2] = {{20044,550},{20045,537}};
    p.num = s[1].num; p.TotalScore = s[1].TotalScore;
}
main( )
{    struct STU s[2] = {{20041,703},{20042,580}};
     f(s[0]);
     printf("%d %3.0f\n",s[0].num,s[0].TotalScore);
}
```

程序运行后的输出结果是(　　)。

A. 20045 537　　B. 20044 550　　C. 20042 580　　D. 20041 703

7. 有以下程序：

```
#include <stdio.h>
#include <string.h>
struct A
{   int a; char b[10]; double c;};
struct A f(struct A t);
main()
{   struct A a = {1001,"ZhangDa",1098.0};
    a = f(a); printf("%d,%s,%6.1f\n",a.a,a.b,a.c);
}
struct A f(struct A t)
{   t.a = 1002; strcpy(t.b,"ChangRong");t.c = 1202.0;return t;}
```

程序运行后的输出结果是(　　)。

A. 1001,ZhangDa,1098.0　　B. 1002,ZhangDa,1202.0

C. 1001,ChangRong,1098.0　　D. 1002,ChangRong,1202.0

8. 有下列程序段：

```
struct st
{ int x;int *y;} *pt;
int a[] = {1,2},b[] = {3,4};
struct st c[2] = {10,a,20,b};
```

```
pt = c;
```

下列选项中表达式的值为 11 的是(　　)。

A. ＊pt-> y　　B. pt-> x　　C. ＋＋pt-> x　　D. (pt＋＋)-> x

9. 有以下程序:

```
#include <stdio.h>
struct ord
{ int x,y;}dt[2] = {1,2,3,4};
main()
{ struct ord *p = dt;
  printf("%d,",++(p->x));printf("%d\n",++(p->y));
}
```

程序运行后的输出结果是(　　)。

A. 1,2　　B. 4,1　　C. 3,4　　D. 2,3

10. 有以下程序:

```
#include <stdio.h>
struct S
{ int a,b;}data[2] = {10,100,20,200};
main()
{ struct S p = data[1];
  printf("%d\n",++(p.a));
}
```

程序运行后的输出结果是(　　)。

A. 10　　B. 11　　C. 20　　D. 21

11. 有下列结构体说明和变量定义,指针 p、q、r 分别指向此链表中的三个连续结点。

```
struct node
{   int data;
    struct node *next;
} *p, *q, *r;
```

现要将 q 所指结点从链表中删除,同时要保持链表的连续,下列不能完成指定操作的语句是(　　)。

A. p-> next＝q-> next;　　B. p-> next＝p-> next-> next;

C. p-> next＝r;　　D. p＝q-> next;

12. 若有下列说明和定义:

```
union dt
{ int a; char b; double c;}data;
```

下列叙述中错误的是(　　)。

A. data 的每个成员起始地址都相同

B. 变量 data 所占内存字节数与成员 c 所占字节数相等

C. 程序段"data.a＝5;printf("%f\n",data.c);"输出结果为 5.000000

D. data 可以作为函数的实参

13. 设有下列定义：

```
union data
{int d1; float d2;}demo;
```

则下列叙述中错误的是(　　)。

A. 变量 demo 与成员 d2 所占的内存字节数相同
B. 变量 demo 中各成员的地址相同
C. 变量 demo 和各成员的地址相同
D. 若给 demo.d1 赋 99 后，demo.d2 中的值是 99.0

14. 若有下列定义和语句：

```
union data
{ int i; char c; float f; } x;
int y;
```

则下列语句中正确的是(　　)。

A. x=10.5;　　　　B. x.c=101;
C. y=x;　　　　D. printf("%d\n",x);

二、填空题

1. 定义结构体数组：

```
struct stu
{    int hum;
     char name[20];
}x[5] = {1,"LI",2,"ZHAO",3,"WANG",4,"ZHANG",5,"LIU"};
for(i = 1;i < 5;i++)
printf(" % d % c",x[i].hum,x[i].name[2]);
```

以上程序段的输出结果为________。

2. 有以下程序：

```
#include <stdio.h>
struct stu
{    int hum;
     char name[10];
     int age;
};
void fun(struct stu * p)
{  printf(" % s\n",( * p).name);}
main()
{  struct stu students[3] = {{9801,"Zhang",20},{9802,"Wang",19},{9803,"Zhao",18}};
   fun(students + 2);
}
```

输出的结果是________。

3. 定义下列结构体数组：

```
struct St
```

```
{  char name[15];
   int age;
}a[10] = { "ZHAO",14, "WANG",15, "LIU",16, "ZHANG",17};
```

执行语句 printf("%d,%c",a[2].age, *(a[3].name+2))的输出结果为________。

4. 有以下程序

```
#include <stdio.h>
struct tt
{int x;struct tt * y;} * p;
struct tt a[4] = {20,a + 1,15,a + 2,30,a + 3,17,a};
main()
{   int i;
    p = a;
    for(i = 1;i <= 2;i++){printf(" %d",p -> x);p = p -> y;}
}
```

程序的运行结果是________。

5. 给定程序中已经建立一个带头结点的单向链表,链表中的各结点按结点数据域中的数据递增有序链接。函数 fun 的功能是:把形参 x 的值放入一个新结点并插入到链表中,插入后各结点数据域的值仍保持递增有序。请在程序的下划线处填入正确的内容。

```
typedef struct list
{  int data;
   struct list * next;
} SLIST;
void fun( SLIST * h, int x)
{  SLIST * p,  * q,  * s;
   s = (SLIST * )malloc(sizeof(SLIST));
   s -> data = ________;
   q = h;
   p = h -> next;
   while(p!= NULL && x > p -> data)
   {   q = ________;
       p = p -> next;
   }
   s -> next = p;
   q -> next = ________;
}
```

6. 程序通过定义学生结构体数组,存储了若干名学生的学号、姓名和 3 门课的成绩。函数 fun 的功能是将存放学生数据的结构体数组按照姓名的字典序(从小到大)排序。请在程序的下画线处填入正确的内容。

```
struct student
{  long sno;
   char name[10];
   float score[3];
};
void fun(struct student a[ ], int n)
```

```
{   ________ t;
    int i,j;
    for (i=0;i<________;i++)
      for (j=i+1;j<n;j++)
        if (strcmp(________)>0)
        {  t = a[i]; a[i] = a[j]; a[j] = t;}
}
```

7. 给定程序中,函数 fun 的功能是:在带头结点的单向链表中,查找数据域中值为 ch 的结点。找到后通过函数值返回该结点在链表中所处的顺序号;若不存在值为 ch 的结点,函数返回 0 值。

```
typedef struct list
{    int data;
     struct list *next;
} SLIST;
SLIST *creatlist(char *);
void outlist(SLIST *);
int fun( SLIST *h, char ch)
{    SLIST *p;
     int n=0;
     p=h->next;
     while(p!=________)
     {    n++;
          if (p->data==ch) return ________;
          else p=p->next;
     }
     return 0;
}
main()
{   SLIST *head; int k; char ch;
    char a[N]={'m','p','g','a','w','x','r','d'};
    head=creatlist(a);
    outlist(head);
    printf("Enter a letter:");
    scanf(" %c",&ch);
    k=fun(________);
    if (k==0) printf("\nNot found!\n");
    else printf("The sequence number is : %d\n",k);
}
```

8. 程序通过定义学生结构体变量,存储了学生的学号、姓名和 3 门课的成绩。函数 fun 的功能是将形参 a 中的数据进行修改,将修改后的数据作为函数值返回主函数进行输出。

例如:传给形参 a 的数据中,学号、姓名和 3 门课的成绩依次是:10001、"ZhangSan"、95、80、88,修改后的数据应为:10002、"LiSi"、96、81、89。请在下画线内填入正确内容。

```
struct student
{    long sno;
     char name[10];
     float score[3];
```

```
};
________ fun(struct student a)
{   int i;
    a.sno = 10002;
    strcpy(________, "LiSi");
    for (i = 0; i < 3; i++) ________ += 1;
    return a;
}
```

9. 已知 head 指向一个带头结点的单向链表，链表中每个结点包含数据域(data)和指针域(next)，数据域为整型。以下函数求出链表中所有结点数据域的和，作为函数值返回，请在下画线内填入正确内容。

```
struct link
{   int data;
    struct link * next;
};
main()
{   struct link * head;
    int m;
    m = sum(head);
}
int sum(________)
{   struct link * p;
    int s = 0;
    p = head -> next;
    while(p)
    {s += p -> data;p = p -> next;}
    return s;
}
```

10. 以下程序段的功能是统计链表中结点的个数，其中 first 为指向第一个结点的指针(链表带头结点)，请在下画线内填入正确内容。

```
struct link
{   char data;
    struct link * next;
};
struct link * p, * first;
int c = 0;
p = first;
while(________)
{   c++;
    p = ________;
}
```

三、编程题

1. 定义一个结构类型(包括学号、成绩)，并建立一个有序链表，编写一个函数能将参数中提供的学号和成绩按成绩高低顺序插入到该链表中。

2. 学生的记录由学号和成绩组成，N 名学生的数据已在主函数中放入结构体数组 s

中，请编写函数 fun，它的功能是：把指定分数范围内的学生数据放在 b 所指的数组中，分数范围内的学生人数由函数值返回。例如，输入的分数是“60 69”，则应当把分数在 60～69 的学生数据进行输出，包含 60 和 69 分的学生数据。主函数中将把 60 放在 low 中，把 69 放在 high 中。

3. 某学生的记录由学号、8 门课成绩和平均分组成，学号和 8 门课的成绩已在主函数中给出。请编写函数 fun，它的功能是：求出该学生的平均分放在记录的 ave 成员中。例如，学生的成绩是：85.5，76，69.5，85，91，72，64.5，87.5，他的平均分应当是：78.875。

4. 学生的记录由学号和成绩组成，N 名学生的数据已在主函数中放入结构体数组 s 中，请编写函数 fun，它的功能是：函数返回指定学号的学生数据，指定的学号在主函数中输入。若没找到指定学号，在结构体变量中给学号置空串，给成绩置 -1，作为函数值返回。(用于字符串比较的函数是 strcmp)

5. 有 N 个学生，每个学生的信息包括学号、性别、姓名、四门课的成绩，从键盘上输入 N 个学生的信息，要求输出总平均成绩最高的学生信息，包括学号、性别、姓名和平均成绩。

6. 学生记录由学号和成绩组成，M 名学生的数据已在主函数中放入结构体数组 stu 中，请编写函数 proc()，其功能是：按分数的高低排列学生的记录，高分在前。

7. n 个人围成一圈，从第一个人开始计数，凡是数到 $1,2,4,8,\cdots,2^k,\cdots$ 的人退出圈子。试编写一个程序，输出这 n 个人退出圈子的顺序。要求使用链表结构实现。

第10章 编译预处理

在前面的章节中已经多次使用过以＃号开头的命令，如包含命令＃include、宏定义命令＃define 等。在源程序中这些命令放在函数之外，它们称为预处理部分。预处理是指在语法扫描和词法分析之前所做的工作，由预处理程序负责完成。当对一个源文件进行编译时，系统将自动引用预处理程序对源程序中的预处理部分进行处理，处理完毕后自动进入对源程序的编译。

本章主要介绍 C 语言提供的预处理功能宏定义、文件包含和条件编译的定义与使用。为了与一般的 C 语句相区别，这些命令均以符号＃开头。

10.1 宏 定 义

宏定义的功能是用一个标识符来表示一个字符串，标识符称为宏名。在编译预处理时，对程序中所有出现的宏名，都用宏定义中的字符串去代换，称为宏代换。在 C 语言中，宏分为有参和无参两种。

10.1.1 不带参数的宏定义

不带参数的宏定义的一般形式为：

```
#define 标识符  字符串
```

实际上前面已经介绍过的符号常量的定义就是一种无参宏定义，另外，还经常对程序中反复使用的表达式进行宏定义。例如：

```
#define M (x*x-2*x)
```

它的作用是在本程序文件中用指定的标识符 M 来代替表达式(x*x－2*x)，在编译预处理时，将程序中在该命令以后出现的所有 M 都用(x*x－2*x)代替。这种方法使用户能以一个简单的名字代替一个长的字符串。这个标识符称为“宏名”，编译时将宏名替换为字符串的过程称为宏展开，＃define 是宏定义命令。

【例 10.1】 使用不带参数的宏定义。

```
#include <stdio.h>
#define M (x*x-2*x)
void main()
{
```

```
    float x,y;
    printf("input a number: ");
    scanf("%f",&x);
    y=M*M+4*M;
    printf("%.2f\n",y);
}
```

程序执行过程中，将标识符 M 代表的表达式代入表达式 y=M*M+4*M，得到 y=(x*x−2*x)*(x*x−2*x)+4*(x*x−2*x)，若输入 x 的值为 4.5，则输出的 y 的值为 171.56。

思维拓展：如果将以上程序中的"#define M (x*x−2*x)"改为"#define M x*x−2*x"，那么该程序的运行结果会改变吗？

注意：

(1) 宏定义是用宏名来表示一个字符串，只是一种简单的代换，不作正确性检查。

(2) 宏定义是命令不是 C 语句，不必在行末加分号。

(3) 宏定义命令出现在程序中函数的外面，宏名的有效范围为定义命令之后到本源文件结束。如果要终止其作用域可使用 #undef 命令，例如：

```
#define M 100
void main()
{
  …
}
#undef M
f()
{
   …
}
```

表示 M 的作用范围是 main 函数，在 f 函数中不再代换为 100。

(4) 在进行宏定义时，可以引用已经定义的宏名，可以层层置换。

【例 10.2】 在宏定义中引用已经定义的宏名。

```
#include <stdio.h>
#define R 4.5
#define PI 3.1415926
#define L 2*PI*R
#define S PI*R*R
void main()
{
   printf("L=%f\nS=%f\n",L,S);
}
```

经过宏展开后，printf 函数中的输出项 L 被展开为 2*3.1415926*4.5，S 展开为 3.1415926*4.5*4.5。输出结果为：

```
L=28.274333
S=63.617250
```

(5) 宏定义一般习惯用大写字母表示,以示与变量区别,但并非规定。

10.1.2　带参数的宏定义

C 语言中允许宏带有参数。在宏定义中的参数称为形式参数,在宏调用中的参数称为实际参数。对带参数的宏定义,在调用中,不仅要宏展开,而且要用实参去代换形参。

参数宏定义的一般形式为:

```
#define 宏名(形参表)  字符串
```

字符串中包含形参列表中的参数。例如:

```
#define M(x) x*x-2*x
…
y=M(5);
```

在宏调用时,用实参 5 去代替形参 x,经预处理展开后的语句为:

```
y=5*5-2*5;
```

【例 10.3】 使用带参数的宏定义。

```
#include <stdio.h>
#define S(x,y) x*y
void main()
{
    float area,a,b;
    printf("输入正方形的长和宽: \n ");
    scanf(" %f, %f",&a,&b);
    area=S(a,b);
    printf("area= %f\n",area);
}
```

赋值语句 area=S(a,b)经宏展开后为 area=a*b,若输入数据 a=4.5,b=7.2,则输出结果为:area=32.399999。

注意:

(1) 对带参数宏的展开只是将语句中的宏名后面括号内的实参字符串代替#define 命令行中的形参。例如例 10.3 中有语句 S(a,b),在展开时,找到#define 命令行中的 S(x,y),将 S(a,b)中的实参 a、b 代替宏定义中的字符串 x*y 中的 x、y,得到 area=a*b,不会有什么问题。但是如果有以下语句:

```
area=S(a+1,b);
```

这时把实参 a+1、b 代替 x*y 中的 x、y,得到:

```
area=a+1*b;
```

显然与程序设计者的原意不符,原意希望得到:

```
area=(a+1)*b;
```

为了得到这个结果,在宏定义中,字符串内的形参通常要用括号括起来以避免出错。如将

“#define S(x,y) x*y”改为“#define S(x,y) (x)*(y)”。

(2) 宏定义中,宏名与带参数的括号之间不应加空格,否则将空格以后的字符都看作替代字符串的一部分。

(3) 在带参宏定义中,形式参数不分配内存空间,因此不必作类型定义。而宏调用中的实参有具体的值,要用它们去代换形参,因此必须作类型说明。在带参宏定义中,只是符号代换,不存在值传递的问题。

(4) 在宏定义中的形参是标识符,而宏调用中的实参可以是表达式。

10.2 文件包含

文件包含是指一个源文件可以将另外一个源文件的全部内容包含进来,它是C语言预处理程序的另一个功能。文件包含的一般形式为:

```
#include "文件名"或#include <文件名>
```

文件包含命令的功能是把指定文件插入该命令行位置来取代该命令行,从而把指定文件和当前的源程序文件连成一个源文件。在程序设计中,许多公用的符号常量或宏定义等可单独组成一个文件,在其他文件的开头用包含命令包含该文件即可使用。这样,可避免重复劳动,节省时间,并减少出错概率。

注意:

(1) #include "文件名"和#include <文件名>都是允许的,但是两种形式是有区别的,使用尖括号是指在包含文件目录中查找,使用双引号则表示首先在当前的源文件所在目录中查找,若未找到再到包含目录中去查找。

(2) 一个#include 命令只能指定一个被包含的文件,如果要包含多个文件要用多个#include 命令。

(3) 在一个被包含文件中可以包含另一个文件,也就是说文件包含可以嵌套。

(4) 如果文件1包含文件2,而在文件2中要用到文件3的内容,则可在文件1中用两个#include 命令分别包含文件2和文件3,并且文件3的包含应在文件2之前。

10.3 条件编译

在C程序设计中预处理程序提供了条件编译的功能,使程序中一部分内容只在满足一定条件时才进行编译,这在程序移植和调试中非常有用,条件编译有以下形式。

1. 控制条件为常量表达式的条件编译

有以下几种形式:

(1)
```
#if  常量表达式
    程序段
#endif
```

其功能是常量表达式为非0时,编译程序段;否则,不编译。

```
(2) #if  常量表达式
      程序段 1
    #else
      程序段 2
    #endif
```

其功能是常量表达式为非 0，编译程序段 1；否则，编译程序段 2。

```
(3) #if  常量表达式 1
      程序段 2
    #elif  常量表达式 2
      程序段 2
      …
    #elif 常量表达式 n
      程序段 n
    #else
      程序段 n+1
    #endif
```

其功能是如果常量表达式 1 为真，编译程序段 1，否则，判断常量表达式 2；如果常量表达式 2 为真，编译程序段 2，否则，判断常量表达式 3；……如果常量表达式 n 为真，编译程序段 n，否则，编译程序段 n+1。

2. 控制条件为定义标识符的条件编译

有以下几种形式：

```
(1) #ifdef  标识符
      程序段
    #endif
```

其功能是如果标识符在该条件编译结构前已定义过，编译程序段；否则，不编译。

```
(2) #ifdef  标识符
      程序段 1
    #else
      程序段 2
    #endif
```

其功能是当标识符在该条件编译结构前已定义过时，编译程序段 1；否则，编译程序段 2。

```
(3) #ifndef  标识符
      程序段 1
    #else
      程序段 2
    #endif
```

其功能是当标识符在该条件编译结构之前没有被 #define 定义过时，编译程序段 1；否则，编译程序段 2。

【例 10.4】 条件编译举例。

```
#include <stdio.h>
```

```
#define inttag 1
main( )
{
    int ch;
    scanf("%d",&ch);
    #if inttag
        printf("%d",ch);
    #else
        printf("%c",ch);
    #endif
}
```

因为 inttag 的值已经定义为 1,所以源程序被编译成：

```
main( )
{
    int ch;
    scanf("%d",&ch);
    printf("%d",ch);
}
```

10.4 典型例题

【例 10.5】 下列程序的输出结果是(　　)。

```
#define P 3
void F(int x){ return(P*x*x); }
main( )
{ printf("%d\n",F(3+5)); }
```

A. 192　　B. 29　　C. 25　　D. 编译出错

程序分析：在宏定义中 P 的值为 3,因此函数 F(x)的返回值为 3*x*x,printf 函数输出的是一个表达式的值,因此这个表达式必须存在一个确切的值,而函数 F 的返回值为空,所以编译时会出错,函数 F 的返回值应该为 int。此题答案为 D。

【例 10.6】 有下列程序：

```
#define  f(x) x*x
main( )
{ int i1,i2;
  i1=f(8)/f(4);
  i2=f(4+4)/f(2+2);
  printf ("%d,%d\n",i1,i2);
}
```

程序运行后的输出结果是(　　)。

A. 64,28　　B. 4,4　　C. 4,3　　D. 64,64

程序分析：在宏定义中参数是标识符,而宏调用中的参数可以是表达式,这时宏定义中的形参最好用括号括起来,以避免出错。如上例中 f(8)/f(4)实际上是想得到(8*8)/(4*4)的值,但是因为宏定义中形参没有加括号,而使得 f(8)/f(4)的结果为 8*8/4*4,值为

64，同理 f(4+4)/f(2+2)的结果为 4+4 * 4+4/2+2 * 2+2，值为 28，所以答案为 A。所以上例中要想得到正确的结果，宏定义为"#define f(x) (x) * (x)"。

10.5　综合案例

学习完本章的宏定义、文件包含等内容后，我们可以从以下两个方面对上一章的综合案例进行改进：

(1) 将上一章中定义的几个全局常变量修改为宏定义，即：

```
#define INITIAL_SIZE 100          //存储学生信息的数组的初始大小
#define INCR_SIZE 10              //数组每次增加的大小
#define NUM_SUBJECT 4             //科目的数量
```

(2) 先建立工程 studentmanagement，然后将用到的宏定义、结构体定义、全局变量的外部变量声明、函数原型声明等放到 student.h 头文件中，将与主控有关的函数如 main 函数、登录函数、菜单选项显示函数、菜单选择函数、退出系统函数放到主控文件 maincontrol.c 中；将与学生信息操作有关的全局变量如记录学生数的变量 studentnum 等和相关函数如添加学生信息函数、显示学生信息函数、按学号查询函数、删除学生信息函数、修改学生信息函数、按学号排序函数放到学生信息操作文件 studentoperation.c 中；将与文件操作有关的函数如从文件中读取信息函数、将数据保存到文件函数放到文件操作文件 fileoperation.c 中。组织结构如图 10.1 所示，具体参考源代码详见附录 C。

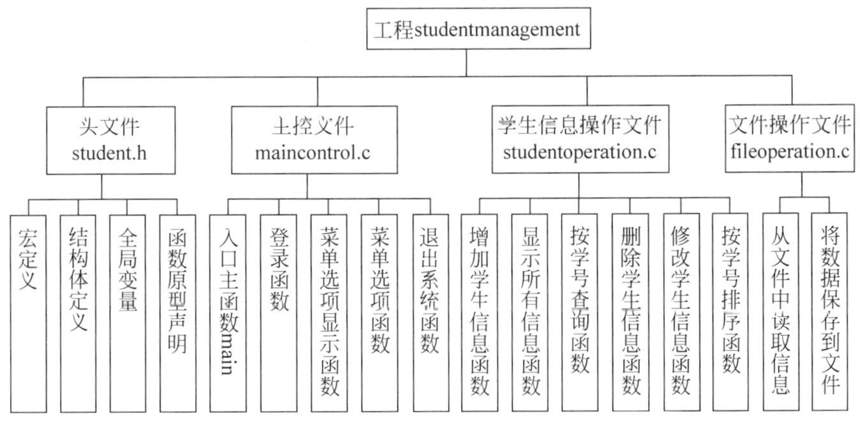

图 10.1　文件内容组织结构图

习　　题

一、选择题

1. 下列叙述正确的是(　　)。

   A. 预处理命令行必须位于源文件的开头

   B. 在源文件的一行上可以有多条预处理命令

C. 宏名必须用大写字母表示

D. 宏替换不占用程序的运行时间

2. 下列叙述错误的是(　　)。

A. C语言源程序经编译后生成后缀为.obj的目标程序

B. C程序经过编译、连接步骤之后才能形成一个真正可执行的二进制机器指令文件

C. 用C语言编写的程序称为源程序,它以ASCII代码形式存放在一个文本文件中

D. C语言中的每条可执行语句和非执行语句最终都将被转换成二进制的机器指令

3. 下列叙述正确的是(　　)。

A. 预处理命令行必须位于C源程序的起始位置

B. 在C语言中,预处理命令行都以#开头

C. 每个C程序必须在开头包含预处理命令行:#include <stdio.h>

D. C语言的预处理不能实现宏定义和条件编译的功能

4. 下列叙述错误的是(　　)。

A. 计算机不能直接执行用C语言编写的源程序

B. C程序经C编译程序编译后,生成后缀为.obj的文件是一个二进制文件

C. 后缀为.obj的文件,经连接程序生成后缀为.exe的文件是一个二进制文件

D. 后缀为.obj和.exe的二进制文件都可以直接运行

5. 若程序中有宏定义行:#define N 100,则下列叙述正确的是(　　)。

A. 宏定义行中定义了标识符N的值为整数100

B. 编译程序对C源程序进行预处理时用100替换标识符N

C. C源程序进行编译时用100替换标识符N

D. 在运行时用100替换标识符N

6. 以下叙述中错误的是(　　)。

A. 在程序中凡是以#开始的语句行都是预处理命令行

B. 预处理命令行的最后不能以分号表示结束

C. #define MAX 是合法的宏定义命令行

D. C程序对预处理命令行的处理是在程序执行的过程中进行的

7. 以下关于宏的叙述正确的是(　　)。

A. 宏名必须用大写字母表示

B. 宏定义必须位于源程序中所有语句之前

C. 宏替换没有数据类型限制

D. 宏调用比函数调用耗费时间

二、问答题

1. 预处理的功能是什么?

2. 带参宏定义与不带参宏定义有什么区别与联系?

3. 条件编译的作用是什么?

三、编程题

1. 输入两个整数,求它们相除的余数。用带参数的宏来实现。

2. 请设计输出实数的格式，实数用“%5.3f”格式输出。用条件编译实现：(1)一行输出一个实数；(2)一行输出两个实数。

3. 分别用函数和带参数的宏，从 3 个数中找出最大数。

4. 输入一行字母字符，根据需要设置条件编译，使之能将字母全改为大写输出，或全改为小写输出。

第11章 位运算

前面章节介绍到C语言把高级语言的基本结构和低级语言的实用性结合起来，兼有高级语言和低级语言的特点，是介于高级语言和汇编语言之间的一种中级语言，可以直接访问地址，能进行位(bit)运算，可以直接对硬件进行操作，具有汇编语言的很多功能，使得C语言源程序生成的目标代码质量高、执行效率高，这是C语言与其他语言相比较一个非常重要的特点。

前面介绍的指针运算和本章介绍的位运算，就是直接对内存中的二进制位进行运算，并且位运算时不需要再转成十进制进行运算，因而，运算效率很高，这使得C语言可以像汇编语言一样用来编写系统软件或者应用到控制领域中。

C语言提供了常用的位运算功能，并要求参与位运算的运算对象只能是整型或字符型数据。本章主要介绍位运算符及其应用。

11.1 位运算符

所谓位运算就是对二进制位进行的运算。例如，一个字节由8个二进制位组成，一个短整型数据由两个字节，16个二进制位组成，而一个二进制位的取值只能为0或1。在C语言中，共提供了六种位运算符，详见表11.1。

表11.1 位运算符

运算符	含义	使用格式	优先级
～	按位取反	～表达式	3(高)
<<	左移	表达式1<<表达式2	5
>>	右移	表达式1>>表达式2	5
&	按位与	表达式1&表达式2	8
^	按位异或	表达式1^表达式2	9
|	按位或	表达式1|表达式2	10(低)

说明：

(1) 以上运算符只有按位取反运算符“～”为单目运算符，其余均为双目运算符。按位取反运算符“～”优先级最高，高于所有的双目运算符；左移、右移运算符的优先级低于算术运算符，高于关系运算符；按位与运算符、按位异或运算符、按位或运算符的优先级均低于关系运算符。表 11.1 中优先级的级别与表 2.5 一致，详见第 2 章表 2.5 各类运算符的优先级与结合性。

(2) 以上运算符只有按位取反运算符"～"的结合方向为自右至左，其余运算符结合方向均为自左至右。

(3) 参与位运算的表达式、表达式 1、表达式 2 的数据类型只能是整型或字符型，并且当运算对象为带符号数时，在一般情况下运算对象是以补码形式出现的。在 VC++6.0 中运算对象就是以补码形式出现的。

(4) 对于按位与运算符、按位异或运算符、按位或运算符，当两个运算数类型不同时位数亦会不同，遇到这种情况，系统将自动进行如下处理：

① 将两个运算数右端对齐；

② 将位数短的一个运算数往高位扩充，在一般情况下，无符号数和正整数左侧用 0 补全，负数左侧用 1 补全，然后对位数相等的这两个运算数按位进行位运算。

双目位运算符与赋值运算符结合又组成了 5 种扩展的位赋值运算符。注意，扩展的位赋值运算符的左侧只能是整型或字符型变量，表达式的数据类型也为整型或字符型，其优先级仅高于逗号运算符，结合方向为自右至左，详见表 11.2。

表 11.2　扩展的位赋值运算符

扩展运算符	含　义	使用格式	与之等价的格式
<<=	左移	变量<<=表达式	变量=变量<<表达式
>>=	右移	变量>>=表达式	变量=变量>>表达式
&=	按位与	变量 &=表达式	变量=变量 & 表达式
^=	按位异或	变量^=表达式	变量=变量^表达式
|=	按位或	变量|=表达式	变量=变量|表达式

11.2　位运算的应用

本节将介绍各种位运算符的使用格式、基本功能及其主要用途。为了提高二进制数据的可读性，本节采用 4 位一体的书写方式，并以短整型数据为例，例如十进制短整型数 254 对应二进制数为 0000000011111110，写作：0000 0000 1111 1110。

1. 按位与运算符

按位与运算符"&"是双目运算符。其基本功能是将参与运算的两个数对应二进制位相与，即只有两个对应二进制位均为 1 时，结果位才为 1，其他情况结果位为 0。其使用格式为：

```
x&y
```

【例 11.1】 表达式 2&3 的运算过程如下：

首先将十进制 2、3 分别转换为对应的二进制数的补码，经转换，2、3 对应的二进制补码分别为 0000 0000 0000 0010 和 0000 0000 0000 0011，然后进行按位与运算，运算过程为：

```
    0000 0000 0000 0010
&   0000 0000 0000 0011
-----------------------
    0000 0000 0000 0010
```

即表达式 2&3 运算结果为十进制数 2。

测试程序如下：

```
#include <stdio.h>
void main()
{
  short a = 2,b = 3,c;
  c = a&b;
  printf("a = %hd,b = %hd,c = %hd\n",a,b,c);
}
```

程序运行结果为：

```
a = 2,b = 3,c = 2
```

【例 11.2】 表达式 2&-3 的运算过程如下：

首先将十进制 2、-3 分别转换为对应的二进制数的补码，经转换，2、-3 对应的二进制补码分别为 0000 0000 0000 0010 和 1111 1111 1111 1101，然后进行按位与运算。

```
    0000 0000 0000 0010
&   1111 1111 1111 1101
-----------------------
    0000 0000 0000 0000
```

即表达式 2&-3 运算结果为十进制数 0。

测试程序如下：

```
#include <stdio.h>
void main()
{
  short a = 2,b = -3,c;
  c = a&b;
  printf("a = %hd,b = %hd,c = %hd\n",a,b,c);
}
```

程序运行结果为：

```
a = 2,b = -3,c = 0
```

“&”的主要用途：“&”运算通常用来对一个数的某些二进制位清 0、保留某些位或取某些特定位。如果某些位需要清 0，则将该数和一个对应需清 0 的二进制位为 0、其余位为 1 的数相与；如果要保留某些位，则将该数和一个对应需保留位的二进制位为 1、其余位为 0 的数相与。例如，若把短整型变量 x 的高 8 位清 0，低 8 位保持不变，则可将 x 和二进制数 0000 0000 1111 1111(对应十进制数为 255)进行与运算，即 x&255。

“&”运算还可以通过取一个数的二进制数末位来判断一个数是奇数，还是偶数。例如，若判断短整型变量 x 的值是奇数，还是偶数，只需要将 x&1 即可取出 x 对应的二进制数末位。请读者思考，为什么这样能判断出短整型变量 x 是奇数，还是偶数？并自行编写测试程序。

2. 按位或运算符

按位或运算符“|”是双目运算符。其功能是参与运算的两个数对应的二进制位相或，即只要对应的两个二进制位有一个为 1，结果位就为 1，其他情况结果位为 0。其使用格式为：

```
x|y
```

【例 11.3】 表达式 2|3 的运算过程如下：

首先将十进制 2、3 分别转换为对应的二进制数的补码，经转换，2、3 对应的二进制补码分别为 0000 0000 0000 0010 和 0000 0000 0000 0011，然后进行按位或运算，运算过程为：

```
    0000 0000 0000 0010
|   0000 0000 0000 0011
-----------------------
    0000 0000 0000 0011
```

即表达式 2|3 运算结果为十进制数 3。

测试程序如下：

```
#include <stdio.h>
void main()
{
  short a = 2,b = 3,c;
  c = a|b;
  printf("a = %hd,b = %hd,c = %hd\n",a,b,c);
}
```

程序运行结果为：

```
a = 2,b = 3,c = 3
```

请读者思考并运行测试：下面程序的运行结果是什么？

```
#include <stdio.h>
void main()
{
  short a = 2,b = -3,c;
  c = a|b;
  printf("a = %hd,b = %hd,c = %hd\n",a,b,c);
}
```

“|”的主要用途：通常用来对一个数中的某些二进制位置 1，即将该数和一个对应二进制需置 1 位为 1、其余位为 0 的数相或。例如，若想使短整型变量 x 中低 8 位置 1、高 8 位保持不变，可进行如下运算：

x = x|255(255 的二进制数为 0000 0000 1111 1111)。

3. 按位异或运算符

按位异或运算符“^”是双目运算符。其功能是将参与运算的两个数对应的二进制位相异或，即当对应的两个二进制位不同时结果为 1，其他情况结果位为 0。其使用格式为：

```
x^y
```

【例 11.4】 表达式 2 ^3 的运算过程如下：

首先将十进制 2、3 分别转换为对应的二进制数的补码，经转换，2、3 对应的二进制补码分别为 0000 0000 0000 0010 和 0000 0000 0000 0011，然后进行按位异或运算。

```
    0000 0000 0000 0010
^   0000 0000 0000 0011
-----------------------
    0000 0000 0000 0001
```

即表达式 2 ^3 运算结果为十进制数 1。

测试程序如下：

```
#include <stdio.h>
void main()
{
  short a = 2,b = 3,c;
  c = a ^b;
  printf("a = %hd,b = %hd,c = %hd\n",a,b,c);
}
```

程序运行结果为：

```
a = 2,b = 3,c = 1
```

“^”的主要用途：通常用来对一个数中的某些二进制位取反(即 1 变 0,0 变 1)或者某些位保留不变。二进制位上不论是 0，还是 1，与 0 异或运算后都不变，与 1 异或后则取反，即将该数与一个对应二进制需取反位为 1、其余位为 0 的数相异或，就能实现将一个数中的某些二进制位取反或者某些位保持不变。例如，若想使短整型变量 x 中低 8 位取反，其他位保持不变，可进行如下运算：

x = x ^255(255 的二进制数为 0000 0000 1111 1111)。

“^”运算的性质决定其逆运算就是它本身，也就是说一个数两次异或同一个数后，结果不变，例如，对于短整型变量 a、b，经过(a ^b)^b 运算后结果还为 a。因此，“^”运算还可以用于简单的加密，比如若想发给好友的信息为 1234，双方就可以约定好以 2014 作为密钥，这样就可以把 1234 与 2014 异或后的数据发给好友，好友收到后再与 2014 异或后就得到真实的信息。

【例 11.5】 利用位运算实现对一个短整数进行加密、解密操作。

```
#include <stdio.h>
short cryption(short x,short key)          //加密与解密采用同一个函数
{
    return x ^key;
}
void main()
{
   short x = 1234,encryption,decryption;
   encryption = cryption(x,2014);
   decryption = cryption(encryption,2014);
   printf("x = %hd,encryption = %hd,decryption = %hd\n",x,encryption,decryption);
}
```

程序运行结果为：

```
x = 1234,encryption = 780,decryption = 1234
```

4. 取反运算符

取反运算符“～”为单目运算符，具有右结合性。其功能是对参与运算的数对应的二进制位按位取反，即二进制位上的 0 变 1，1 变 0。其使用格式为：

```
~x
```

【例 11.6】 表达式～3 的运算如下：

～0000 0000 0000 0011 运算后，结果为：1111 1111 1111 1100（十进制数－4）

测试程序如下：

```
#include <stdio.h>
void main()
{
  short b = 3,c;
  c = ~b;
  printf("b = %hd,c = %hd\n",b,c);
}
```

程序运行结果为：

```
b = 3,c = -4
```

“～”的主要用途：通常用来对一个数按位取反即 1 变 0，0 变 1。

5. 左移运算符

左移运算符“<<”是双目运算符。其功能是将 x 左移 n 位，高位丢弃，低位补 0。其使用格式为：

```
x << n
```

说明：一般情况下，参与运算的数 x 以补码方式出现，n 为正整数或无符号数。

例如，若想使短整型变量 x 左移 1 位，即通过 x << 1 运算把 x 的各二进制位向左移动 1 位。如 x＝0001 1111 1111 1111（十进制 8191），左移 1 位后的结果为 0011 1111 1111 1110（十进制 16382），再左移 1 位后的结果为 0111 1111 1111 1100（十进制 32764）。我们发现每左移一位，相当于把移位对象乘以 2。但是如果再左移 1 位后，结果就变为 1111 1111 1111 1000。此时，我们发现移位后，运算结果二进制数最高位变为 1。对于带符号数，当最高位为 1 时，表示这个数是负数，并且是补码形式，因而 1111 1111 1111 1000 对应的真值为十进制－8。也就是说，如果正整数左端移出后最高位变为 1，就不能再按“左移一位，相当于把移位对象乘以 2”的规则来进行运算。

【例 11.7】 左移运算符测试程序。

```
#include <stdio.h>
void main()
```

```
{
  short x = 8191,c;
  c = x<<1;
  printf("x = %hd,左移 1 位后 c = %hd\n",x,c);
  c = c<<1;
  printf("x = %hd,左移 2 位后 c = %hd\n",x,c);
  c = c<<1;
  printf("x = %hd,左移 3 位后 c = %hd\n",x,c);
}
```

程序运行结果为：

```
x = 8191,左移 1 位后 c = 16382
x = 8191,左移 2 位后 c = 32764
x = 8191,左移 3 位后 c = -8
```

“<<”的主要用途：左移时，每左移一位，相当于移位对象乘以 2。由于左移比乘法运算效率高，因而，在某些情况下，可以利用左移的这一特性代替乘法运算，以加快运算速度。但如果正整数左端移出后最高位变为 1 或移出部分包含有效数值 1，或对于负整数左端移出后最高位变为 0 或移出部分包含数值 0，或对于无符号整数移出部分包含有效数值 1，这一特性就不再适用了。也就是说，左移后，如果出现数据溢出情况，则“左移一位，相当于移位对象乘以 2”的规则就不再适用。

6. 右移运算符

右移运算符“>>”是双目运算符。其功能是将 x 右移 n 位，低位丢弃，对于无符号整数和正整数，高位补 0；对于负整数，最高位是补 0，还是补 1，取决于编译系统的规定，VC++6.0 规定为高位补 1。其使用格式为：

```
x >> n
```

说明：一般情况下，参与运算的数 x 以补码方式出现，n 为正整数或无符号数。

例如，x >> 1 指把 x 的各二进制位向右移动 1 位。若 x＝0000 0000 0000 1100(十进制 12)，如果通过 x >> 1 运算后，将 x 右移 1 位后，结果变为 0000 0000 0000 0110(十进制 6)，如果再右移一位，结果变为 0000 0000 0000 0011(十进制 3)，如果再右移一位，结果变为 0000 0000 0000 0001(十进制 1)；若 x＝1111 1111 1111 1100(作为带符号数时为十进制－8)，右移 1 位后为 1111 1111 1111 1110(十进制－4)；若 x＝1111 1111 1111 1100(作为无符号数时为十进制 65532)，右移 1 位后为 0111 1111 1111 1110(十进制 32766)。根据运算结果，就会发现每右移一位，且右端移出的部分不包含有效数值 1 时，相当于把移位对象除以 2。

【例 11.8】 右移运算符测试程序。

```
#include <stdio.h>
void main()
{
  short x1,c1;
  unsigned short x2,c2;
  x1 = 12;                                //正整数的情况
  c1 = x1 >> 1;
```

```
    printf("x1 = %hd,右移 1 位后 c1 = %hd\n",x1,c1);
    c1 = c1 >> 1;
    printf("x1 = %hd,右移 2 位后 c1 = %hd\n",x1,c1);
    c1 = c1 >> 1;
    printf("x1 = %hd,右移 3 位后 c1 = %hd\n",x1,c1);
    x1 = -8;                                    //负整数的情况
    c1 = x1 >> 1;
    printf("x1 = %hd,右移 1 位后 c1 = %hd\n",x1,c1);
    x2 = 65532;                                 //无符号数的情况
    c2 = x2 >> 1;
    printf("x2 = %hu,右移 1 位后 c2 = %hu\n",x2,c2);
}
```

程序运行结果为：

```
x1 = 12,右移 1 位后 c1 = 6
x1 = 12,右移 2 位后 c1 = 3
x1 = 12,右移 3 位后 c1 = 1
x1 = -8,右移 1 位后 c1 = -4
X2 = 65532,右移 1 位后 c2 = 32766
```

“>>”的主要用途：右移时，若右端移出的部分不包含有效数值 1，则每右移一位，相当于移位对象除以 2。某些情况下，可以利用右移的这一特性代替除法运算。如果右端移出的部分包含有效二进制数 1，这一特性就不再适用。

11.3　位段及其应用

在程序设计中，有些信息在存储时，并不需要占用一个完整的字节，而只需一个或几个二进制位即可，这样就可以在一个字节中存放多个信息。例如“真”或“假”、控制开关量等用 1 或 0 表示，只需 1 个二进制位即可，在通信控制领域中比如硬件检测、控制信息等有时也只需一个或几个二进制位即可满足要求。为此，C 语言提供了位段定义及操作。

位段，也称为位域，是把一个字节中的二进制位划分为几个不同的区域，并说明每个区域的位数。每个域有一个域名，允许在程序中按域名进行操作，这样就可以把几个不同的对象用一个字节的二进制位段来表示。位段实际上是数据的一种压缩方式，每个位段是一种特殊形式的结构体中的结构体成员。

1. 位段的定义

位段的定义格式为：

```
struct 位段结构名
{位段列表};
```

其中位段列表的形式为：

```
类型说明符　位段名：位段长度；
位段长度即指定每个域所占的二进制位数.
```

例如：

```
struct section1
{
    unsigned short a:3;
    unsigned short b:5;
    unsigned short c:2;
    unsigned short d:5;
}data1;
```

位段变量的说明与结构变量说明的方式相同，可采用先定义后说明、同时定义说明或者直接说明这三种方式。请读者自行定义，这里不再赘述。

关于位段定义的几点说明：

(1) 一个位段必须存储在同一个存储单元中，不能跨两个存储单元，若一个存储单元所剩空间不够存需放另一位段时，应从下一存储单元起存放该位段。这里，一个存储单元到底是多少位，取决于编译系统和位段的数据类型。如在 VC++6.0 中，unsigned short 类型一个存储单元是 2B，位段长度不能超过 16，int 类型一个存储单元是 4B，位段长度不能超过 32。

例如：

```
struct section2
{
    unsigned short a:5;
    unsigned short :2;              /* 这 2 位空间不能使用,称为无名位段,起分隔作用 */
    unsigned short c:10;
    unsigned short d:16;
}data2;
```

上例中位段 a 和无名位段共占 7 位二进制，由于 7+10>16，这样位段 c 只能从下一存储单元开始。

(2) 可以有意使某位段从下一单元开始。若有意使某位段从下一单元开始存放，则需要用长度为 0 的无名位段来隔开。

例如：

```
struct section3
{
    unsigned short a:5;
    unsigned short :0;              /* 这个无名位段长度为 0 */
    unsigned short c:5;             /* 从下一存储单元开始存放 */
    unsigned short d:3;
}data3;
```

这个长度为 0 的无名位段使得成员 a 放在一个存储单元中，而 c、d 存放在另外一个存储单元中。

(3) 位段的类型通常为整型或无符号整型类型。

(4) 在位段结构体定义中，也可以定义非位段成员。

例如：

```
struct section4
{
    unsigned short a:5;
    unsigned short :0;                  /* 这个无名位段长度为 0 */
    unsigned short c:5;                 /* 从下一存储单元开始存放 */
    unsigned short d:3;
    int x;
    long y;
}data4;
```

2. 位段的应用

位段的使用和结构成员的使用相同，其一般形式为：

位段变量名.位段名

例如，data1.a、data1.b、data1.c、data1.d 等分别是对位段 a、b、c、d 的引用。

(1) 可以通过赋值语句对 data1.a、data1.b、data1.c、data1.d 等位段赋值，也可以在一般表达式中使用，并自动转化为相应的整数参与运算。如：

```
struct section1
{
    unsigned short a:3;
    unsigned short b:5;
    unsigned short c:2;
    unsigned short d:5;
}data1;
data1.b = 10;
data1.d = data1.b + 5;
data1.d = data1.b&5;
```

注意：每个位段根据所占的二进制位数都有相应的数据表示范围，因而，在引用位段时，对位段的赋值不能超过位段的数据表示范围，否则自动取低位有效位。

(2) 位段的值也可以用 printf 进行输出，通常按整型格式输出。如：

```
printf("%hu, %hu\n", data1.b, data1.d);
```

11.4 典型例题

【例 11.9】 有以下程序：

```
#include <stdio.h>
void main()
{
  int a = 2,b = 2,c = 2;
  printf("%d\n",a/b&c);
}
```

程序运行后的输出结果是(　　)。

A. 0　　　　B. 1　　　　C. 2　　　　D. 3

程序分析：根据C语言运算符的优先级与结合性，算术运算优先级高于按位与运算符，因此，先计算a/b，结果为1，再将a/b的结果与c做按位与运算，即1与2作按位与运算，其结果为0，选项A是正确答案。

【例11.10】 设计一个程序，实现将无符号短整型数据x循环右移n位后的结果输出。循环右移n位指的是将右端移出的n位补到左端。如x为1111 1111 1111 1101(十进制无符号数65533)，循环右移2位后结果为0111 1111 1111 1111(十进制无符号数32767)。

程序分析：假设已定义了4个无符号短整型变量x、y、z、n，为实现这个功能，可以分以下几个步骤进行：

(1) 将x左移16－n位，存放在变量y中，即将x的右端n位放到y的左端高n位中，可由语句“y＝x<<16－n;”完成。

(2) 将x右移n位，存放在变量z中，因为x是无符号短整型数，所以x右移n位后，左端高n位补0，可由语句“z＝x>>n;”完成。

(3) 将y与z进行按位或运算，即可得到无符号短整型数据x循环右移n位后的结果，可由语句“x＝y|z;”完成。

```
#include <stdio.h>
void main()
{
  unsigned short x,y,z,n;
  printf("请分别输入无符号短整型数据 x 和 n: \n");
  scanf("%hu,%hu",&x,&n);
  y = x << 16 - n;                          //左移 16 - n 位
  z = x >> n;                               //右移 n 位
  printf("%hu 循环右移 %hu 位后的结果为 %hu\n",x,n,y|z);
}
```

程序运行结果为：

```
请分别输入无符号短整型数据 x 和 n:
65533,2<CR>
65533 循环右移 2 位后的结果为 32767
```

习　　题

一、选择题

1. 有以下程序：

```
#include <stdio.h>
void main()
{   int a = 5,b = 1,t;
    t = (a << 2)|b;
    printf("%d\n",t);
}
```

程序运行后的输出结果是(　　)。

A. 21　　B. 11　　C. 6　　D. 1

2. 设 x=011050,则 x=x&01252 的值是(　　)。

A. 0000001000101000　　B. 1111110100011001

C. 0000001011100010　　D. 1100000000101000

3. 若有定义语句"int b=2;",则表达式(b<<2)/(3||b)的值是(　　)。

A. 4　　B. 8　　C. 0　　D. 2

4. 设有定义语句:

```
char a = 3,b = 6,c;
```

则执行赋值语句"c=a^b<<2;"后变量 c 中的二进制值是(　　)。

A. 00011011　　B. 00010100　　C. 00011100　　D. 00011000

5. 变量 a 中的数据用二进制表示的形式是 01011101,变量 b 中的数据用二进制表示的形式是 11110000,若要求将 a 的高 4 位取反,低 4 位不变,所要执行的运算是(　　)。

A. a*b　　B. a^b　　C. a&b　　D. a<<4

6. 有以下程序:

```
#include <stdio.h>
void main( )
{   short int a = 5,b = 6,c = 7,d = 8,m = 2,n = 2;
    printf("%d\n",(m = a > b)&(n = c > d));
}
```

程序运行后的结果是(　　)。

A. 0　　B. 1　　C. 2　　D. 3

7. 有以下程序:

```
#include <stdio.h>
void main()
{  unsigned char a = 8,c;
   c = a >> 3;
   printf("%d\n",c);
}
```

程序运行后的输出结果是(　　)。

A. 32　　B. 16　　C. 1　　D. 0

二、填空题

1. 设有定义"char ch1,ch2;",若想使用 ch1&ch2 运算,只保留 ch1 对应二进制数的第 2 位和第 7 位的值,其他位置 0,则 ch2 对应的二进制数应为________。

2. 运用位运算,能将字符型变量 ch 中大写字母转换成小写字母的表达式是________。

3. 设有定义"short x,y;",若想使用 x^y 运算,使 x 对应二进制数的高 8 位取反,低 8 位不变,则 y 对应的二进制数是________。

4. a 为任意整数,能将变量 a 清 0 的表达式是________或________(用位运算实现)。

5. 若有以下语句：

```
short a = 7,b = 4,c;
c = a ^b >> 1;
```

则执行以上语句后，c 的值是________。

三、编程题

1. 编写一个函数：short rotateright(short x，unsigned short n)，实现的功能是返回短整型数据 x 循环左移 n 位后的结果。如若 x 的值为 1111 1111 1111 1000(十进制－8)，则其循环左移 3 位后结果为 1111 1111 1100 0111(十进制－57)。

2. 编写一程序实现：从键盘输入一个短整型数据，输出其对应二进制补码形式。如输入短整型数据为－8，输出为：1111 1111 1111 1000。

第12章 文　件

前面章节中的程序所涉及的输入、输出都是标准输入(键盘输入)、标准输出(显示器输出)。每次运行程序,都需要人工从键盘上输入数据,下次使用这个程序时,还需要重新输入数据;输出的数据只能在显示器上显示,而不能长期保存。而在实际应用中,往往需要长期保存程序运行后的一些结果或重要信息,以便以后再次重复使用。为此,C语言提供了相应的库函数来完成相应的磁盘文件的管理和操作,即通过对文件的操作,实现将需要长期保存的数据以文件形式保存在外部介质(如磁盘、硬盘、优盘等)上。

本章主要介绍文件、文件指针等基本概念,以及与文件相关的打开、关闭、定位、检测等操作及读写函数的应用。

12.1 文件概述

1. 文件的含义

文件是程序设计中的一个重要概念。所谓"文件"是指一组存储在外部介质上的数据的有序集合。这个数据集有一个名称,叫做文件名。文件名用来标识一个文件的属性,对文件的访问必须先通过文件名来查找该文件,然后才能对文件进行读写操作,如大家曾接触过的 Word 文件、Excel 文件、文本文件、C语言源程序文件、目标文件、可执行文件、库文件(头文件)等都是文件。文件通常保存在外部介质(如磁盘等)上,使用时才调入内存中。例如,在字处理软件 Word 中,文件"打开"的功能就是将存储在外部介质上的文件的内容调入到内存,而文件"保存"的功能就是将内存中的数据写入到外部介质上的文件中。

从不同的角度出发,可以对文件进行不同分类,如:

(1) 按文件所依附的介质分为卡片文件、纸带文件、磁带文件、磁盘文件等。

(2) 按文件内容分为数据文件和程序文件。数据文件是一组数据的有序集合,而程序文件是完成特定功能的程序代码的有序集合。

(3) 按文件中数据组织形式分为字符文件和二进制文件。

字符文件通常又称为 ASCII 码文件或文本文件,这种文件在磁盘中存放时用一个字节存放一个字符所对应的 ASCII 码。例如,短整型数 2918 在

字符文件中存放每个数字的ASCII码值,其存储格式为:

00110010	00111001	00110001	00111000

存储时,将内存中的二进制数据自动转换为对应的ASCII码表示。例如,在字符文件中存储短整型数2918时,首先自动将将十进制数2918转换成2、9、1、8四个字符对应的ASCII码值,也就是说将2、9、1、8四个字符的ASCII码值存储到文件中,同样,在读文件时,再将ASCII码值自动转换为内存中的存储格式,这种读写方式可以看成是按字节流进行读写的。ASCII码文件可在屏幕上按字符显示,因此,其优点是具有较高的可读性,便于处理逐个字符,但缺点是占用存储空间较多。

二进制文件就是按二进制的编码方式来存放文件的。例如,短整型数2918在二进制文件中的存储格式为:

00001011	01100110

存放时,文件内容就是内存中的存储格式,不需转换,并且只占2B。这种读写方式可以看成是按二进制流进行读写的。其优点是节省存储空间、执行效率高,但缺点是不具有可读性(二进制文件虽然也可在屏幕上显示,但其内容无法读懂)。

当然对于字符型数据,数据的内存存储表示就是字符的ASCII码,此时字符文件和二进制文件中存储的信息是一样的。但由于对整型数据的存储格式不同,因此,字符文件和二进制文件有很大差别。

(4) 按用户分,分为设备文件和普通文件。

在C语言中,所有的外部设备均被看作文件对待和管理,如显示器、打印机、键盘等,这种文件称为设备文件。外部设备的输入输出等同于对磁盘文件的读和写,就是读写设备文件的过程。一般情况下,把显示器定义为标准输出文件,那么,在屏幕上显示有关信息其实就是向标准输出文件输出。如前面经常使用的printf()和putchar()函数就是这类输出。键盘通常被指定为标准的输入文件,从键盘上输入就意味着从标准输入文件上输入数据。scanf()和getchar()函数就属于此类输入。

能够长期保存在磁盘或其他外部介质上的有序数据集称为普通文件。普通文件可以分为程序文件和数据文件。源文件、目标文件、可执行程序等可以称做程序文件,输入输出数据、文本文件等可称做数据文件。

2. 文件的读写操作

对文件的访问有两种操作:输入和输出。在程序中,当调用输入函数从外部文件中输入数据赋给程序中的内存变量时,这种操作称为“输入”或“读”;当调用输出函数把程序中内存变量的值或表达式的值输出到外部文件中时,这种操作称为“输出”或“写”。

无论是二进制文件,还是文本文件,对于输入或输出的数据都按“数据流”的形式进行处理,也就是说,输出时,系统不添加任何信息;输入时,逐一读入数据,直到遇到文件结束标志EOF就停止。C程序中的输入输出文件都是以数据流的形式存储到介质上。对文件的输入输出方式也称为“存取方式”。对文件的存取方式有两种：顺序存取和直接存取。

顺序存取文件的特点是：每当“打开”这类文件，进行读或写操作时，总是从文件的开头开始，从头到尾顺序地读或写。也就是说，当顺序存取文件时，要读第 n 个字节，先要读取前 n－1 个字节，而不能一开始就读到第 n 个字节；要写第 n 个字节时，先要写前 n－1 个字节。

直接存取文件又称随机存取文件，其特点是：可以通过调用相关函数指定开始读或写的字节号，然后直接对此位置上的数据进行读或写。

12.2 文件指针

C 语言提供了两种文件处理方式：非缓冲文件系统和缓冲文件系统。

非缓冲文件系统，又称为低级文件系统，在文件操作时，系统不自动为文件开辟大小确定的缓冲区，而是在程序中根据数据量的大小为其设定缓冲区。

缓冲文件系统，又称为高级文件系统，在文件操作时，系统自动为文件开辟大小确定的缓冲区。所谓“缓冲区”，是系统在内存中为各文件开辟的一块存储区。当对某文件进行输出时，系统首先把输出的数据填入到为该文件开辟的缓冲区内，每当缓冲区被填满时，就把缓冲区中的内容一次性地输出到对应文件中；当从某文件输入数据时，首先从输入文件中读取一批数据存放到该文件的内存缓冲区中，输入语句将从该缓冲区中依次读取数据，当该缓冲区中的数据读完时，再从输入文件中读取一批数据放入其中，过程如图 12.1 所示。

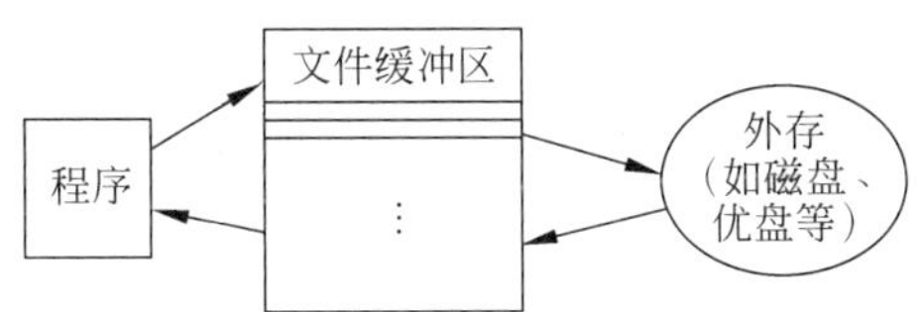

图 12.1 缓冲文件系统的输入输出过程图

ANSI C 不提倡使用非缓冲文件系统，因此，本章只介绍缓冲区文件系统下的文件以及对文件的存取操作。

为了对文件进行有效管理，对于缓冲文件系统，为每个被使用的文件在内存中开辟一个文件信息描述区，用来存放文件的有关信息(如缓冲区的首地址、文件名字、文件状态、文件当前位置、“读”或“写”标志、是否出错标志、文件结束标志等信息)。这些信息保存在有关结构体类型的变量中。该结构体类型的定义通常存放在“stdio. h”头文件中，取名为 FILE。在 VC++6.0 中，“stdio. h”头文件对 FILE 的定义如下：

```
struct _iobuf {
        char * _ptr;                //文件位置指针,即指向当前要读写的字符位置
        int _cnt                    //文件缓冲区中待读取的字符个数
        char * _base;               //文件缓冲区的首地址
        int _flag;                  //出错标志
        int _file;                  //文件号
```

```
        int _charbuf;
        int _bufsiz;                    //文件缓冲区的长度
        char * _tmpfname;
        };
typedef struct _iobuf FILE;
```

在这里特别说明一下：后面介绍的有关文件操作的函数和例子均是以 VC++6.0 为测试环境。对于不同的 C 语言环境，函数的功能和返回值可能会有一些差异，但大多数功能相同。

对程序设计人员来说，没有必要去深究 FILE 结构体中的细节内容，因为这些细节内容在文件打开时自动填入。在 C 语言中，指向文件的指针变量称为文件类型指针变量，又称为文件指针。文件指针是一种特殊的指针，每个打开的文件都有自己的文件指针、文件信息描述区和文件缓冲区。文件指针实际上是指向一个名为 FILE 的结构体类型的指针变量。一旦一个文件指针指向了某个文件，也就指向了该文件的文件信息描述区的首地址。以后对文件的存取操作都是通过文件指针来进行的。

定义文件类型指针变量的一般格式为：

```
FILE * 文件指针变量名
```

例如：

```
FILE * fp1, * fp2;
```

注意：FILE 均为大写字母。fp1 和 fp2 均被定义为指向 FILE 结构体类型的文件指针变量。

12.3 文件的打开与关闭

要对一个文件进行读写操作，必须先打开该文件，操作完毕后再关闭该文件。所谓打开文件，实际上是建立文件指针与文件之间的关联，并请求系统为这个文件分配相应的文件缓冲区内存空间，以便进行读写等操作。关闭文件则是断开文件指针与文件之间的联系，禁止再对该文件进行读写操作。

1. 文件打开函数 fopen()

fopen()函数的函数原型为：

```
FILE * fopen(const char * filename, const char * mode)
```

即 FILE * fopen("文件名","文件打开方式")

其功能为将指定文件(文件名要全，包含扩展名，必要时要加文件路径)以某种文件打开方式打开，系统为文件分配相应的文件信息描述区和文件缓冲区。如果文件打开成功，则返回一个文件信息描述区的首地址，否则返回空指针 NULL。C 语言中提供了 12 种文件打开方式，具体的符号和功能如表 12.1 所列。

表 12.1　文件的打开方式

文件打开方式	功　　能
r	只读打开一个文本文件，只允许读数据
w	只写打开或建立一个文本文件，只允许写数据
a	追加打开一个文本文件，并在文件末尾写数据
rb	只读打开一个二进制文件，只允许读数据
wb	只写打开或建立一个二进制文件，只允许写数据
ab	追加打开一个二进制文件，并在文件末尾写数据
r＋	读写打开一个文本文件，允许读和写
w＋	读写打开或建立一个文本文件，允许读写
a＋	读写打开一个文本文件，允许读，或在文件末追加数据
rb＋	读写打开一个二进制文件，允许读和写
wb＋	读写打开或新建立一个二进制文件，允许读和写
ab＋	读写打开一个二进制文件，允许读，或在文件末追加数据

说明：

(1) 文件使用方式由“r”、“w”、“a”和“b”及“＋”三种类型的字符组合而成。对表 12.1 文件的打开方式的功能详解如下：

“b”表示二进制文件(binary)。

“＋”表示读和写，可以进行读/写。

“r”或“rb”表示读(read)，用“r”或“rb”打开一个文件时，该文件必须已经存在，且只能从该文件读出。

“w”或“wb”表示写(write)，用“w”或“wb”打开文件时，新建一个文件，并只能对该文件进行写操作。若要打开的文件不存在，则以指定的文件名建立一个新文件；若要打开的文件已经存在，则将原文件覆盖，重新建立一个新文件。

“a”或“ab”表示追加(append)，用“a”或“ab”方式打开文件时，向一个已存在的文件追加新的信息。此时，若该文件已存在，则可以从文件末尾开始添加新的信息，否则，将会新建一个文件。

“r＋”或“rb＋”表示读(read)，用“r＋”或“rb＋”打开一个文件时，该文件必须已经存在，且可以对文件进行读写。

“w＋”或“wb＋”表示写(write)，用“w＋”或“wb＋”打开文件时，新建一个文件，可对该文件进行读写操作。若要打开的文件不存在，则以指定的文件名建立一个新文件；若要打开的文件已经存在，则将原文件覆盖，重新建立一个新文件。

“a＋”或“ab＋”，用“a＋”或“ab＋”方式打开文件时，表示可读或向一个已存在的文件追加新的信息。此时，若该文件已存在，则可以从文件末尾开始添加新的信息；否则，将会新建一个文件。

例如：

```
FILE *fp1,fp2; char *fname = "student2.txt";
fp1 = fopen("student1.txt","r");
fp2 = fopen(fname,"w");
```

以上语句块的功能是以只读方式打开程序当前目录下的文本文件 student1. txt,以只写方式打开程序当前目录下的文本文件 student2. txt,并将文件 student1. txt 的文件信息描述区的首地址返回赋值给 fp1,文件 student2. txt 的文件信息描述区的首地址返回赋值给 fp2,使文件指针 fp1 指向文件 student1. txt,fp2 指向文件 student2. txt。

如果需要打开的文件不在当前程序目录下,则需要指定文件的具体目录路径。例如:

```
FILE * fp;
fp = fopen( "c:\\student.dat","rb");
```

以上语句块的功能是以只读方式打开 C 盘根目录下的二进制文件 student. dat。文件路径中用到的反斜杠"\"要用双反斜杠"\\"表示,这是转义字符的应用,转义字符"\\"表示实际的反斜杠"\"。

(2) 打开一个文件时,如果 fopen()返回的是一个空指针值 NULL,表示该文件无法打开,其原因可能是文件不存在、路径不对、文件正在使用等。一般情况下,在文件操作之前,先判断 fopen()函数返回的值是否为 NULL,以确保对文件的正确操作。

例如:

```
if((fp1 = fopen("student1.txt","r")) == NULL)
{ printf("File open error!\n");
  exit(0);                          //注意: 使用 exit 函数时,必须包含 stdlib.h 头文件 * /
}
```

此语句块的功能是:如果文件打开出现错误,则输出提示信息"File open error!"。

2. 文件关闭函数 fclose( )

当文件使用完毕时,必须及时把文件关闭,以防止误操作或者缓冲区中有需要保存的内容还没有写入打开的文件中,而导致数据丢失。关闭文件可调用库函数 fclose()实现,其函数原型如下:

```
int fclose(FILE * fp)
```

例如:

```
fclose(fp1);
```

其功能为关闭 fp1 所指向的文件。如果函数返回值为 0,表示成功关闭了文件;如果返回非 0 值,则表示有错误发生,无法正常关闭文件。

例如:

```
if(fclose(fp1) == 0)
{
    printf("\n File has been closed successfully!\n");
}
else
    printf("\n File can not be closed!");
```

说明:fclose()函数在关闭文件的同时,一方面把缓冲区中没有写入文件的内容及时保存到磁盘文件,另一方面将释放 fopen()所分配的文件信息描述区和文件缓冲区,但磁盘文件和文件指针还存在，只是断开了文件指针与文件之间的关联。

12.4 文件的定位与检测

前面介绍到对文件的读写方式有两种：顺序存取和直接存取。顺序读写在读写文件时只能从文件头部开始，顺序读写各个数据。但在实际问题中常常要求只读写文件中某一指定的部分，这就需要读取指定位置上的数据，或把数据写到指定位置上，这种读写方式称为直接存取，又称随机存取。为了读写方便，无论是顺序存取，还是直接存取，C 语言在对文件读写时，都提供了文件位置指针。

"文件位置指针"和前面的"文件指针"是两个不同的概念。文件指针是指在程序中定义的 FILE 类型的变量，通过 fopen()函数调用给文件指针赋值，使文件指针和某个文件建立起联系。而文件位置指针标识了文件中将要进行读、写的位置。当通过 fopen()函数打开文件时，文件位置指针总是指向文件首，即第一个数据之前。当文件位置指针指向文件末尾时，表示文件已经结束。进行读操作时，从文件位置指针所指位置开始读其数据，然后位置指针移到下一个位置，以指示下一次要读的起始位置。进行写操作时，从文件位置指针所指位置开始去写，然后移到刚写入的数据之后，以指示下一次要写入的起始位置。

C 语言中常用的文件定位与检测函数有以下几个。

1. rewind( )函数

rewind()函数的原型为：

```
void rewind(FILE * fp)
```

其功能是将 fp 指向文件的文件位置指针置于文件首，即将文件位置指针从当前位置移动到文件的开头。

2. fseek( )函数

fseek()函数的原型为：

int fseek(FILE * fp,long int offset,int base)

即 int fseek(文件指针,偏移量,基准点)

其功能是将 fp 指向文件的文件位置指针移动到以 base 为基准点、偏移量为 offset 个字节的位置，即将文件位置指针指向从基准点 base 移动 offset 个字节后的位置。若移动成功，返回文件位置指针的当前位置，否则返回−1。

基准点既可以用标识符来表示，也可以用数字来表示。C 语言中规定的基准点有三种：文件首、当前位置和文件末尾，其标识符和对应数字如表 12.2 所列。

fseek()函数可用于文本文件和二进制文件，但在文本文件中由于要进行转换，故往往计算的位置会出现错误，因此，fseek()函数一般多用于二进制文件。当偏移量为正整数时，表示文件位置指针从指定的基准点向文件尾部方向移动；当偏移量为负整数时，表示文件位置指针从指定的基准点向文件首部方向移动。

表 12.2 文件位置指针基准点的标识符和对应的数字

基准点	标识符	数字表示
文件首	SEEK_SET	0
当前位置	SEEK_CUR	1
文件末尾	SEEK_END	2

假设文件指针 fp1 已指向一个文本文件，执行“fseek(fp1,0,0);”或“fseek(fp1,0,SEEK_SET);”后，将使文件位置指针移到文件的开头；执行“fseek(fp1,-2,2);”或“fseek(fp1,-2,SEEK_END);”后，将使文件位置指针从文件的末尾前移两个字节。

假设文件指针 fp2 已指向一个二进制文件，执行“fseek(fp2,4,SEEK_SET);”后将使文件位置指针从文件的开头后移 4 个字节；执行“fseek (fp2,-5 * sizeof(short), SEEK_CUR);”后将使文件位置指针从文件当前位置前移 10 个字节。

3. ftell( )函数

ftell()函数的原型为：

long int ftell(FILE * fp)

其功能是返回 fp 指向文件的文件位置指针当前位置与文件开头之间的字节数。

【例 12.1】 编程计算一个文本文件的长度(即字节数)。

程序分析：首先输入文件的名字，其次用 fopen()函数将该文件以只读的方式打开，fseek()函数将文件位置指针移到文件末尾，用 ftell()函数返回文件末尾与文件开头的之间的字节数并输出，最后用 fclose()函数关闭该文件即可。

测试程序如下：

```
#include <stdio.h>
#include <stdlib.h>
void main()
{
    FILE * fp1;
    char fname[30];                    //假设文件名及路径的长度最大为 30
    printf("请输入要求文件长度的文件名: ");
    scanf("%s",fname);
    if((fp1 = fopen(fname,"r")) == NULL)
    {
      printf("File open error!\n");
      exit(0);                         //注意: 使用 exit 函数时,必须包含 stdlib.h 头文件
    }
    fseek(fp1, 0,SEEK_END);            //将文件位置指针移到文件末尾
    printf("文件 %s 长度为 %ld\n",fname,ftell(fp1));
    fclose(fp1);
}
```

4. 文件结束检测函数 feof( )

feof()函数原型为：

int feof(FILE * fp)

其功能是测试文件位置指针是否处于文件末尾，若是，则返回一个非 0 值，否则返回 0。

5. 读写文件出错检测函数 ferror( )

ferror()函数原型为：

int ferror(FILE * fp)

其功能是测试 fp 指向文件在用各种输入输出函数进行读写时是否出错。若出错，则返回非 0 值，否则返回 0。

6. 文件出错标志和文件结束标志置 0 函数 clearerr( )

clearerr()函数原型为：

void clearerr(FILE * fp)

其功能是将 fp 指向文件的出错标志和文件结束标志置为 0 值，无返回值。

12.5 文件的读写操作

在 C 语言中提供了多种文件读写函数，下面分别予以介绍。

12.5.1 按字符方式文件读写函数 fgetc 和 fputc

按字符方式文件读函数 fgetc()和写函数 fputc()是以字符(字节)为单位的读写函数，即每次可从文件读出一个字符或向文件写入一个字符。

1. 按字符方式文件写函数 fputc( )

fputc()函数的原型为：

int fputc(int ch,FILE * fp)

其功能为将 ch 中的值写入到 fp 指向的文件中，同时将文件位置指针指向下一个字节位置。如果写成功，fputc()函数返回所输出的字符；如果写失败，则返回一个 EOF 值。EOF 是在 stdio.h 库函数文件中定义的符号常量，其值等于－1。

【例 12.2】 编程实现，新建一个文件 student.dat，将从键盘输入字符原样输出到该文件中，回车结束输入。

程序分析：前面介绍到要对一个文件进行读写操作，必须先打开该文件，然后对文件进行读或写操作，操作完毕后再关闭文件，因此，本题目的算法可描述如下：

(1) 定义文件指针变量 fp，以及接收输入字符的字符变量 ch。

(2) 以只写方式打开文件 student.dat，使 fp 指向文件 student.dat。

(3) 从键盘输入一个字符到变量 ch。

(4) 判断 ch 是否为回车符“\n”。若是，结束循环，执行步骤(8)；否则，执行步骤(5)。

(5) 使用 fputc()函数把刚输入的字符 ch 写到 fp 指向的文件中。

(6) 从键盘再输入一个字符到 ch。

(7) 重复步骤(4)～(6)。

(8) 关闭文件。

测试程序如下：

```
#include<stdio.h>
#include<stdlib.h>
void main( )
{   FILE *fp;
    char ch;
    if((fp=fopen("student.dat","w"))==NULL)
    { printf("file open error!\n");
      exit(0);
    }
    while((ch=getchar())!='\n')
    {
      fputc(ch,fp);
    }
    fclose(fp);
}
```

2. 按字符方式文件读函数 fgetc( )

fget()函数的原型为：

int fgetc(FILE *fp)

其功能为从 fp 指向文件中读取一个字符，同时将文件位置指针后移一个字节。若读取成功，则返回所读取的字符，若读到文件末尾或出错，则返回 EOF。

【例 12.3】 把一个已存储在磁盘上的 student.dat 文本文件中的内容原样输出到终端屏幕上。

程序分析：根据题目要求，需要打开已存储在磁盘上的文本文件 student.dat，并将文件中的内容读出来，显示在屏幕上，因此，本题目的算法可描述如下：

(1) 定义文件指针变量 fp，以及接收输入字符的字符变量 ch。

(2) 以只读方式打开文件 student.dat，使 fp 指向文件 student.dat。

(3) 使用 fgetc()函数从 fp 指向文件中读取一个字符到变量 ch。

(4) 判断 ch 是否是文件结束标志 EOF。若是，结束循环，执行步骤(8)；否则，执行步骤(5)。

(5) 在终端屏幕上显示字符 ch。

(6) 从 fp 指向文件中再读取一个字符到 ch。

(7) 重复步骤(4)～(6)。

(8) 关闭文件。

测试程序如下：

```
#include<stdio.h>
#include<stdlib.h>
void main()
{   FILE *fp;
    char ch;
```

```
    if((fp = fopen("student.dat","r")) == NULL)
    {   printf ("file open error!\n");
        exit(0);
    }
    while((ch = fgetc(fp))!= EOF)       //执行读操作,判断文件是否结束
    {
        putchar(ch);
    }
    putchar('\n');
    fclose(fp);
}
```

12.5.2 按字符串方式文件读写函数 fgets 和 fputs

按字符串方式文件读函数 fgets()和写函数 fputs()是以字符串为单位的读写函数,即每次可从文件读出一个字符串或向文件写入一个字符串。

1. 按字符串方式文件写函数 fputs( )

fputs()函数的原型为:

int * fputs(const char * str,FILE * fp)

其功能是将 str 为首地址的字符串写到 fp 所指向文件的当前文件位置指针处,然后将文件位置指针后移字符串长度个字节,其中字符串的结束标志"\0"并不写到文件中。若写入成功,则返回 0,否则返回非 0。

注意:调用函数 fputs()输出字符串时,文件中各字符串将首尾相接,它们之间将不存在任何间隔符。在实际应用中,为了含义明确,在输出字符串时,应当手工加入间隔符,诸如"\n"这样的转义字符,以便隔开每个字符串或起到换行作用。

2. 按字符串方式文件读函数 fgets( )

fgets()函数的原型为:

char * fgets(char * str,int n,FILE * fp)

其功能是从 fp 指向文件的当前文件位置开始读出一个长度为 n−1 的字符串,并放入以 str 为首地址的内存空间中。在实际应用中,由于从当前文件读写位置开始读出字符时,若遇到换行符或文件结束标志 EOF,则提前结束本次读取字符串的操作,因而有时读取的字符个数少于 n−1。确切地说,调用 fgets()函数时,最多只能读入 n−1 个字符。读入结束后,系统将自动在最后加"\0"。若读取成功,函数返回 str 地址值,否则返回 NULL。

【例 12.4】 从键盘输入一个不超过 30 个字符的字符串,写入文件 student.txt 中,然后再从文件 student.txt 读取出来验证一下。

程序分析:由于题目要求从键盘输入一个不超过 30 个字符的字符串,再加上字符串的结束标志"\0",至少需要 31B 空间,因此,需要定义一个可以存放 31 个元素的字符数组。根据题目要求,本题目的算法可描述如下:

(1) 定义文件指针变量 fp,以及接收输入字符串的字符数组 str。

(2) 以读写方式打开文件 student.txt,使 fp 指向文件 student.txt。

(3) 输入一个不超过 30 个字符的字符串到字符数组 str。

(4) 使用 fputs()函数把刚输入的字符串 str 写到 fp 指向的文件中。

(5) 使用 rewind()函数将 fp 指向文件的文件位置指针置于文件开头。

(6) 使用 fgets()函数从 fp 指向文件中读取一个不超过 30 个字符的字符串到字符数组 str。

(7) 输出字符串 str,并关闭文件。

测试程序如下:

```
#include <stdio.h>
#include <stdlib.h>
void main()
{
    FILE * fp;
    char str[31];
    if((fp = fopen("student.txt","w + ")) == NULL)
    {
      printf("file open error!\n ");
      exit(0);
    }
    printf("请输入一个不超过 30 个字符的字符串: ");
    gets(str);                        //键盘输入
    fputs(str,fp);                    //把字符串 str 写到 fp 指向文件 student.txt 中
    rewind(fp);                       //将 fp 指向文件的文件位置指针置于文件开头
    //从 fp 指向文件中读取一个不超过 30 个字符的字符串到字符数组 str
    fgets(str,31,fp);
    printf(" % s\n",str);             //输出到屏幕
    fclose(fp);
}
```

12.5.3 按格式化方式文件读写函数 fscanf 和 fprintf

按格式化方式文件读写操作就是以某种指定格式进行文件读写的操作。按格式化方式文件读写函数 fscanf()和 fprintf()与前面介绍的 scanf()函数和 printf()函数的使用格式和功能有些相似,都是按格式化读写函数。两者的区别在于 fscanf()函数和 fprintf()函数的读写对象不是键盘和显示器,而是磁盘文件。

1. 按格式化方式文件写函数 fprintf( )

fprintf()函数的原型为:

int fprintf(FILE * fp,const char * format,args,...)

即 int fprintf(文件指针,格式控制,输出列表)

其功能是将输出列表 args 中的数据按 format 指定的格式写到 fp 指向的文件中。若写成功,则返回写到文件中的字符个数,否则返回负数。其中,格式控制与输出列表部分与 printf()函数使用格式一样。

2. 按格式化方式文件读函数 fscanf( )

fscanf()函数的原型为:

int fscanf(FILE * fp,const char * format,args,…)

即 int fscanf(文件指针,格式控制,输入列表)

其功能是从 fp 指向文件的当前文件位置指针处按 format 指定的格式将数据读出并赋给输出列表中的变量。若读取成功,则返回读出的数据个数,否则返回负数。其中,格式控制与输出列表部分与 scanf()函数使用格式一样。

说明:

(1) fscanf()和 fprintf()函数通常用于文本文件中按格式输入/输出,因此,在写文件时,需要把二进制形式的数值类型数据转换为对应数字字符 ASCII 码,而读文件时,又需要将文本文件中 ASCII 码转换为对应二进制形式的数值类型数据,这种转换系统自动进行处理。

(2) 为了方便读取,用 fprintf()函数写文件时,数据之间应该用空格或逗号等字符隔开。同时在读取文件时,为避免读取错误,读取数据的格式通常要与写文件时的格式一致。

(3) 一般的情况下,stdin 表示键盘输入,stdout 表示屏幕输出。例如,语句"fprintf(stdout, "%d,%d",x,y);"等价于"printf("%d%d",x,y);";语句"fscanf(stdin, "%d,%d",&x,&y);"等价于"scanf("%d,%d",&x,&y);"。

【例 12.5】 从键盘输入十条手机通信记录,写入一个文件 dhb.txt 中,然后再读出这十条手机通信记录并显示在屏幕上验证一下。假设每条手机通信录包括姓名、年龄、手机号码、工作单位四个项目。

程序分析:根据题目要求,假设描述手机通信录的结构体类型定义为:

```
struct txl
{
  char name[10];                    //姓名至多 9 个字符
  int age;                          //年龄
  char phone[12];                   //手机号码均为 11 位
  char work[20];                    //工作单位名称至多 19 个字符
};
```

本题目的算法描述过程与例 12.4 基本相同,不再赘述,不同之处是本题目用的按格式化方式文件读写函数 fscanf()和 fprintf()。

测试程序如下:

```
#include<stdio.h>
#include<stdlib.h>
struct txl
{
  char name[10];
  int age;
  char phone[12];
  char work[20];
}sjtxl[10],sj[10], * p;
void main()
{
  FILE * fp;
  char ch;
```

```
    int i;
    p = sjtxl;
    if((fp = fopen("dhb.txt","w + ")) == NULL)        //打开文件
    {
      printf("file open error!\n");
      exit(0);
    }
    printf("请分别输入姓名、年龄、手机号码、工作单位: \n");
    for(i = 0;i < 10;i++,p++)                          //键盘输入,注意 % s 和 % d 之间没有空格
      scanf(" % s % d % s % s",p -> name,&p -> age,p -> phone,p -> work);
    p = sjtxl;
    for(i = 0;i < 10;i++,p++)                          //输出到文件,注意 % s 和 % d 之间有空格
      fprintf(fp," % s  % d  % s  % s\n",p -> name,p -> age,p -> phone,p -> work);
    rewind(fp);
    p = sj;
    for(i = 0;i < 10;i++,p++)                          //从文件中读出时采用格式与写入时完全一样
      fscanf(fp," % s  % d  % s  % s\n",p -> name,&p -> age,p -> phone,p -> work);
    printf("读出的文件内容为: \n");
    p = sj;
    for(i = 0;i < 10;i++,p++)                          //屏幕输出时 % s 和 % d 之间加\t,空格亦可
      printf(" % s\t % d\t % s\t % s\n",p -> name,p -> age,p -> phone,p -> work);
    fclose(fp);                                        //关闭文件
}
```

12.5.4 按数据块方式文件读写函数 fread 和 fwrite

按数据块方式文件读写操作是以指定字节数量的数据块为单位进行文件读写的操作。按数据块方式文件读写函数 fread()和 fwrite()就是用于整块数据的读写函数,可用来读写一组数据,如一个数组中的若干元素、一个结构体变量的若干值等。fread()和 fwrite()函数是按数据块读写的,在应用于文本文件时,经常会出现一些读写错误,因此,fread()和 fwrite()函数通常用于二进制文件的读写。

1. 按数据块方式写函数 fwrite( )

写数据块函数原型为:

unsigned int fwrite(const char * ptr, unsigned int size,unsigned int n, FILE * fp)
即 unsigned int fwrite(数据块首地址,数据块的字节数,数据块块数,文件指针)

其功能是从 ptr 所指的内存中取出 n 个字节数为 size 的数据块写入到 fp 所指向的文件中,并将文件位置指针后移 n * size 个字节。若写成功,则返回写到文件中的字符个数,否则返回 0。

2. 按数据块方式读函数 fread( )

读数据块函数原型为:

unsigned int fread(void * ptr, unsigned int size,unsigned int count, FILE * fp)
即 unsigned int fread (数据块首地址,数据块的字节数,数据块块数,文件指针)

其功能为从 fp 指向的文件中读取 n 个长度为 size 个字节的数据项,并将其存入由 ptr

所指的内存空间中。若读成功，则返回读取的数据个数，否则返回 0。

【例 12.6】 从键盘输入十条手机通信记录，写入一个二进制文件 dhb.dat 中，然后再读出这十条手机通信记录并显示在屏幕上验证一下。假设每条手机通信录包括姓名、年龄、手机号码、工作单位四个项目。手机通信录的结构体类型定义同例 12.5。

程序分析：本题目实现的功能与例 12.5 基本相同，不同之处是本题目使用的文件为二进制文件，使用的文件读写函数是按数据块方式文件读写函数 fread()和 fwrite()。

测试程序如下：

```
#include <stdio.h>
#include <stdlib.h>
struct txl
{
  char name[10];
  int age;
  char phone[12];
  char work[20];
}sjtxl[10],sj[10], *p;
main()
{
  FILE *fp;
  char ch;
  int i;
  p = sjtxl;
  if((fp = fopen("dhb.dat","wb+")) == NULL)
  {
    printf("file open error!\n");
    exit(0);
  }
  printf("请分别输入姓名、年龄、手机号码、工作单位:\n");
  for(i = 0;i < 10;i++,p++)
  {
    scanf("%s%d%s%s",p->name,&p->age,p->phone,p->work);
    fwrite(p,sizeof(struct txl),1,fp);          //此处修改为写数据块
  }
  rewind(fp);
  p = sj;
  for(i = 0;i < 10;i++,p++)
  {
    fread(p,sizeof(struct txl),1,fp);           //此处修改为读数据块
  }
  printf("读出的文件内容为:\n");
  p = sj;
  for(i = 0;i < 10;i++,p++)
  {
    printf("%s\t%d\t%s\t%s\n",p->name,p->age,p->phone,p->work);
  }
  fclose(fp);
}
```

例 12.6 与例 12.5 实现的功能基本相同，但执行效率不同。原因是使用 fscanf()函数和 fprintf()函数在写文件时，需要把二进制形式的数值类型数据转换为对应数字字符 ASCII 码，读文件时，又需要将文本文件中 ASCII 码转换为对应二进制形式的数值类型数据，而 fread()函数和 fwrite()函数通常用于二进制文件的读写，是按数据块的方式直接读写文件，不需要在数值类型数据与字符间进行转换，因而，此时使用 fread()函数和 fwrite()函数要比使用 fscanf()函数和 fprintf()函数效率高一些。

12.5.5 文件的随机读写

前面介绍的例子对文件读写的方式都是顺序读写，即读写文件均是从文件头部开始，顺序读写各个数据。文件的随机读写指的是可以从某文件的指定位置处开始进行读写操作。也就是说，对文件进行随机读写时，首先需要移动文件内部的文件位置指针到要进行读写的位置，然后利用上面介绍的读写函数进行读写。因此，实现随机读写的关键是将文件位置指针移动到指定位置，即文件位置指针的定位。

文件的随机读写在移动位置指针之后，即可用前面介绍的任一种读写函数进行读写。由于文件的随机读写一般是读写一个或几个数据块，因此文件的随机读写通常用 fread()和 fwrite()函数。

【例 12.7】 已知手机通信记录文件 dhb.dat 中存有 10 条手机通信记录，编程实现，修改指定记录号的手机通信记录，即输入需要修改的记录号，显示原手机通信记录，然后输入需要修改的新的手机通信记录，最后再读出修改后的新记录。其中，dhb.dat 为二进制文件。手机通信录的结构体类型定义同例 12.5。

程序分析：从本题目的要求，可知对已存在文件 dhb.dat 的读写操作是随机读写方式，因此，本程序设计需要注意以下几点：

(1) 对文件 dhb.dat 的打开方式使用“rb+”，这样可以通过移动文件位置指针对已存在的文件 dhb.dat 进行随机读写。

(2) 根据记录号，使用 fseek()函数调用来完成文件位置指针的移动。

(3) 在文件读写时，使用按数据块方式文件读写函数 fread()和 fwrite()对文件进行读写。

测试程序如下：

```
#include <stdio.h>
#include <stdlib.h>
struct txl
{
    char name[10];
    int age;
    char phone[12];
    char work[20];
}sjtxly,sjxlx, *p;
void main()
{
    FILE *fp;
    char ch;
    int i;
```

```
printf("请输入需要修改的记录号(共 10 条记录): \n");
scanf("%d",&i);
p = &sjtxly;
if((fp = fopen("dhb.dat","rb+")) == NULL)
{
    printf("file open error!\n");
    exit(0);
}
fseek(fp,(i-1)*sizeof(struct txl),0);      //将文件位置指针移动到第 i 条记录处
fread(p,sizeof(struct txl),1,fp);          //读出第 i 条记录
printf("原来第%d条手机通信记录为: \n",i);
printf("%s\t%d\t%s\t%s\n",p->name,p->age,p->phone,p->work);
printf("请输入新的姓名、年龄、手机号码、工作单位: \n");
scanf("%s%d%s%s",p->name,&p->age,p->phone,p->work);
fseek(fp,(i-1)*sizeof(struct txl),0);
fwrite(p,sizeof(struct txl),1,fp);         //把新的第 i 条记录写入文件
printf("修改后第%d条手机通信记录后为: \n",i);
fseek(fp,(i-1)*sizeof(struct txl),0);
fread(p,sizeof(struct txl),1,fp);
printf("%s\t%d\t%s\t%s\n",p->name,p->age,p->phone,p->work);
fclose(fp);
}
```

12.6 典型例题

【例 12.8】 有以下程序：

```
#include <stdio.h>
void main()
{
  FILE *fp;
  char str[10];
  fp = fopen("myfile.dat","w");
  fputs("abc",fp);
  fclose(fp);
  fp = fopen("myfile.dat","a+");
  fprintf(fp,"%d",28);
  rewind(fp);
  fscanf(fp,"%s",str);
  puts(str);
  fclose(fp);
}
```

程序运行后的输出结果是(　　)。

A. abc　　B. 28c　　C. abc28　　D. 因类型不一致而出错

程序分析：本题考查文件的操作，首先以只写方式打开文件，进行写操作，把"abc"写入"myfile.dat"文件，并关闭文件，然后再以可读和追加方式打开"myfile.dat"文件，将整型数据 28 追加到文件末尾，并将文件位置指针移到文件首，按字符串读取文件后，显示读取的字

符串。最后关闭文件。因此,本题结果为 abc28,选 C。

【例 12.9】 有以下程序:

```
#include <stdio.h>
void main()
{
  FILE * fp;
  int k,n,i,a[6] = {1,2,3,4,5,6};
  fp = fopen("d2.dat","w");
  for(i = 0;i < 6;i++)
    fprintf(fp," % d\n",a[i]);
  fclose(fp);
  fp = fopen("d2.dat","r");
  for(i = 0;i < 3;i++)
    fscanf(fp," % d % d",&k,&n);
  fclose(fp);
  printf(" % d, % d\n",k,n);
}
```

程序运行后的输出结果是(   )。

A. 1,2　　B. 3,4　　C. 5,6　　D. 123,456

程序分析:此题是考查 fprintf()函数和 fscanf()函数,其中 fprintf()函数将数组 a 中的 6 个数据分别写到文件 d2.dat 中,而 fscanf()函数是从文件 d2.dat 中读出数据,由循环知,每次读出两个,共读了 3 次,因此,可知答案为 C。

【例 12.10】 编程实现对一个文本文件进行加密,加密规则是:将原文件中每一个字符按位异或上 126 后存入密码文件。

程序分析:由题目要求知,需要读出原文件中每一个字符,然后进行异或运算后,再将异或后的结果以字符形式写到密码文件中,假设已定义文件指针变量 fp1、fp2,1 个字符型变量 ch,两个字符型数组 yuanwen[20]、miwen[20]分别存放原文件名、密码文件名。为实现本例题的功能,可以分以下几个步骤进行:

(1) 输入原文件名到字符数组 yuanwen[20],输入密码文件名到字符数组 miwen[20]。

(2) 以只读方式打开原文件,以只写方式打开密码文件,分别使 fp1 指向原文件,fp2 指向密码文件。

(3) 使用 fgetc()函数从 fp1 指向文件中读取一个字符到变量 ch。

(4) 判断 ch 是否是文件结束标志 EOF。若是,结束循环,执行步骤(8);否则,执行步骤(5)。

(5) 使 ch 异或上 126 后再存入 ch。

(6) 使用 fputc()函数将 ch 的值写到 fp2 指向的文件中。

(7) 使用 fgetc()函数从 fp1 指向文件中再读取一个字符到 ch。

(8) 重复步骤(4)~(7)。

(9) 关闭文件。

测试程序如下:

```
#include <stdio.h>
```

```
#include <stdlib.h>
void main()
{
    FILE *fp1, *fp2;
    char ch,yuanwen[20],miwen[20];
    printf("请输入原文件名:\n");
    scanf("%s",yuanwen);
    printf("请输入密码文件名:\n");
    scanf("%s",miwen);
    if((fp1=fopen(yuanwen,"r"))==NULL)
    {
      printf ("file open error!\n");
      exit (0);
    }
   if((fp2=fopen(miwen,"w"))==NULL)
   {
      printf ("file open error!\n");
      exit (0);
   }
   while((ch=fgetc(fp1))!=EOF)//执行读操作判断文件是否结束
   {
     ch=ch^126;
     fputc(ch,fp2);
   }
   fclose(fp1);
   fclose(fp2);
}
```

12.7 综合案例

在学习完本章有关文件的内容后,我们就可以将学生信息存储到文件中永久保存,也可以将信息从文件中读取出来,即完成 loadfromfile 和 savetofile 函数的编写,在此基础上完成 quitsystem 函数的编写,具体参考源代码详见附录 C。

至此,我们已经完成了一个功能相对完善的系统案例。希望读者能够通过此案例,理解利用 C 语言进行系统开发的基本原理和流程,加深对 C 语言模块化设计和各知识点的掌握程度,提高实践能力。但此系统案例还存在着若干不足甚至是缺陷,比如显示学生信息的代码多次使用却没有写成函数;用户名和密码没有保存在文件中,无法实现修改密码功能;查询功能只能根据学号进行查询,没有实现根据姓名或成绩的查询;修改功能只修改一个便马上返回菜单选项,若要继续修改需要再进行选择,等等。希望读者发挥自己的聪明才智,对此案例进行优化和改进。

习 题

一、选择题

1. 在"文件包含"预处理语句的使用形式中,当#include 后面的文件名用""括起时,寻找被包含文件的方式是(　　)。

A. 直接按系统设定的标准方式搜索目录

B. 先在源程序所在的目录搜索,如没找到,再按系统设定的标准方式搜索

C. 仅仅搜索源程序所在目录

D. 仅仅搜索当前目录

2. 设 fp 已定义,执行语句"fp=fopen("file.txt","w");"后,以下针对文本文件 file.txt 操作叙述的选项中正确的是(　　)。

A. 写操作结束后可以从头开始读　　B. 只能写不能读

C. 可以在原有内容后追加写　　D. 可以随意读和写

3. 有以下程序:

```
#include <stdio.h>
void main()
{
    FILE *fp; int a[10] = {1,2,3},i,n;
    fp = fopen("d1.dat","w");
    for(i = 0;i<3;i++) fprintf(fp, "%d",a[i]);
    fprintf(fp,"\n");
    fclose(fp);
    fp = fopen("d1.dat","r");
    fscanf(fp,"%d",&n);
    fclose(fp);
    printf("%d\n",n);
}
```

程序运行结果是(　　)。

A. 12300　　B. 123　　C. 1　　D. 321

4. 有下列程序:

```
#include <stdio.h>
void writestr(char *fn,char *str)
{ FILE *fp;
fp = fopen(fn,"w"); fputs(str,fp); fclose(fp);
}
main( )
{ writestr("t1.dat","start");
  writestr("t1.dat","end");
}
```

程序运行后,文件 t1.dat 中的内容是(　　)。

A. start　　B. end　　C. startend　　D. endrt

5. 下列与函数 fseek(fp,0L,SEEK_SET)有相同作用的是(　　)。

A. feof(fp)　　B. ftell(fp)　　C. fgetc(fp)　　D. rewind(fp)

6. 有以下程序:

```
#include <stdio.h>
main()
```

```
{
    FILE * fp;int a[10] = {1,2,3,0,0},i;
    fp = fopen("d2.dat","wb");
    fwrite(a,sizeof(int),5,fp);
    fwrite(a,sizeof(int),5,fp);
    fclose(fp);
    fp = fopen("d2.dat","rb");
    fread(a,sizeof(int),10,fp);
    fclose(fp);
    for(i = 0;i < 10;i++) printf(" % d,",a[i]);
    printf("\n");
}
```

程序运行结果是(　　)。

A. 1,2,3,0,0,0,0,0,0,0　　B. 1,2,3,1,2,3,0,0,0,0

C. 123, 0,0,0,0,123,0,0,0,0　　D. 1,2,3,0,0,1,2,3,0,0

7. 下列叙述中错误的是(　　)。

A. 在 C 语言中,对二进制文件的访问速度比文本文件快

B. 在 C 语言中,随机文件以二进制代码形式存储数据

C. 语句“FILE * fp;”定义了一个名为 fp 的文件指针

D. C 语言中的文本文件以 ASCII 码形式存储数据

8. 有以下程序:

```
# include < stdio.h >
main( )
{   FILE * fp; int i,k,n;
    fp = fopen("data.dat","w + ");
    for(i = 1;i < 6;i++)
    {fprintf(fp, " % d ",i);
    if(i % 3 == 0) fprintf(fp,"\n");
    }
    rewind(fp);
    fscanf(fp," % d % d",&k,&n); printf(" % d % d\n",k,n);
    fclose(fp);
}
```

程序运行后的输出结果是(　　)。

A. 0 0　　B. 123 45　　C. 1 4　　D. 1 2

9. 有以下程序:

```
# include < stdio.h >
main()
{  FILE * fp;
   int i,a[6] = {1,2,3,4,5,6};
   fp = fopen("d2.dat","w + ");
   for(i = 0;i < 6;i++)
      fprintf(fp," % d\n",a[i]);
   rewind(fp);
   for(i = 0;i < 6;i++)
```

```
        fscanf(fp," % d",&a[5 - i]);
    fclose(fp);
    for(i = 0;i < 6;i++)
        printf(" % d,",a[i]);
}
```

程序运行后的输出结果是(　　)。

A. 4,5,6,1,2,3　　B. 1,2,3,3,2,1

C. 1,2,3,4,5,6　　D. 6,5,4,3,2,1

二、填空题

1. 以下C程序将磁盘中的一个文本文件内容复制到另一个文本文件中,假设两个文件名已在程序中给出。请填空。

```
#include < stdio.h >
main( )
{
FILE * fp1, * fp2;
fp1 = fopen("file_1.dat","r");
fp2 = fopen("file_2.dat","w");
while(  [1]____ )
     fputc(fgetc(fp1),  [2]____ );
  [3]____ ;
  [4]____ ;
}
```

2. 以下程序由终端键盘输入一个文件名,并从键盘输入若干字符依次写到该文件中,以回车作为文件结束输入的标志。请填空。

```
#include < stdio.h >
#include < stdlib.h >
main()
{
FILE * fp;
char ch,fname[10];
printf("Enter the name of the file\n");
gets(fname);
if((fp =  [1]____ ) = = NULL)
{
  printf("file open error\n");
  exit(0);
}
printf("Enter data:\n");
while((ch = getchar())!= '\n')
     fputc(  [2]____ ,fp);
fclose( fp );
}
```

三、编程题

1. 编程实现两个文本文件相连的功能,即将文件2中的内容连接到文件1的后面。例如,文件1的内容为"123456",文件2的内容为"abcdef",连接后,文件1的内容变为

“123456 abcdef”。

2. 从键盘输入 10 个单精度实数，并以二进制形式存入文件 w1. dat 中，再从文件 w1. dat 中将数据逆序读出，并显示在屏幕上。逆序读出的含义是，在读文件 w1. dat 时是从后向前读。例如，假设文件 w1. dat 中的 10 个单精度实数分别为：1.0 2.0 3.0 4.0 5.0 6.0 7.0 8.0 9.0 10.0，则逆序读出时，先读出 10.0，再读出 9.0，再读出 8.0，依次类推。

3. 编写一个手机通信录程序，可以完成手机通信记录的添加、修改、删除、排序、查询等功能。

附录A C语言常用库函数

C语言提供了数百个库函数，并且在不同的C语言编译环境中，函数的形式和返回值等会略微有些差异，但大同小异，基本上不影响使用。本附录仅从初学者且使用频率较高的角度，以VC++6.0为例，列出最基本的一些常用函数。读者如有更高需求，请自行查阅有关手册。

一、数学函数

调用数学函数时，要求在源文件中使用以下命令行：

```
#include "math.h"
```

或

```
#include <math.h>
```

函数原型说明	功　能	返　回　值	说　明
int abs(int x)	求整数x的绝对值	x的绝对值	
double fabs(double x)	求双精度实数x的绝对值	x的绝对值	
long labs(long int x)	求长整数x的绝对值	x的绝对值	
double acos(double x)	计算arccos(x)的值	x的反余弦	x在−1～1范围内
double asin(double x)	计算arcsin(x)的值	x的反正弦	x在−1～1范围内
double atan(double x)	计算arctan(x)的值	x的反正切	
double atan2(double x,double y)	计算arctan(x/y)的值	x/y的反正切	atan和atan2函数均为反正切函数，建议用atan2函数
double cos(double x)	计算cos(x)的值	x的余弦	x的单位为弧度
double cosh(double x)	计算双曲余弦cosh(x)的值	x的双曲余弦	
double sin(double x)	计算sin(x)的值	x的正弦	x的单位为弧度
double sinh(double x)	计算x的双曲正弦函数sinh(x)的值	x的双曲正弦	
double tan(double x)	计算tan(x)	x的正切	
double tanh(double x)	计算x的双曲正切函数tanh(x)的值	x的双曲正切	

函数原型说明	功　能	返　回　值	说　明
double exp(double x)	求 e^x 的值	e^x 的值	
double frexp(double val,int * exp)	把双精度数 val 分解成尾数和以 2 为底的指数 * exp 乘积,即 $val=x*2^{*exp}$	返回尾数 x	$0.5\leqslant x<1$
double modf(double val, double * ip)	把双精度数 val 分解成整数部分和小数部分	返回小数部分,整数部分存放在 ip 所指的变量中	
double pow(double x,double y)	计算 x^y 的值	x^y 的值	
double fmod(double x, double y)	求 x/y 整除后的双精度余数	返回 x−n * y,符号同 y。n=[x/y](向离开零的方向取整)	
double floor(double x)	求不大于双精度实数 x 的最大整数	不大于 x 的最大整数	
double ceil(double x)	求不小于双精度实数 x 的最小整数	不小于 x 的最小整数	
double sqrt(double x)	计算 x 的平方根	x 的平方根	$x\geqslant 0$
double log10(double x)	求 $\log_{10}x$	$\log_{10}x$ 的值	$x>0$
double log(double x)	求 lnx	lnx 的值	$x>0$

二、字符函数

调用字符函数时,要求在源文件中使用以下命令行:

```
#include "ctype.h"
```

或

```
#include <ctype.h>
```

函数原型说明	功　能	返　回　值
int isalnum(int ch)	检查 ch 是否为字母或数字	若是,返回非 0,否则返回 0
int isalpha(int ch)	检查 ch 是否为字母	若是,返回非 0,否则返回 0
int islower(int ch)	检查 ch 是否为小写字母	若是,返回非 0,否则返回 0
int isupper(int ch)	检查 ch 是否为大写字母	若是,返回非 0,否则返回 0
int isdigit(int ch)	检查 ch 是否为数字	若是,返回非 0,否则返回 0
int isxdigit(int ch)	检查 ch 是否为 16 进制数	若是,返回非 0,否则返回 0
int isascii(int ch)	检查 ch 是否为 ASCII 字符	若是,返回非 0,否则返回 0
int isspace(int ch)	检查 ch 是否为空格、制表符或换行符等	若是,返回非 0,否则返回 0
int isgraph(int ch)	检查 ch 是否为 ASCII 码值在 ox21 到 ox7e 的可打印字符(即不包含空格字符)	若是,返回非 0,否则返回 0
int iscntrl(int ch)	检查 ch 是否为控制字符	若是,返回非 0,否则返回 0
int isprint(int ch)	检查 ch 是否为包含空格符在内的可打印字符	若是,返回非 0,否则返回 0
int ispunct(int ch)	检查 ch 是否为标点符号或特殊字符	若是,返回非 0,否则返回 0
int tolower(int ch)	把 ch 中的字母转换成小写字母	返回对应的小写字母
int toupper(int ch)	把 ch 中的字母转换成大写字母	返回对应的大写字母

三、字符串函数

调用字符串函数时，要求在源文件中使用以下命令行：

```
#include "string.h"
```

或

```
#include <string.h>
```

函数原型说明	功　能	返　回　值
char * strcat(char * s1, const char * s2)	把字符串 s2 连接到 s1 后面	字符串 s1 所指地址
char * strncat(char * s1, const char * s2,unsigned int n)	把字符串 s2 前 n 个字符连接到 s1 后面	字符串 s1 所指地址
int strncmp (const char * s1, const char * s2, unsigned int n)	对 s1 所指字符串和 s2 所指字符串的前 n 个字符进行比较，区分大小写	若 s1 < s2，返回负数；若 s1 = s2，返回 0；若 s1 > s2，返回正数
int strnicmp (const char * s1, const char * s2, unsigned int n)	对 s1 所指字符串和 s2 所指字符串的前 n 个字符进行比较，不区分大小写	若 s1 < s2，返回负数；若 s1 = s2，返回 0；若 s1 > s2，返回正数
int strcmp (const char * s1, const char * s2)	对 s1 和 s2 所指字符串进行比较，区分大小写	若 s1 < s2，返回负数；若 s1 = s2，返回 0；若 s1 > s2，返回正数
int stricmp (const char * s1, const char * s2)	对 s1 和 s2 所指字符串进行比较，不区分大小写	若 s1 < s2，返回负数；若 s1 = s2，返回 0；若 s1 > s2，返回正数
char * strcpy(char * s1, const char * s2)	把 s2 指向的字符串复制到 s1 指向的空间中	字符串 s1 所指地址
char * stnrcpy(char * s1, const char * s2, unsigned int n)	把 s2 指向的字符串的前 n 个字符复制到 s1 指向的空间中	字符串 s1 所指地址
char * strchr(const char char * s,int ch)	在 s 所指字符串中，找出第一次出现字符 ch 的位置	找到，返回该字符出现位置的地址；找不到，返回 NULL
char * strrchr(const char char * s,int ch)	在 s 所指字符串中，反向找出第一次出现字符 ch 的位置	找到，返回该字符出现位置的地址；找不到，返回 NULL
char * strstr(const char char * s1, const char char * s2)	在 s1 所指字符串中，找出字符串 s2 第一次出现的位置	找到，返回字符串 s2 第一次出现的位置的地址；找不到，返回 NULL
char * strlwr(char * s)	将 s 指向的字符串中的字母转换为小写字母	字符串 s 所指地址
char * strupr(char * s)	将 s 指向的字符串中的字母转换为大写字母	字符串 s 所指地址
unsigned int strlen(const char * s)	求字符串 s 的长度	返回串中字符个数(不计最后的'\0')

四、输入输出函数

调用输入输出函数时，要求在源文件中使用以下命令行：

```
#include "stdio.h"
```

或

```
#include <stdio.h>
```

函数原型说明	功　能	返　回　值
int scanf(char * format, args,…)	从标准输入设备按 format 指定的格式把输入数据存入到输入列表 args,…所指的内存空间中	若读取正确,返回已输入的数据的个数,否则返回 0
int printf(char * format, args,…)	把输出列表 args,…的值以 format 指定的格式输出到标准输出设备	若输出正确,返回输出字符的个数,否则返回负数
int getchar(void)	从标准输入设备读取下一个字符	若读取正确,返回所读字符;若出错或文件结束,返回−1
int putchar(char ch)	把字符 ch 输出到标准输出设备	若输出正确,返回输出的字符;若出错,则返回 EOF
char * gets(char * s)	从标准设备读取一行字符串放入 s 所指内存空间中,用'\0'替换读入的换行符	若读取正确,返回 s 地址;若出错,返回 NULL
int puts(char * s)	把 s 所指字符串输出到标准设备,将'\0'转成回车换行符	若输出正确,返回换行符;若出错,返回 EOF
FILE * fopen(const char * filename,char * mode)	以 mode 指定的方式打开名为 filename 的文件	成功,返回文件指针(文件信息区的首地址),否则返回 NULL
int fclose(FILE * fp)	关闭 fp 所指向的文件,释放文件缓冲区	出错,则返回非 0;成功,则返回 0
void rewind(FILE * fp)	将 fp 所指向的文件的文件位置指针移到文件开头	无
int fseek(FILE * fp, long int offer,int base)	将 fp 指向文件的文件位置指针移动到以 base 为基准点、偏移量为 offset 个字节的位置	若移动成功,返回文件位置指针的当前位置;否则,返回−1
long int ftell(FILE * fp)	求出 fp 所指向文件的文件位置指针当前的读写位置	返回 fp 指向文件的文件位置指针的当前位置,即与文件开头之间的字节数
int feof(FILE * fp)	检查 fp 所指向文件的文件位置指针是否指到文件末尾,即文件结束位置	若到文件末尾,则返回非 0,否则返回 0
int ferror(FILE * fp)	检查 fp 指向文件在用各种输入输出函数进行读写时是否出错	若未出错,则返回值为 0,否则返回非 0
void clearerr(FILE * fp)	清除 fp 指向文件的出错标志和文件结束标志,使之为 0 值	无
int fflush(FILE * fp)	清除文件缓冲区,当文件以写方式打开时,将缓冲区内容写入文件	若成功,返回 0,否则返回 EOF
int fgetc(FILE * fp)	从 fp 所指向的文件中读出一个字符,并将文件位置指针移到下一个要读取的字符位置	若出错,返回 EOF;若读取成功,则返回所读取字符

续表

函数原型说明	功　能	返　回　值
int fputc(char ch, FILE * fp)	把 ch 中字符输出到 fp 指向的文件中,并将文件位置指针移到下一个要写入字符的位置	若写成功,则返回该字符;否则,返回 EOF
char * fgets(char * buf,int n, FILE * fp)	从 fp 所指向的文件中读取一个长度为 n−1 的字符串,并将其存入 buf 所指的内存空间中,并将文件位置指针移到下一个要读取的字符串位置	若读取成功,则返回 buf 所指地址;否则,返回 NULL
int fputs(char * str, FILE * fp)	把 str 所指字符串输出到 fp 所指向文件中,并将文件位置指针移到下一个要写入字符串的位置	若写成功,则返回 0;否则,返回非 0
int fscanf(FILE * fp, char * format,args,…)	从 fp 所指向的文件中按 format 指定的格式读取数据并存入到 args,…所指的内存中,并移动文件位置指针	若读取成功,则返回读出的数据个数,否则返回负数
int fprintf(FILE * fp, char * format, args,…)	将输出列表 args,…的值以 format 指定的格式输出到 fp 指向的文件中,并移动文件位置指针	若写成功,则返回写到文件中的字符个数,否则返回负数
int fread(char * pt, unsigned size,unsigned n, FILE * fp)	从 fp 所指向文件中读取长度为 size 的 n 个数据存入到 pt 所指的内存空间中	若读成功,则返回读取的数据个数,否则返回 0
int fwrite(char * pt, unsigned size,unsigned n, FILE * fp)	从 pt 所指的内存中取出 n 个字节数为 size 的数据块写入到 fp 所指向的文件中,并将文件位置指针后移 n * size 个字节	若写成功,则返回写到文件中的字符个数,否则返回 0
int getc(FILE * fp)	同 fgetc	同 fgetc
int putc(int ch, FILE * fp)	同 fputc	同 fputc
int rename(const char * oldname, const char * newname)	把 oldname 所指文件名改为 newname 所指文件名	若成功,则返回 0;否则,返回−1
int remove(const char * filename)	删除名为 filename 的文件或目录	若成功,则返回 0;否则,返回−1

五、动态分配函数和随机函数

调用动态分配函数和随机函数时,要求在源文件中使用以下命令行:

```
#include "stdlib.h"
```

或

```
#include <stdlib.h>
```

函数原型说明	功　能	返　回　值
void *calloc(unsigned int n, unsigned int size)	分配 n 个数据项的内存空间，每个数据项的大小为 size 个字节	若成功，则返回分配内存空间的起始地址；若不成功，返回 NULL
void *malloc(unsigned int size)	分配 size 个字节的内存空间	若成功，则返回分配内存空间的起始地址；若不成功，返回 NULL
void *realloc(void *p, unsigned int size)	把 p 所指向内存空间的大小改为 size 个字节	若成功，则返回分配内存空间的起始地址；若不成功，返回 NULL
void *free(void *p)	释放 p 所指的内存区	无
int rand(void)	产生一个 0～32767 之间的随机整数	返回生成的随机整数
void srand(unsigned seed)	seed 为 rand()设置随机种子，用来改变 rand()产生的随机整数，也称为初始化随机数发生器，否则，rand()产生的随机数是有规律的	无
void exit(int state)	程序终止执行，返回调用过程，state 为 0 正常终止，非 0 非正常终止	无
void abort(void)	终止程序的执行，但不清空、不关闭所有打开的文件	无
double atof(const char *str)	将字符串 str 转换为 double 类型数	转换后的双精度数
double atoi(const char *str)	将字符串 str 转换为 int 类型数	转换后的整型数
char *itoa(int v, char *str, int r)	将整数 v 转换为 r 进制表示的字符串	返回 str 指向内存空间的地址
char *ltoa(long int v, char *str, int r)	将长整数 v 转换为 r 进制表示的字符串	返回 str 指向内存空间的地址
char *ultoa(unsigned long int v, char *str, int r)	将无符号长整数 v 转换为 r 进制表示的字符串	返回 str 指向内存空间的地址
long int atol(const char *str)	将字符串 str 转换为 long int 类型数	转换后的长整型数

附录B 常用字符与 ASCII 代码对照表

ASCII 值	字　　符	ASCII 值	字符	ASCII 值	字符	ASCII 值	字符
0	NUL(空字符)	32	(空格)	64	@	96	`
1	SOH(标题开始)	33	!	65	A	97	a
2	STX(正文开始)	34	"	66	B	98	b
3	ETX(正文结束)	35	#	67	C	99	c
4	EOT(传输结束)	36	$	68	D	100	d
5	ENQ(请求)	37	%	69	E	101	e
6	ACK(收到通知)	38	&	70	F	102	f
7	BEL(响铃)	39	'	71	G	103	g
8	BS(退格)	40	(	72	H	104	h
9	HT(水平制表符)	41	)	73	I	105	i
10	LF(换行键)	42	*	74	J	106	j
11	VT(垂直制表符)	43	+	75	K	107	k
12	FF(换页键)	44	,	76	L	108	l
13	CR(回车键)	45	—	77	M	109	m
14	SO(不用切换)	46	.	78	N	110	n
15	SI(启用切换)	47	/	79	O	111	o
16	DLE(数据链路转义)	48	0	80	P	112	p
17	DC1(设备控制 1)	49	1	81	Q	113	q
18	DC2(设备控制 2)	50	2	82	R	114	r
19	DC3(设备控制 3)	51	3	83	X	115	s
20	DC4(设备控制 4)	52	4	84	T	116	t
21	NAK(拒绝接收)	53	5	85	U	117	u
22	SYN(同步空闲)	54	6	86	V	118	v
23	ETB(传输块结束)	55	7	87	W	119	w
24	CAN(取消)	56	8	88	X	120	x
25	EM(介质中断)	57	9	89	Y	121	y
26	SUB(替补)	58	:	90	Z	122	z
27	ESC(溢出)	59	;	91	[	123	{
28	FS(文件分割符)	60	<	92	\	124	|
29	GS(分组符)	61	=	93	]	125	}
30	RS(记录分离符)	62	>	94	^	126	～
31	US(单元分隔符)	63	?	95	—	127	DEL

说明：此表列出的 ASCII 值为十进制形式。ASCII 值为 0～31 的字符为控制字符，通常用于控制或通信中。

附录 C 综合案例参考源代码

student.h 中的参考源代码：

```
#include <stdio.h>
#include <string.h>
#include <stdlib.h>
//宏定义
#define INITIAL_SIZE 100              //存储学生信息的数组的初始大小
#define INCR_SIZE 10                  //数组每次增加的大小
#define NUM_SUBJECT 4                 //科目的数量
//定义结构体
struct student_info
{
    char no[8];                       //学号
    char name[20];                    //姓名
    char gender;                      //性别
    float score[4];                   //分别为该学生 4 门课的成绩
    float sum;                        //总分
    float average;                    //平均分
};
typedef struct student_info stuinfo; //对结构体 student_info 重命名
//声明外部变量
extern int studentnum;                //记录的学生数
extern stuinfo * records;             //记录学生的信息的数组
extern int arraysize;                 //数组的长度
extern char savedflag;
                  //学生信息修改后是否已保存的标志,1 为未保存,0 为已保存
extern char * subject[];              //定义 4 门课程名称
//函数原型声明
int login();                          //登录函数,登录成功则返回 1,否则返回 0
void menushow();                      //显示菜单选项
void menuselection();                 //用户输入操作控制函数
void addstudent();                    //增加学生信息
void modifystudent();                 //修改学生信息
void showtitle();                     //显示表头信息
void displayall();                    //显示所有学生信息
void querybyno();                     //按学生学号查询学生信息
void delstudent();                    //删除指定学号的学生信息
void sortbyno();                      //按学号进行排序
int loadfromfile();                   //从文件中读取学生信息
int savetofile();                     //将学生信息保存到文件
```

```
void quitsystem();                     //退出系统
```

maincontrol.c 中的参考源代码：

```
#include "student.h"
/**********************************************************************
 * 登录函数,返回 1 为登录成功,0 为登录失败并删除指定学号的学生信息 *
 **********************************************************************/
int login()
{
    char name[] = "admin",pwd[] = "my123";       //正确的用户名和密码
    char username[10],userpwd[10];               //用户输入的用户名和密码

    int count;                                   //用户输入用户名和密码的次数
    for(count = 1;count <= 3;count++)            //给用户三次机会
    {
        printf("\n");
        printf("******** 请输入用户名: ");
        gets(username);
        printf("******** 请输入密码: ");
        gets(userpwd);
        //如果用户名和密码正确,则登录成功,返回 1
        if(strcmp(name,username) == 0&&strcmp(pwd,userpwd) == 0)
            return 1;
        else//如果输入错误则显示错误提示信息
            if (count < 3)                       //如果不是第 3 次,则输出此错误信息,
            printf(" ****** 用户名或密码输入错误,请重新输入!!! ******* \n");

    }
    printf(" ******* 用户名和密码错误已经超过 3 次,系统自动退出!!! ****** \n");
    return 0;                                    //退出循环时则说明已经超过 3 次,登录失败
}

/************************************
 * 输出主控菜单选项 *
 ************************************/
void menushow()
{
    printf("\n");
    printf("\t ****************************** \n");
    printf("\t *  欢迎使用  * \n");
    printf("\t *  学生成绩管理系统  * \n");
    printf("\t ****************************** \n");
    printf("\n");
    printf("\t *  1:增加学生信息  * \n");
    printf("\t *  2:修改学生信息  * \n");
    printf("\t *  3:显示学生信息  * \n");
    printf("\t *  4:查询学生信息  * \n");
    printf("\t *  5:删除学生信息  * \n");
    printf("\t *  6:按学号进行排序  * \n");
    printf("\t *  7:从文件中读取学生信息  * \n");
```

```
    printf("\t* 8:将学生信息保存到文件 *\n");
    printf("\t* 9:退出系统 *\n");
    printf("\t******************************\n\n");
}
/*******************************************************
 * 菜单选择函数,根据用户选择,执行不同操作 *
 *******************************************************/
void menuselection()
{
    int userselection;
    char userselectionstring[6];
    //提示用户选择序号
    printf("请输入您的选择(1~9):");
    gets(userselectionstring);
    userselection = (int)atof(userselectionstring);
    switch(userselection)
    {
        case 1: addstudent();break;            //添加学生信息
        case 2: modifystudent();break;         //根据学号修改学生信息
        case 3: displayall();break;            //显示所有学生信息
        case 4: querybyno();break;             //根据学号查询
        case 5: delstudent();break;            //删除指定学号的学生信息
        case 6: sortbyno();break;              //按学号进行排序
        case 7: loadfromfile();break;          //从文件中读取
        case 8: savetofile();break;            //保存到文件
        case 9: quitsystem(); break;           //退出系统
        default:printf("%d,请输入 1~9 之间的数字\n",userselection);
        }
}

/***********************************************
 * 退出系统,退出前将数据保存到文件 *
 ***********************************************/
void quitsystem()
{
    char str[5];
    if(savedflag == 1)
    {
        //getchar();
        printf("是否保存?(Y/n)");
        gets(str);
        if(str[0]!= 'n'&&str[0]!= 'N')
            savetofile();
    }
    free(records);                             //释放内存
    exit(0);
}

/***********************************
 * 主函数,应用程序的入口 *
 ***********************************/
```

```
int main()
{
    if (login() == 1)                          //如果登录成功
    {
        //为存储学生信息的数组申请空间
        records = (stuinfo * )malloc(sizeof(stuinfo) * INITIAL_SIZE);
        if(records == NULL)                    //如果没有申请到空间
        {
            printf("\n 内存空间不足,系统退出!\n");
            exit( - 1);
        }
        else
            while(1)                           //死循环,使系统始终显示主控菜单选项
            {
                menushow();
                menuselection();
            }
    }
}
```

studentoperation.c 中的参考源代码：

```
#include "student.h"
//定义全局变量
int studentnum = 0;                             //记录的学生数
stuinfo  * records = NULL;                      //记录学生的信息的数组
int arraysize;                                  //数组的长度
char savedflag = 0;                 //学生信息修改后是否已保存的标志,1 为未保存,0 为已保存
char  * subject[] = {"高等数学","大学英语","计算机基础","程序设计"};   //定义 4 门课程名称

/ ******************************
** 添加学生信息,添加到最后  **
****************************** /
void addstudent()
{
    char temp[10];
//输入的数据都是暂时放在 temp 中,转换为正确形式后再放入数组中
    int i;
    float sum;                                  //暂时存放总分
    do
    {
        if(studentnum > = arraysize)            //数组空间不足,需要重新申请空间
        {
    records = (stuinfo * )realloc(records,(arraysize + INCR_SIZE) * sizeof(stuinfo));
            if(records == NULL)
            {
                printf("\n 内存空间不足,系统退出!\n");
                exit( - 1);
            }
            arraysize = arraysize + INCR_SIZE;                  //申请成功,则数组长度增加
        }
```

```
        printf("请输入学号: ");
        gets(records[studentnum].no);
        printf("请输入姓名: ");
        gets(records[studentnum].name);
        printf("请输入性别(M为男,F为女): "); //处理性别
        gets(temp);
      //注意此处不要用getchar()或 scanf("%c"),否则会将回车接收为性别
        if(temp[0] == 'm'||temp[0] == 'M')
            records[studentnum].gender = 'M';
        else
            records[studentnum].gender = 'F';
        sum = 0;                                    //处理成绩
        for(i = 0;i < NUM_SUBJECT;i++)
        {
            printf("请输入%s成绩: ",subject[i]);
            gets(temp);
            records[studentnum].score[i] = (float)atof(temp);
            sum += records[studentnum].score[i];
        }
        records[studentnum].sum = sum;
        records[studentnum].average = sum/NUM_SUBJECT;
        studentnum++;
    }while(strcmp(records[studentnum - 1].no,"0")!= 0);
//以0作为结束添加的标志
    studentnum --;                                  //最后一个学生是结束标志,要减掉
    savedflag = 1;
    printf("\n学生添加完毕,请按任意键继续\n");
    getch();
}
/************************
** 显示表头信息 *
************************/
void showtitle()
{
    int j;
    printf("学号\t姓名 性别");
    for(j = 0;j < NUM_SUBJECT;j++)                 //显示科目名称
        printf(" %s",subject[j]);
    printf(" 总分 平均分\n");
}
/************************
** 显示所有的学生信息 **
************************/
void displayall()
{
    int i,j;
    if(studentnum == 0)
        printf("暂时还没有学生信息!\n请按任意键返回主菜单\n");
    else
    {
        showtitle();                                //显示表头信息
```

```
        for(i = 0;i < studentnum;i++)
        {
            //打印学生信息
            printf(" % s\t % - 8s % c",records[i].no,records[i].name,records[i].gender);
            for(j = 0;j < NUM_SUBJECT;j++)
                printf(" % 10.lf",records[i].score[j]);
            printf(" % 10.lf % 6.lf\n",records[i].sum,records[i].average);
            //打印满 20 个记录后停下来,避免显示内容过多超出显示窗口
            if(i % 20 == 0&&i!= 0)
            {
                printf("\n 按任意键继续…\n");
                getch();
                printf("\n\n");
                showtitle();                //再次显示表头信息
            }
        }
        printf("\n 所有学生信息显示完毕,请按任意键继续\n");
    }
    getch();
}
/ ************************************
* 根据学号查询学生的信息 *
************************************ /
void querybyno(void)
{
    char searchno[20];
    int i,j;
    //根据学号进行查找
    printf("请输入要查询的学生的学号: ");
    gets(searchno);
    for(i = 0;i < studentnum;i++)
    {
        if (strcmp(searchno,records[i].no) == 0)
            break;
    }
    if (i < studentnum)                     //找到了该记录
    { //显示表头信息及记录信息
        showtitle();
        printf(" % s\t % - 8s % c",records[i].no,records[i].name,records[i].gender);
        for(j = 0;j < NUM_SUBJECT;j++)
            printf(" % 10.lf",records[i].score[j]);
        printf(" % 10.lf % 6.lf\n",records[i].sum,records[i].average);
    }
    else                                    //没有找到记录
        printf("没有学号为 % s 的学生记录",searchno);
    printf("\n 请按任意键继续\n");
    getch();
}

/ ************************************
* 修改指定学号学生的信息 *
```

```
************************************/
void modifystudent()
{
    stuinfo search;                              //存放要修改学生的信息
    char temp[10];                               //暂时存放性别
    float sum;                                   //暂时存放总分
    int i,j;
    printf("请输入学号: ");
    gets(search.no);
    //根据学号查找记录位置
    for(i=0;i<studentnum;i++)
    {
        if (strcmp(search.no,records[i].no)==0)
            break;
    }
    if (i<studentnum)                            //找到了该记录
    { //找到后先输出原信息,然后再输入其他信息
        showtitle();                             //先显示原信息
        printf("%s\t%-8s %c",records[i].no,records[i].name,records[i].gender);
        for(j=0;j<NUM_SUBJECT;j++)
            printf("%10.1f",records[i].score[j]);
        printf("%10.1f%6.1f\n",records[i].sum,records[i].average);
        //输入其他信息并进行处理
        printf("请输入姓名: ");
        gets(search.name);
        printf("请输入性别(M为男,F为女): "); //处理性别
        gets(temp);
        if(temp[0]=='m'||temp[0]=='M')
            search.gender='M';
        else
            search.gender='F';
        sum=0;                                   //处理成绩
        for(j=0;j<NUM_SUBJECT;j++)
        {
            printf("请输入%s成绩: ",subject[j]);
            gets(temp);
            search.score[j]=(float)atof(temp);
            sum+=search.score[j];
        }
        search.sum=sum;
        search.average=sum/NUM_SUBJECT;
        records[i]=search;                       //用新值替换旧值
        printf("\n修改成功!\n");
        savedflag=1;                             //有修改,标示为1
    }
    else                                         //没有找到记录
        printf("没有学号为%s的学生记录",search.no);
    printf("\n请按任意键继续\n");
    getch();
}
/************************************
```

```
 * 删除指定学号的学生信息 *
 *********************************** /
void delstudent()
{
    char delno[8];                          //存放要删除学生的学号
    char ok[5];                             //确定是否要真的删除
    int i,j;
    printf("请输入要删除学生的学号: ");
    gets(delno);
    //根据学号查找记录位置
    for(i = 0;i < studentnum;i++)
    {
        if (strcmp(delno,records[i].no) == 0)
            break;
    }
    if (i < studentnum)                     //找到了该记录
    { //找到后先输出原信息,然后确认是否删除
        showtitle();                        //先显示原信息
        printf(" %s\t% - 8s %c",records[i].no,records[i].name,records[i].gender);
        for(j = 0;j < NUM_SUBJECT;j++)
            printf(" %10.1f",records[i].score[j]);
        printf(" %10.1f%6.1f\n",records[i].sum,records[i].average);
        printf("确实要删除这条记录吗?(y/n)\n");
        gets(ok);
        if(ok[0] == 'y'||ok[0] == 'Y')     //确定要删除
        {
            studentnum -- ;                 //学生数减 1
            //将后面的记录前移
            for(j = i;j < studentnum;j++)
                records[j] = records[j + 1];
            printf("\n 删除成功!\n");
            savedflag = 1;                  //修改存储标志
        }
    }
    else
        printf("\n 没有该学生记录\n");
    printf("请按任意键继续\n");
    getch();
}
/ ***************************
 * 按学号进行排序 *
 **************************** /
void sortbyno() //
{
    char str[5];
    int i,j;
    stuinfo temp;
    //进行排序
    for(i = 0;i < studentnum - 1;i++)
    {
        for(j = i + 1;j < studentnum;j++)
```

```
        {
            if(strcmp(records[i].no,records[j].no)>0)
            {
                temp = records[i];
                records[i] = records[j];
                records[j] = temp;
            }
        }
    }
    printf("\n 排序已经完成,请按任意键继续\n");
    savedflag = 1;
}
```

fileoperation.c 中的参考源代码：

```
#include "student.h"
/*************************************************
* 文件存储操作函数 *
* 结果：数组 records 被保存到指定文件 *
* 返回：成功 1,失败 0 *
*************************************************/
int savetofile()
{
    FILE *fp;
    if((fp = fopen("stu_info.txt","wt")) == NULL)     //打开文件失败
    {
        printf("无法打开文件!\n");
        printf("请按任意键继续\n");
        getch();
        return 0;
    }
    printf("\n 存文件…\n");
    fwrite(records,sizeof(stuinfo) * studentnum,1,fp);   //写入文件
    fclose(fp);
    printf("%d 条记录已经存入文件,请按任意键继续.\n",studentnum);
    savedflag = 0;                                   //更新是否已保存的标记
    getch();
    return 1;
}
/*************************************************
* 文件读取操作函数 *
* 结果：records 将为从指定文件中读取出的记录 *
* 返回：成功 1,失败 0 *
*************************************************/
int loadfromfile(void)
{
    FILE *fp;
    if((fp = fopen("stu_info.txt","rt")) == NULL)     //打开文件失败
    {
        printf("无法打开文件!\n");
        printf("请按任意键继续\n");
```

```
        getch();
        return 0;
    }
    printf("\n 取文件…\n");
    studentnum = 0;                        //重新计算学生数
    while(!feof(fp))                       //读取文件内容
    {
        //现在的数组空间不足,需要重新申请空间
        if(studentnum >= arraysize)        //数组空间不足,需要重新申请空间
        {
    records = (stuinfo *)realloc(records,(arraysize + INCR_SIZE) * sizeof(stuinfo));
            if(records == NULL)            //内存不足,返回主菜单进行其他操作
            {
                printf("空间不足,请按任意键返回主菜单");
                getch();
                return 0;
            }
            arraysize = arraysize + INCR_SIZE;
        }
        if(fread(&records[studentnum],sizeof(stuinfo),1,fp)!= 1) break;
        //读取失败则直接跳出
        studentnum++;
    }
    fclose(fp);
    printf("共从文件中读入 %d 条记录",studentnum);
    printf("请按任意键继续!\n");
    getch();
    return 1;
}
```

参考文献

[1] 杨路明.C 语言程序设计[M].2 版.北京：北京邮电大学出版社，2005.

[2] 张志航，王珊珊，等.程序设计语言——C[M].北京：清华大学出版社，2007.

[3] 张红梅，于明.Visual C++程序设计实验教程[M].北京：中国铁道出版社，2004.

[4] 张莉.C/C++程序设计教程[M].北京：清华大学出版社，2007.

[5] 吕凤翥.C 语言程序设计[M].北京：清华大学出版社，2005.

[6] 何钦铭，颜晖.C 语言程序设计[M].北京：高等教育出版社，2008.

[7] 周启海.C 语言程序设计教程[M].北京：机械工业出版社，2004.

[8] 张欣.C 语言程序设计(Visual C++6.0 环境)[M].北京：中国水利水电出版社，2005.

[9] 杨文君，杨柳.C 语言程序设计教程[M].北京：清华大学出版社，2010.

[10] 冉崇善.C 语言程序设计教程[M].北京：机械工业出版社，2009.

[11] 徐士良.C 语言程序设计教程[M].北京：人民邮电出版社，2009.

[12] 张建勋，纪纲.C 语言程序设计教程[M].北京：清华大学出版社，2008.

[13] 罗坚，王声决.C 语言程序设计[M].3 版.北京：中国铁道出版社，2009.

[14] 郑莉，董渊，等.C++语言程序设计[M].3 版.北京：清华大学出版社，2006.

[15] 宋秀芹.Visual FoxPro 程序设计教程[M].北京：国防工业出版社，2009.

[16] 陈宝贤.C 语言程序设计教程[M].北京：人民邮电出版社，2005.

[17] 丁峻岭.C 语言程序设计[M].北京：中国铁道出版社，2007.

[18] 李丽娟.C 语言程序设计教程[M].2 版.北京：人民邮电出版社，2009.

[19] 朱立才，汤克明.C 语言程序设计研究型教学实践[J].计算机教育，2010(8)：115-117.

[20] 苏仰娜.C 语言程序交互式虚拟算法动画的开发与教学应用[J].电化教育研究，2010(4)：72-74.

[21] 岳俊梅.单步运行调试技术在 C++语言教学中的重要性研究[J].计算机教育，2008(4)：91-93.

[22] 胡明，王红梅，等.程序设计基础——从问题到程序[M].北京：清华大学出版社，2011.

[23] 黄维通，郑浩，等. C 程序设计教程[M].2 版.北京：清华大学出版社，2011.

[24] 王成端，徐翠霞，等. C 语言程序设计[M].北京：中国水利水电出版社，2005.

[25] 谭浩强.C 程序设计[M].4 版.北京：清华大学出版社，2010.

[26] 谢延红，王付山，等.C 语言程序设计教程[M].北京：国防工业出版社，2010.

[27] (爱尔兰)Paul Kelly.双语版 C 程序设计[M].苏小红，译.北京：电子工业出版社，2013.

[28] 田淑清.二级教程——C 语言程序设计(2013 年版)[M].北京：高等教育出版社，2013.

[29] 明日科技.C 语言从入门到精通[M].2 版.北京：清华大学出版社，2012.